PBR을 활용한 인테리어

V-Ray 실무 재질

| 송영훈 저 |

DIGITAL BOOKS
디지털북스

PBR을 활용한 인테리어
V-Ray 실무 재질

| 만든 사람들 |

기획 IT·CG기획부 | **진행** 양종엽 · 한윤지 | **집필** 송영훈 | **책임편집** D.J.I books design studio
표지디자인 D.J.I books design studio 김진 | **편집디자인** 디자인숲 · 이기숙

| 책 내용 문의 |

도서 내용에 대해 궁금한 사항이 있으시면
저자의 홈페이지나 디지털북스 홈페이지의 게시판을 통해서 해결하실 수 있습니다.
디지털북스 홈페이지 www.digitalbooks.co.kr
디지털북스 페이스북 www.facebook.com/ithinkbook
디지털북스 카페 cafe.naver.com/digitalbooks1999
디지털북스 이메일 digital@digitalbooks.co.kr
저자 이메일 chree333@naver.com

| 각종 문의 |

영업관련 hi@digitalbooks.co.kr
기획관련 digital@digitalbooks.co.kr
전화번호 (02) 447-3157~8

머리말

안녕하세요, PanDa입니다. 2007년 "건축 CG 현장 실무를 위한 VRay 1.5 REALITY"를 집필하고 많은 시간이 흘렀습니다. 그간 필자는 작은 회사를 운영하기도 하고, 현재도 실무 작업을 계속하고 있습니다. 따라서 실무에서 제한된 시간에 일정 퀄리티 이상을 내야하고, 빈번한 수정에도 쉽게 수정을 할 수 있는 방법을 모색하게 되었습니다.

그래서 찾은 방법이 PBR의 Metalness Work Flow입니다. 이 책은 PBR Material을 기본으로 하면서 실무에서 빈번한 수정을 쉽게 하도록 필자만의 재질 작성에 대한 노하우를 담은 책입니다. 건축 인테리어 CG 실무에서는 정말 짧은 시간에 디자이너의 의견을 반영하여, 수없이 많은 수정을 거친 후 그래픽이 완성됩니다. 따라서 가장 효율적이며 객관적인 workflow가 중요합니다.

본서는 Naver Cafe '실전 투시도'에서 진행하는 'PRB 실전 재질 동영상 강좌'를 기반으로 집필하였습니다. PBR(Physically Based Rendering)을 활용하여 디자인의 객관적 시각화와 실무 CG 작업에서 빈번히 발생하는 수정 작업에 쉽게 대응할 수 있도록 재질을 구성하는 방법에 주안점을 두고 집필하였습니다.

본서에 사용된 예제는 NAVER Cafe '실전 투시도'(https://cafe.naver.com/toseedo)의 '서적 관련 자료실'에서 내려받으실 수 있습니다.

압축 암호는 'PANDA_PBR'입니다.

CONTENTS

CHAPTER 01 PBR이란 무엇인가 • 15

1. PBR(Physically Based Rendering)이란 무엇인가 ·········· 16
2. Metalness Workflow ··· 16
3. 비금속 재질의 Reflect 색상은 흰색 ·························· 18
4. Fresnel Reflections ·· 19
5. 정면 반사율(F0) ··· 19
6. Reflect Glossiness ·· 20
7. Glossy Fresnel ··· 22
8. GGX ·· 23
9. Diffuse ·· 24
10. Metal ··· 25
11. PBR 작업 방법표 ·· 25

CHAPTER 02 Photoshop을 활용한 이음매 없는(Seamless) Texture 제작 • 27

1. PBR Texture에 적합한 사진 선택 방법 ··················· 28
2. 사진 사전 보정 ·· 30
3. 명암 균등화를 위한 포토샵 Action 작성 ················· 35
4. Photoshop을 활용한 Seamless Texture 작성 ············ 44

CHAPTER 03 PixPlant를 활용한 이음매 없는(Seamless) Texture 제작 • 49

1. PixPlant 기본 활용 ··· 50
2. 3ds Max에서 PixPlant에서 만든 Map 적용해 보기 ······ 60

CHAPTER 04 Gamma와 Texture • 69

1. Gamma와 PBR Texture ·· 70
2. PANTONE 색상을 3ds Max에 정확하게 입력하기 ········ 72
3. Bump Map, Normal Map, Displacement Map과 Degamma ····· 76
4. png 포맷의 Gamma 재정의 ··································· 79

CHAPTER 05 재질 테스트를 위한 환경 설정(노출과 화이트밸런스) • 83

CHAPTER 06 VrayEdgesTex • 91

1. VRayEdgesTex 기본 사용법 ··· 92
2. VRayEdgesTex를 활용한 모서리 둥글리기 ···················· 98
3. 원하는 Edge에만 VRayEdgesTex를 적용하기 ················ 100
4. VRay Next에 추가된 Width/radius multiplier를 활용한 손상된 모서리 ············ 101

CHAPTER 07 VRayTriplanarTex • 103

1. VRayTriplanarTex 기본 사용법 ····································· 104
2. VRayTriplanarTex 적용 예제 ·· 109

CHAPTER 08 Bercon Tile Map 기본 사용 방법 • 115

CHAPTER 09 Substance Alchemist • 127

1. Bitmap to Material ·· 128
2. SBSAR 파일 활용 ·· 140

CHAPTER 10 Wood Material • 151

1. Photoshop을 활용한 Seamless Texture 제작 ················ 152
2. Wood Material 제작하기 ·· 165

CHAPTER 11 Wood Flooring • 175

1. Floor generator와 MultiTexture 설치 ···························· 176
2. 한 장의 Texture를 사용하여 Unwrap 하는 방법 ············ 178
3. 여러 장의 Texture를 사용하는 방법 ······························· 194
4. 한 장의 Texture와 BerconMapping을 사용하는 방법 ······ 203
5. 한 장의 Texture와 VRayTriplanarTex를 사용하는 방법 ··· 206

CHAPTER 12 Glass • 209

1. Clear Glass 재질 만들기 ··· 210
2. 유리 재질 작성 시 주의할 사항 ······································ 213
3. Tinted Glass 재질 만들기 ·· 215

4. 간유리(Frosted Glass) 재질 만들기 ······································ 216

5. 간단한 형태의 간유리(Frosted Glass) 느낌 시트 재질 만들기 ······· 217

6. 복잡한 형태의 간유리(Frosted Glass) 느낌 시트 재질 만들기 ······· 218

7. 복잡한 형태의 불투명한 시트 재질 만들기 ······························ 227

8. VRayBlendMtl을 활용한 복잡한 형태의 불투명한 시트 재질 만들기 ······· 230

9. 빗물 젖은 유리 재질 ·· 232

CHAPTER 13 사실적인 고광택 도장 • 241

1. Panton Chair Classic을 활용한 사실적인 고광택 도장 ················· 242

CHAPTER 14 Shabby Chic 스타일 가구 • 255

1. 기본 Wood 재질 ·· 256

2. 기본 Paint 재질 ·· 261

CHAPTER 15 Brick • 273

1. MASONRY DESIGNER를 활용한 기본 벽돌 재질 ······················ 274

2. 반복되지 않는 벽돌 재질 ··· 287

CHAPTER 16 고광택 대리석 바닥 • 303

1. 기본 Statuario Texture 준비 ··· 304

2. Bercon Tile Map을 기본 대리석 재질 ····································· 308

3. 사실적인 반사 왜곡 추가 ··· 316

CHAPTER 17 일정하지 않은 크기의 대리석 벽체 • 319

1. BerconMapping을 활용한 방법 ·· 320

CHAPTER 18 카펫 타일 • 333

1. 기본 Texture 준비 ··· 334

2. BerconTile을 사용하여 다양한 카펫 인스톨 방법 표현 ················· 337

3. Quarter turn 카펫 인스톨 표현 ··· 343

CHAPTER 19 Wood Hexagon • 351

1. Floor generator를 활용한 Hexagon Tile 만들기 ·· 353
2. DarkNamer를 활용한 여러 장의 Texture 시퀀스화 하기 ································· 355

CHAPTER 20 Metal • 375

1. 잘못된 금속 재질 작성법 ··· 376
2. ComplexFresnel 플러그인을 사용한 금속 재질 작성법 ···························· 378
3. VRay NEXT의 Metalness를 사용한 금속 재질 작성 ····························· 380
4. 실무 금속 재질 작성법 ··· 383
5. SUS Hairline ··· 385
6. A chair Part 01 ·· 392
7. A chair Part 02 ·· 400

CHAPTER 21 복합 알루미늄 패널 • 407

1. 최소의 모델링을 활용한 ACM 재질 표현 ·· 408
2. 알루미늄 패널 간의 이색진 표현을 위한 Glossiness 무작위화 ··················· 420

CHAPTER 22 Fabric • 425

1. 기본 Bitmap Texture를 활용한 기본 천 재질 ··································· 426
2. Substance Plugin을 활용한 천 재질 ··· 437
3. Substance Player를 활용한 천 재질 ··· 443

CHAPTER 23 가죽 재질 • 455

1. 기본 Seamless Texture 제작 ··· 456
2. PixPlant에서 작업한 Texture를 활용한 가죽 재질 ······························ 461

CHAPTER

01

PBR이란 무엇인가

PBR이란 무엇인가

1. PBR(Physically Based Rendering)이란 무엇인가?

PBR은 우리말로 번역하자면, 물리적인 사실에 기반을 둔 렌더링 정도로 번역 할 수 있습니다. 기존의 렌더링 작업 방식이 작업자의 주관적 판단에 따라 작업을 진행하였다면, PBR은 객관적이고 보편적인 물리적 법칙에 근거해서 렌더링 작업 전반을 진행하는 것입니다.

따라서 비슷한 용어로 PBS(Physically Based Shading)라는 용어가 있습니다. PBR이 렌더링 전반에 걸친 용어라면 PBS는 재질에 국한된 용어라고 생각하시면 됩니다. 그러나 일반적으로 PBR과 PBS를 혼용하여 사용하기도 합니다. PBR은 2가지 방식이 있습니다. 하나는 Metalness Workflow이며 다른 하나는 Specular workflow입니다. 본 서적은 Metalness Workflow로 진행이 됩니다.

2. Metalness Workflow

세상에 존재하는 모든 재질을 금속과 비금속으로 구분하여 재질을 작성하는 방법입니다. 금속과 비금속은 물리적 특성이 매우 다르기 때문입니다. VRay 3.6까지는 Diffuse와 Reflect 설정 방법이 금속과 비금속을 구분하여 작업하여야 했습니다. 그러나 VRay NEXT에서는 Metalness 옵션이 도입되면서 금속도 비금속과 유사한 방식으로 진행하게 변경이 되었습니다. Metalness는 0 또는 1만 입력해야 합니다. 금속이면서 비금속인 재질은 존재하지 않습니다.

Metalness : 0

Metalness : 1

3. 비금속 재질의 Reflect 색상은 흰색

비금속 재질은 표면에서 모든 파장의 빛을 반사하기 때문에, 흰색으로 설정합니다. 심지어 반사가 없어 보이는 종이, 벽돌도 동일한 흰색 반사를 입력합니다. 광택이 약한 재질을 표현하기 위해서는 Reflect 색상을 어둡게 조정하기보다는 Reflect Glossiness를 낮게 설정해야 합니다.

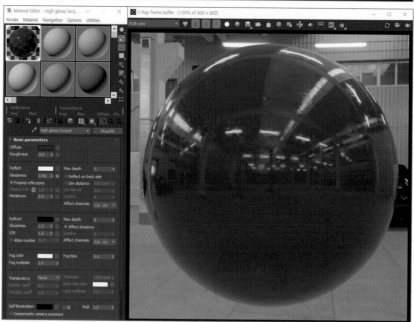

PanDa's TIP 금속 재질

VRay Next에서는 Metalness라는 옵션이 추가되었습니다. 따라서 금속 재질의 경우도 Reflect 색상을 흰색으로 설정합니다. VRay Next의 Metalness가 1이면 자동으로 Diffuse를 검은색으로 처리하고 Diffuse에 사용된 색상을 반사색상으로 인식해서 렌더링 됩니다.

4. Fresnel Reflections

보는 각도에 따라서 반사의 정도가 달라지는 법칙을 말합니다. 매질의 표면을 정면에서 볼 때 정면의 반사율(F0)은 낮아지고, 반사면이 시선 방향과 수직이 될수록 반사도가 100% 수렴합니다. 시선에서 정면에 가까운 곳은 반사도가 낮아져서 바닥의 돌이 보이지만 시선 방향과 수직인 물의 표면은 반사도가 높아서 거울처럼 보입니다.

5. 정면 반사율(F0)

정면 반사율(F0)은 Fresnel IOR에 의해서 결정됩니다. 비금속 재질의 경우 F0는 반사도가 약 2% ~ 5%입니다. 원칙상 정확한 IOR 값을 입력서 작업해야 합니다. 그러나 비금속 재질은 일반적으로 IOR 1.5 내외의 평균값을 갖습니다. 따라서 VRayMtl의 기본 1.6을 사용해도 무방합니다. 보석 같은 경우는 예외적으로 높은 Fresnel IOR을 갖기도 합니다.

$$F0 = ((IOR-1)/(IOR+1))^2$$

VRayMtl의 기본 IOR=1.6입니다. 따라서 위 공식에 대입할 경우

$$F0 = ((1.6-1)/(1.6+1))^2$$

약 5.3%입니다.

VRayReflectionFilter를 활용하여 F0의 반사율을 측정하면 0.053이 측정됩니다.

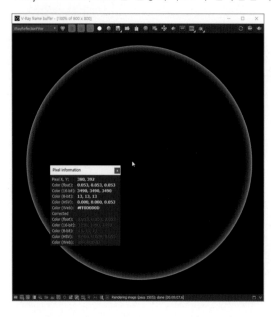

6. Reflect Glossiness

매질의 미세표면의 매끈한 정도를 0 ~ 1 사이의 숫자로 표현합니다. 1인 경우 완벽하게 매끈하여 기하학적으로 완벽한 평면을 의미합니다. 그러나 실재 세계에서는 미세표면이 완벽하게 매끈한 매질은 존재하지 않습니다. 아무리 고광택 소재라 할지라도 1.0 이하의 수치를 입력해야 합니다. Roughness는 Glossiness와 반대 관계에 있습니다. 재질이 얼마나 거친가에 대한 수치입니다. Glossiness가 0.7이라면 Roughness는 0.3입니다.

Reflect Glossiness : 1

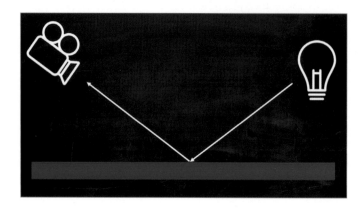

Reflect Glossiness : 0.5

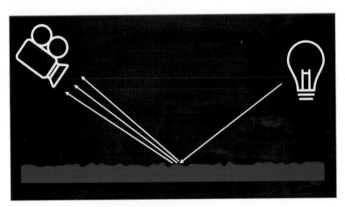

7. Glossy Fresnel

미세표면의 매끈한 정도(Reflect Glossiness)가 낮아질수록 시선 방향과 수직인 반사면의 반사도가 낮아지게 됩니다.

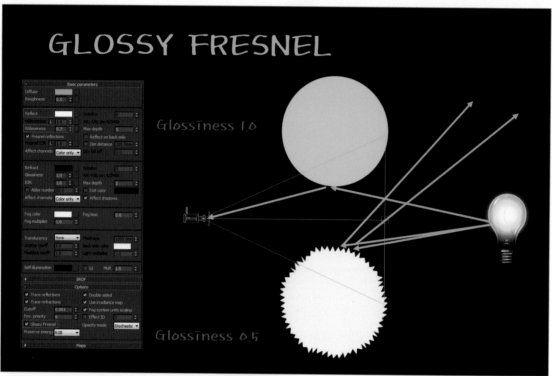

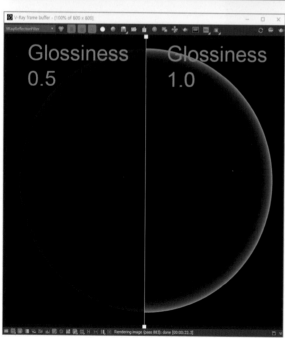

8. GGX

과거 VRay는 다양한 Specular 모델을 사용해 왔습니다. 최근의 VRay는 GGX 쉐이더를 기본 모델로 채용하고 있습니다. GGX 쉐이더는 현실의 하이라이트와 가장 유사한 모델입니다. 현실의 하이라이트는 가장 밝은 부위의 형태를 일정 부분 유지하면서 혜성의 꼬리처럼 Blur가 적용됩니다. 대부분의 재질에 GGX 쉐이더를 쓰시면 됩니다.

▲ 실제 사진의 하이라이트

▲ GGX

▲ Blinn

9. Diffuse

PBR에서는 Diffuse라는 용어보다 Albedo, 또는 Base Color라는 말을 더 선호합니다. 광원에서 방출된 빛 에너지는 표면에서 일정 부분 반사되고 나머지 내부로 침투한 빛 에너지는 매질을 구성하는 미립자들과 충돌합니다. 그리고 특정 파장의 빛 에너지 이외의 빛은 흡수하고 나머지 파장을 방출합니다. 우리가 빨간색을 인지할 수 있는 것은 매질 내부에서 흰색 빛 에너지 중 빨간 파장 이외의 파장을 흡수하고 빨간색 파장만 방출하기 때문입니다. 일반적으로 비금속 재질들의 반사율은 4%~90% 입니다. 따라서 아무리 어두운 재질이라고 하더라도 순수한 검은색으로 설정하거나 아무리 밝은 재질이라도 순수한 흰색으로 설정하면 올바르지 못한 결과가 도출됩니다.

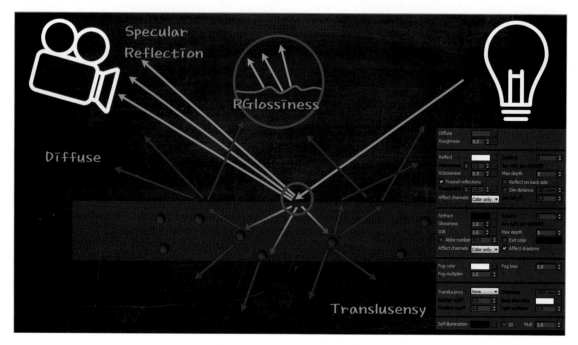

- Diffuse: Black

모든 빛 에너지를 흡수하는 재질은 존재하지 않습니다.

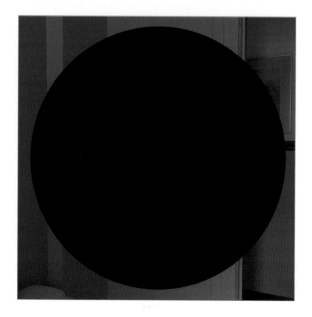

- Diffuse : White

모든 빛 에너지를 반사하는 재질은 존재하지 않습니다. G.I 연산에서 과도한 반사로 인하여 렌더링 시간이 증가할 수 있습니다.

10. Metal

금속 재질은 표면에서 70% 이상의 반사도를 갖습니다. 그리고 나머지 빛 에너지는 매질에 흡수가 됩니다. 따라서 재질을 구성하는 미립자들과 충돌해 재방출 되는 Diffuse 성분이 존재하지 않습니다. 금속의 고유한 색상은 Reflection 색상에 의해서 정의됩니다. 따라서 VRay 3.6에서 Diffuse는 Black으로 설정하고 원하는 금속 색상은 Reflect 색상에 입력합니다. 그러나 VRay Next에서는 Metalness 옵션을 채용하여 금속도 비금속 재질과 유사한 사용 방법으로 변경되어 사용자 편이성이 높아졌습니다.

11. PBR 작업 방법표

■ Vray 3.6

재질 구분	비금속	금속
Diffuse	Black 〈 Diffuse 〈 White 4%-90%	Black
Reflect Color	White	다양한 컬러
Fresnel	I.O.R = 원칙상 정확한 지수를 입력해야 하나 반사의 경우 1.6 고정도 무방 곡면 굴절 재질은 정확히 입력	단순 함수를 사용하기 때문에 IOR 시수에 의한 제어 불가능 Falloff OSL ComplexFresnel Plugin
RGlossiness	적정 수치 입력, 또는 Map	저전 수치 입력, 또는 Map

■ Vray Next

재질 구분	비금속	금속
Metalness	0	1
Diffuse	Black ⟨ Diffuse ⟨ White 4%~90%	Black
Reflect Color	White	White
Fresnel	I.O.R = 원칙상 정확한 지수를 입력해야 하나 반사의 경우 1.6 고정도 무방 곡면 굴절 재질은 정확히 입력	카오스 구룹이 제시한 IOR 입력
RGlossiness	적정 수치 입력, 또는 Map	적정 수치 입력, 또는 Map

Photoshop을 활용한 이음매 없는(Seamless) Texture 제작

Photoshop을 활용한 이음매 없는 (Seamless) Texture 제작

PBR에서는 Normal Map, Glossiness Map 등등의 다양한 Texture가 사용됩니다. 이러한 다양한 Texture는 기본적으로 Diffuse Map을 기반으로 생성됩니다. 따라서 Diffuse Map에 적합한 사진을 고르는 방법과 선택한 사진을 사전 보정하는 방법에 관해서 공부하고, 보정한 사진을 기반으로 Photoshop을 사용하여 Seamless Texture를 만드는 방법을 공부하겠습니다.

1. PBR Texture에 적합한 사진 선택 방법

01 매핑 하고자 하는 대상의 크기와 유사한 범위로 촬영된 사진을 선택해야 합니다. 아무리 고해상도 Texture일지라도 촬영된 범위가 좁아서 3ds Max에서 타일링 횟수가 증가하면 상당히 부자연스럽습니다.

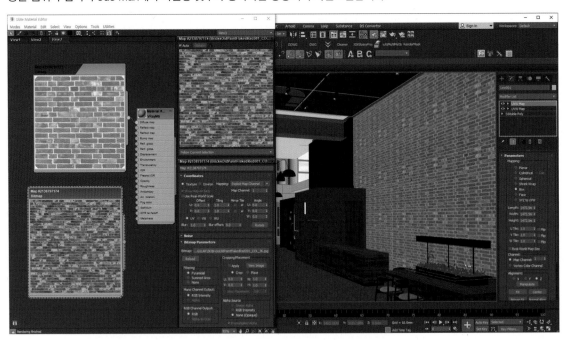

02   최종 렌더링 해상도에 상응하는 Texture 해상도를 확보해야 합니다. 필자 경험상 A1 인테리어 작업의 경우 Texture의 최소 해상도는 1024*1024 픽셀입니다. 벽체나 바닥처럼 넓은 면적인 경우는 2048*2048 픽셀 이상을 권장합니다.

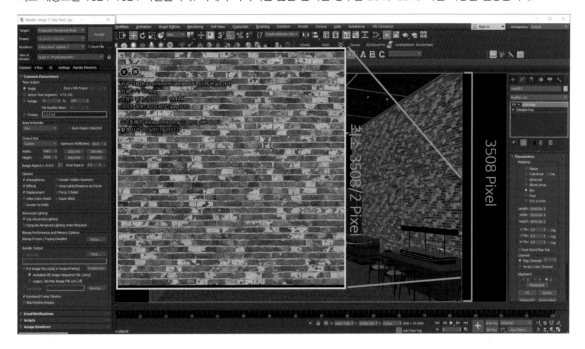

03   광원의 방향성이 없는 부드러운 광원 상태에서 촬영된 사진이어야 합니다. 하이라이트와 진한 그림자가 있는 사진은 피하셔야 합니다. 아래의 사진은 방향성이 강한 광원 상태에서 촬영되어 그림자가 적나라하게 촬영되어 적합하지 않습니다.

▲ 부적합

▲ 적합

04 사진 촬영 시 노출 오버와 노출 언더가 없어야 합니다. 즉 촬영된 사진에서 어두운 부분이 완벽하게 Black이거나 명부가 완벽하게 White인 사진은 피하셔야 합니다. 포토샵의 히스토그램을 보시면 픽셀이 어두운 부분에서 Clipping 되어 있는 것을 보실 수 있습니다. Camera Raw Filter에도 파란색으로 경고 표시가 보입니다.

2. 사진 사전 보정

상술한 조건 중 노출과 부드러운 광원을 만족시키는 사진입니다. 그러나 그 밖의 몇 가지 촬영상의 문제가 있습니다. Seamless Texture를 제작하기 전에 촬영에서 부적절한 요인을 제거하는 것이 중요합니다.

01 이번에 사용할 사진은 인터넷에서 내려받은 texturez_4265입니다. 단축키 Ctrl + Shift + A 를 눌러서 Camera Raw Filter를 창을 엽니다. 이 사진의 가장 큰 문제는 화이트밸런스가 제대로 설정되지 않아서 전반적으로 노란 색조가 강합니다.

02 화이트밸런스를 가장 쉽게 맞추는 방법은 White Balance 항목을 Auto로 설정하는 것입니다.

03 자동 화이트밸런스를 적용 후, 추가로 Temperature의 슬라이더를 좌우로 조정하여 노란 색조 또는 파란 색조를 가감하실 수 있습니다. 필자는 우측으로 슬라이더를 −18로 설정하여 노란 색조를 조금 추가하였습니다.

04 그림자 쪽은 밝게 처리해서 디테일을 살리고, 하이라이트 부분은 밝기를 줄여서 세부 디테일을 살리도록 합니다. 정해진 수치는 없습니다. 클리핑 경고가 나오지 않도록 주의하시면서 슬라이더를 조정합니다.

05 아직도 Texture의 밝고 어둠이 강하기 때문에, 추가로 White와 Black 슬라이더를 조정해줍니다.

06 카메라 렌즈의 경우 렌즈 주변부에서 색수차가 주로 발생합니다. 촬영된 사진의 우측 하단을 확대합니다. 보라색 계열 과 그린 계열의 색수차가 발생하고 있습니다.

07 'Lenz Correction' 탭을 클릭합니다. Purple Amount의 슬라이더를 우측으로 이동하여 보라 계열의 색수차를 제거합니다. 정해진 수치는 없습니다. 너무 과도한 수치를 입력하는 것은 권장하지 않습니다.

08 디지털카메라의 경우 어두운 부분 영역에서는 노이즈가 발생합니다. 우리가 암부를 임의적으로 밝게 처리했기 때문에, 기존에 있던 암부 노이즈가 더 잘 보이게 됩니다. 이러한 노이즈를 제거하기 위해서 'Detail' 탭으로 이동합니다. 'Noise Reduction'에서 Luminance 슬라이더를 우측으로 이동하시면 노이즈가 제거됩니다. 과도하게 올리면 사진의 디테일들이 뭉개집니다. 적정 수준으로 슬라이더를 이동합니다.

09 'OK' 버튼을 클릭하셔서 필터 적용을 마칩니다.

3. 명암 균등화를 위한 포토샵 Action 작성

아무리 부드러운 광원의 상태라고 하더라도, 촬영된 사진의 명암이 균등하지 않은 경우가 많습니다. 따라서 Seamless Texture를 제작하기 전에 명암을 균등하도록 작업을 하셔야 합니다. 이러한 작업은 상당히 많이 사용되는 프로세스입니다. 따라서 포토샵에서 액션을 작성해 두시면 반복적인 작업을 자동화하실 수 있습니다.

01 촬영된 사진이 명암이 균등한지 균등하지 않은지 알아보기 위해서 Offset 필터를 적용합니다.

02 좌우측의 명암이 균등하지 않다는 것을 아실 수 있습니다. 명암의 균등 상태만 알아보는 과정이기 때문에 'Cancel'을 클릭하여 필터를 빠져나옵니다.

03 Action 윈도우에서 'Create New Action' 아이콘을 클릭 합니다. New Action 창에서 Name 난에 '명암평준화'라고 씁니다. 'Record' 버튼을 클릭하시면 지금부터 포토샵에서 작업하는 행동이 그대로 기록 됩니다.

04 Ctrl + J 키를 2번 눌러서 'Background' 레이어를 2장 복사합니다.

05 맨 위의 Layer 1 copy를 숨깁니다. 아래에 있는 Layer 1을 선택하고, Average Blur를 적용합니다.

06 Layer 1의 평균 색상으로 Blur가 적용되게 됩니다.

07 맨 위의 Layer 1 copy 레이어를 보이게 한 후 선택합니다. 그리고 Smart Object로 변경합니다.

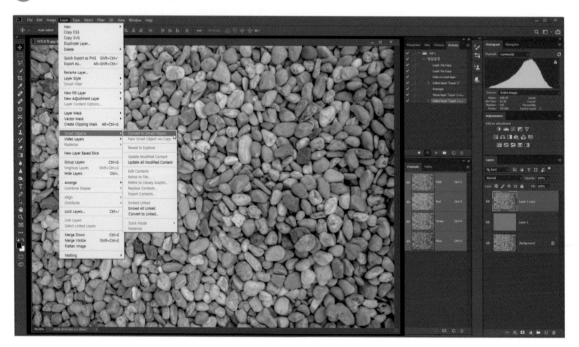

08 Smart Object로 변경된 레이어를 선택한 상태에서 High Pass 필터를 적용합니다.

09 High Pass 필터의 Radius 값을 '100' Pixels로 설정하고 OK를 클릭합니다.

10 Layer Mode를 Linear Light 모드로 변경합니다. 그리고 Opacity는 50%로 설정합니다.

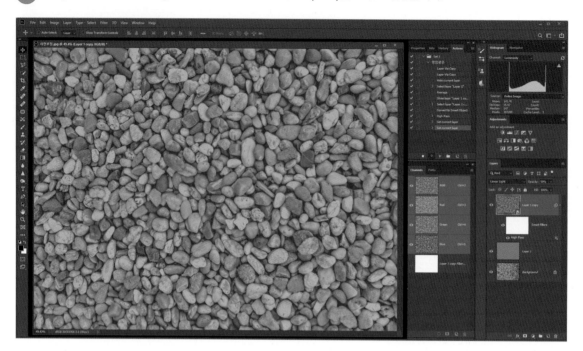

11 Action의 녹화 종료 버튼을 클릭합니다. 지금까지 작업한 내용이 기록이 되어 있습니다.

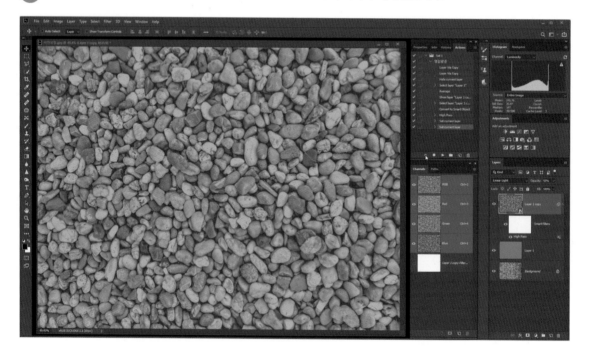

12 중앙 부위를 확대하시면, 하이라이트 영역이 클리핑 된 모습을 보실 수 있습니다. 이를 보정하기 위해서 Smart Filters 의 High Pass 텍스트를 더블 클릭합니다. 스마트 오브젝트는 필터를 적용한 후 추후에 필요에 의해서 필터 적용 값을 실시 간으로 변경 가능합니다.

13 Radius Pixels의 슬라이더를 좌측으로 이동시키면, 하이라이트 디테일이 살아납니다. 필자는 50 Pixel로 설정했습 니다.

14 암부 역시 클리핑 되어, 디테일이 사라진 모습을 보실 수 있습니다. Layer 1과 Layer 1 copy를 선택 후 단축키 ⒼG를 입력하여 그룹화합니다.

15 Color Range를 사용하여 암부 영역을 스포이드로 선택합니다. Fuzziness를 적정하게 조정하여 원하는 암부 영역을 선택합니다.

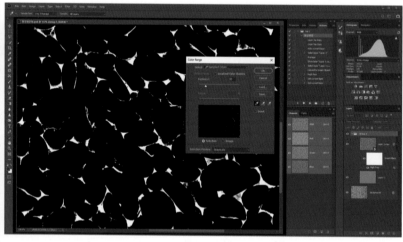

16 선택 영역이 활성화된 상태에서 그룹에 마스킹을 적용합니다.

17 생성된 마스크를 더블 클릭합니다. Properties 창에서 Invert를 클릭하여 마스크를 반전합니다.

18 지금까지 작업한 레이어를 병합합니다. 그리고 Offset 필터를 적용해 봅니다. 완벽하게 명암 균등화가 이뤄진 것을 보실 수 있습니다. Cancel 버튼을 클릭하여 작업을 종료합니다.

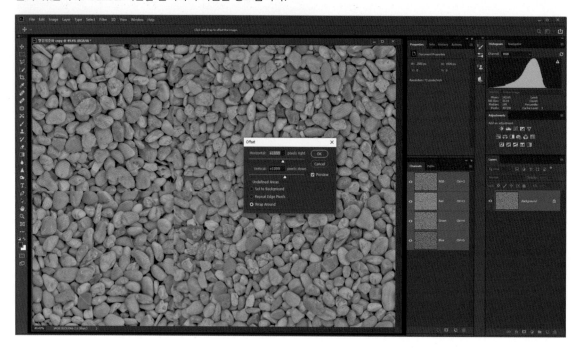

4. Photoshop을 활용한 Seamless Texture 작성

Seamless Texture를 자동으로 만들어 주는 플러그인이나 프로그램들이 존재합니다. 그러나 만족스러운 결과물이 나오지 않을 때도 있습니다. 따라서 가장 기본적인 Photoshop을 활용한 Seamless Texture 제작 방법을 숙지하셔야 합니다.

01 Photoshop에서 Background 레이어의 Lock 버튼을 클릭합니다.

02 Canvas Size를 Height에 2560 Pixel을 입력하여 정사각형 비율로 만듭니다.

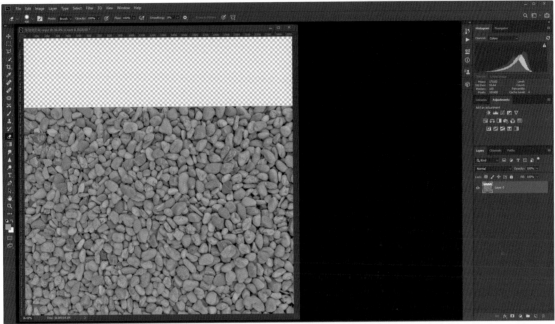

03 Layer 0을 복사하여 상단으로 이동합니다.

04 Ctrl + T를 누른 후 우클릭하여 이미지를 좌우로 뒤집고 'Enter'를 입력합니다.

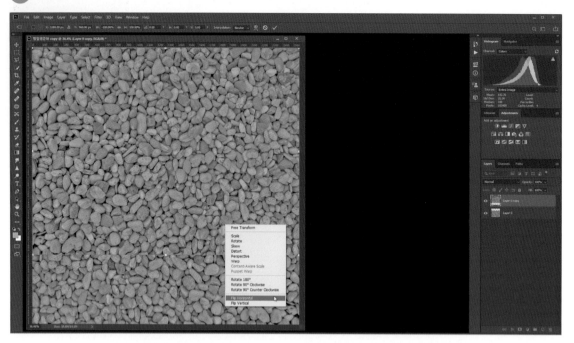

05 Layer 0 copy 경계 부분을 지우개 도구로 부드럽게 지웁니다. 그리고 모든 레이어를 Merge 합니다.

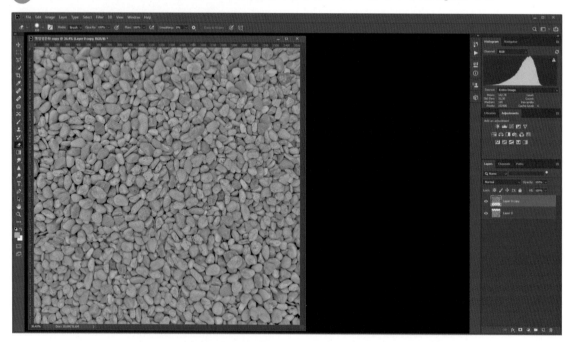

06 레이어를 복사합니다. 그리고 Offset 필터를 적용합니다.

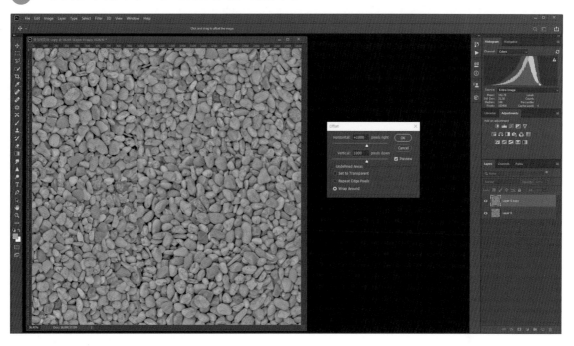

07 지우개 도구로 Offset으로 생긴 경계 부위를 지웁니다. 얼마나 경계를 자연스럽게 지우는가가 중요합니다. Brush의 Size와 Hardness를 조정하면서 지워줍니다.

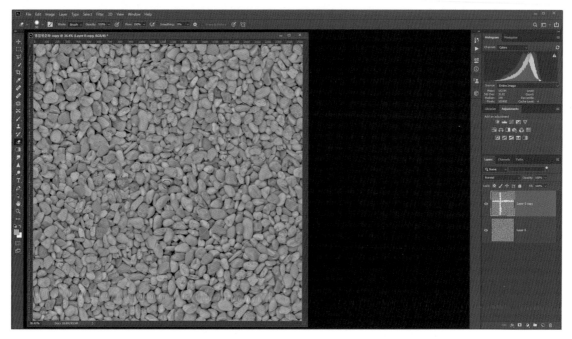

08 다시 모든 레이어를 Merge 합니다. 그리고 다시 레이어를 복사합니다. Alt + Ctrl + F 를 입력하면 방금 적용한 Offset 필터가 적용됩니다. 2~3회 필터를 적용하면서 경계가 자연스럽지 않은 곳을 찾습니다. 경계가 자연스럽지 않은 곳은 과정7 과 동일하게 지우개로 지웁니다. 이러한 과정을 반복하여 만족스러운 결과가 나오면 모든 레이어를 Merge 합니다.

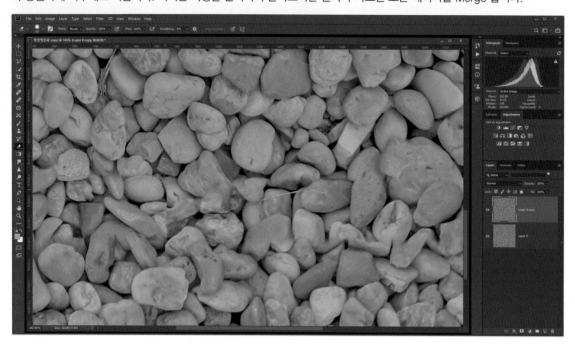

03

PixPlant를 활용한 이음매 없는(Seamless) Texture 제작

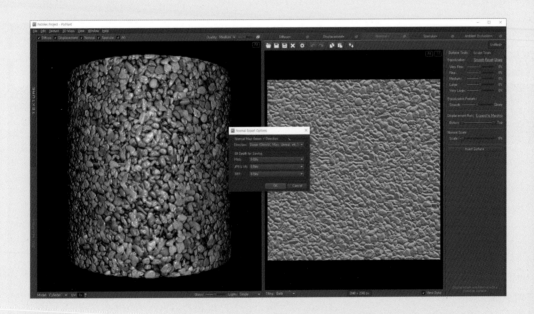

PixPlant를 활용한 이음매 없는 (Seamless) Texture 제작

2강에서 Photoshop을 활용한 Seamless Texture 제작 방법을 알아보았습니다. 이번 강좌에서는 Seamless Texture를 자동으로 생성해 주는 PixPlant라는 프로그램의 기본적인 사용 방법에 대해서 공부하겠습니다. 이와 유사한 기능이 있는 프로그램들이 상당히 많습니다. 하지만 PixPlant의 사용 방법이나 Seamless Texture 생성 기능이 가장 탁월합니다. 그리고 생성된 Texture의 품질 역시도 B2M에 비해서 퀄리티가 매우 좋습니다. 실무에서 상당히 빈번하게 사용하게 될 프로그램입니다. 단점은 PBR 방식을 지원하지 않기 때문에 3ds Max에서 추가적인 조정이 필요하다는 것입니다.

1. PixPlant 기본 활용

01 PixPlant를 실행 하면 Start Up 창이 나옵니다. 창을 닫습니다.

02 PixPlant의 경우 색수차와 화이트밸런스 조정 기능이 없기 때문에 미리 Photoshop에서 보정을 한 Texture를 사용해야 합니다. Seamless Texture를 만들고자 하는 Texture를 우측의 texture Synth 창으로 드래그앤드랍 합니다.

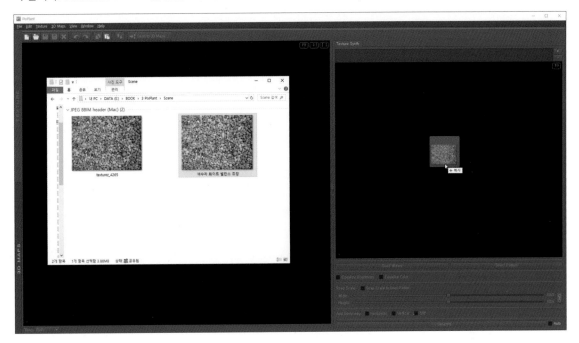

03 'Select Pattern!'이라는 글자가 오렌지색으로 변경 됩니다. PixPlant는 이미지의 패턴을 자동으로 인식 합니다. 하지만 간혹 패턴을 잘못 인식 하는 경우가 있습니다. 'Select Pattern!'아이콘을 클릭 합니다.

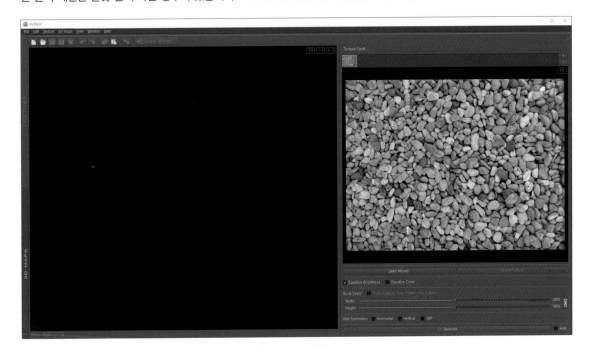

04 현재 이미지의 경우 패턴이 존재하지 않습니다. 따라서 'No Pattern' 버튼을 클릭 합니다. 그리고 'OK' 버튼을 클릭 합니다.

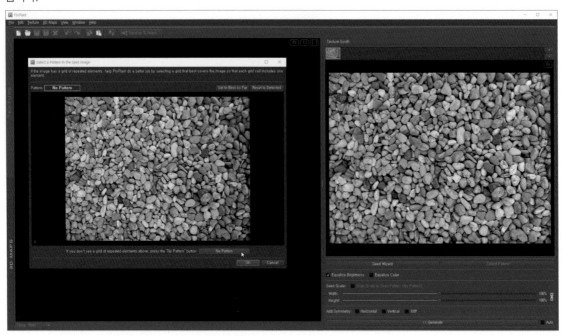

05 Generate 버튼을 클릭 합니다. 새롭게 생성할 Texture의 가로 세로 픽셀을 지정 합니다. 필자는 가로 세로 2048 픽셀로 입력 했습니다.

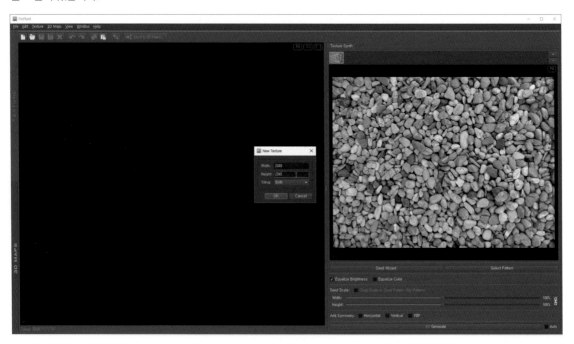

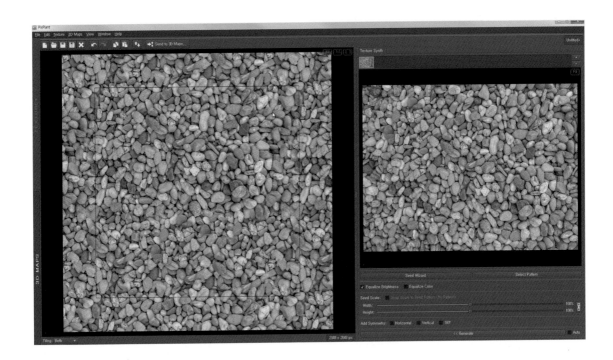

06 'Auto'를 활성화합니다. 슬라이더를 좌측으로 이동하여 약 76% 정도로 이동 합니다. 'Auto' 옵션이 활성화되어 슬라이더로 'Seed Scale'를 조정할 때 마다 'Generate' 버튼을 클릭 하지 않아도 됩니다.

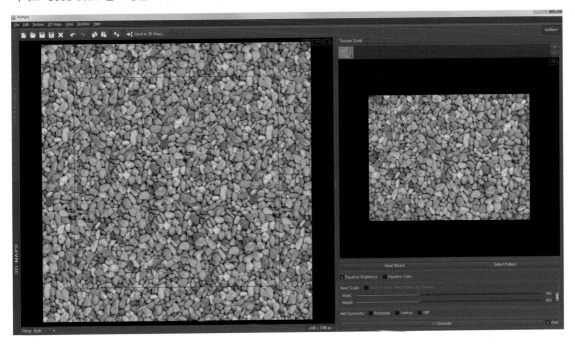

07 PixPlant는 자동으로 Seamless Texture를 생성합니다. 하지만 부분적으로 이음매가 부자연스러운 곳이 있을 수 있습니다. 부자연스러운 부분을 사각형으로 선택한 후, Generate 버튼을 클릭 합니다. 선택한 부위만 새롭게 Texture가 생성되게 됩니다.

08 얇은 나뭇가지 부위를 선택하고 'Generate' 버튼을 클릭 합니다. Texture의 변화가 없다면, 우측 'Texture synth' 창에서 나뭇가지 부위를 드래그 하여 마스킹 합니다. 다시 'Generate' 버튼을 클릭 하시면 새롭게 선택 영역만 텍스처가 재생성 됩니다.

09 이음매의 연결 부위가 만족스럽지 않은 곳을 수정 하였다면, 'Send to 3D Maps' 버튼을 클릭 합니다. 기본적으로 5 종류의 Texture를 생성 하도록 설정이 되어 있습니다. 필요하지 않은 경우 비활성화 하실 수 있습니다. 'Send' 버튼을 클릭 합니다.

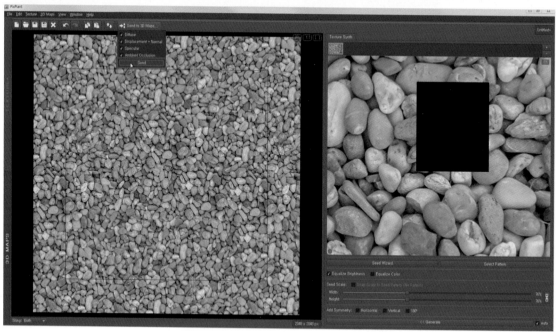

10 Displacement Texture를 생성하는 대화창이 나옵니다. 기본적으로 Texture의 밝은 부분이 돌출되고 어두운 부분은 들어가게 됩니다. 경우에 따라서 반대로 생성하시기 원하시면 'Invert Surface' 버튼을 활성화하시면 됩니다. Fine Detail 슬라이더를 가장 좌측으로 설정하시고 Surface Scale을 좌측부터 우측으로 이동합니다. 적정한 상태에서 슬라이더를 멈춥니다. 그 다음 Fine Detail을 좌측부터 우측으로 슬라이더를 이동하여 미세한 디테일을 추가합니다. 원하는 정도의 Displacement Texture가 생성되었다면, 'Done-Use This Displacement' 버튼을 클릭합니다.

11 다음에 생성할 Map은 Specular Map입니다. 우리는 이 Map을 Glossiness Map으로 사용할 것입니다. 3ds Max에서 밝기를 추후에 조정해야 하므로, 너무 밝지도 어둡지도 않은 상태로 만들어야 합니다. 따라서 Shininess를 'Medium'으로 설정합니다. Metallicness는 'Unsaturated'로 설정합니다. 경우에 따라서 이미지를 반전하고 싶을 때는 Source Mapping을 사용하여 이미지를 반전시킬 수 있습니다.

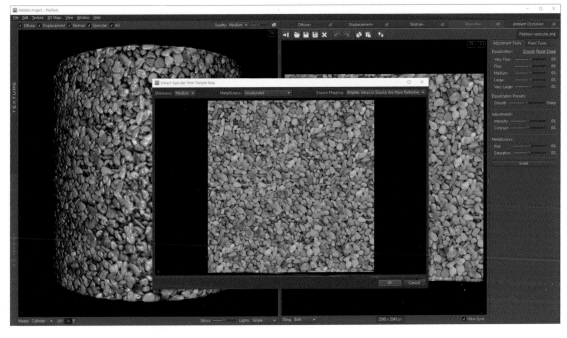

⑫ 다음은 엠비언트 어클루전 맵을 생성하는 과정입니다. Quality는 Fine(256Rays)로 설정 합니다. 컴퓨터 성능이 만족스럽지 못한 경우는 가장 낮은 Rough(16Rays)로 설정하신 후 작업을 하시고 작업 완료 후 Fine으로 변경시켜도 됩니다. Planar Bias와 Ray Distance 슬라이더를 모두 좌측으로 설정합니다. 먼저 Ray Distance의 슬라이더를 우측으로 이동시키면서 전체적인 덩어리 감을 잡습니다. 전체적인 덩어리 느낌을 잡으 셨다면, Planar Bias 슬라이더를 우측으로 이동시키면서 세부 디테일을 잡아줍니다. 'OK'를 클릭합니다.

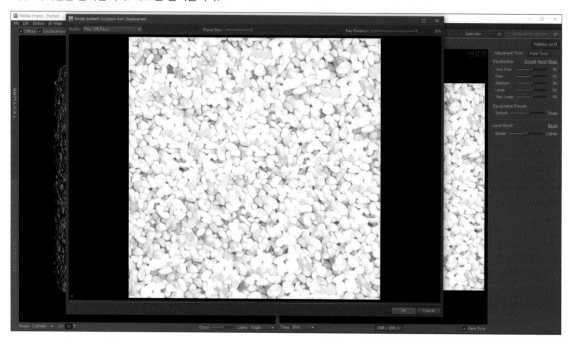

⑬ Normal 탭으로 이동합니다. 'Normal Export Options' 아이콘을 클릭합니다. 기본 설정이 Maya 용으로 되어 있습니다. 3ds Max의 사용자 경우는 Direction의 기본값을 Down으로 설정합니다.

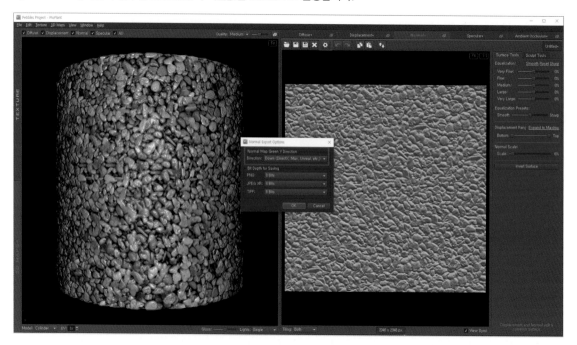

14 Diffuse 탭으로 이동합니다. Shading의 Neutralize를 25%로 설정합니다.

15 지금까지 작업한 PixPlant의 프로젝트 파일을 저장합니다. 파일명은 'Pebbles'로 합니다

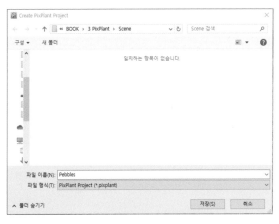

16 File〉Save All whit Automatic names를 사용하여 자동으로 모든 Map을 저장합니다.

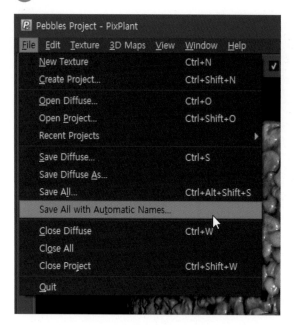
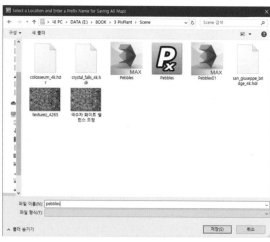

2. 3ds Max에서 PixPlant에서 만든 Map 적용해 보기

01 3ds Max에서 가로 세로 5000mm Plane을 생성합니다. UVW Map은 Planar로 적용 후 가로 세로 2000mm로 설정합니다. 재질은 VRayMtl을 적용합니다. 그리고 VRay Dome Light를 생성 후, HDRI를 적용합니다. 필자는 https://hdrihaven.com의 Colosseum. hdri 이미지를 사용했습니다.

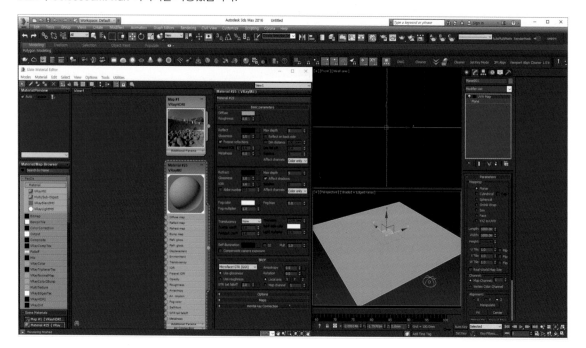

02 간단한 재질 테스트이기 때문에, 자동 노출과 자동 화이트밸런스를 설정합니다. 정확한 재질 테스트를 위해서는 5강에서 다룰 수동 노출과 수동 화이트밸런스로 설정해야 합니다.

03 VRayMtl의 Reflect 색상을 흰색으로 설정합니다. PixPlant에서 자동 저장한 'Pebbles-diffuse' Texture를 Composite Map에 연결한 후 VRayMtl의 Diffuse에 적용합니다.

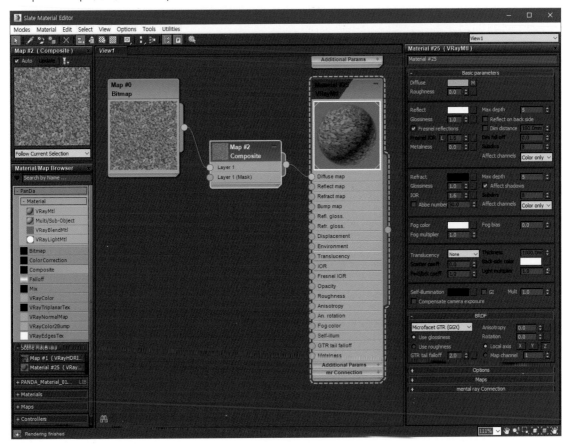

04 Composite Map에서 새로운 레이어를 추가 합니다. 레이어 모드를 Multiply로 변경합니다. 그리고 'pebbles-ao' 텍스처를 불러옵니다. 색상 이외의 대부분 Map들은 감마 Overide 1.0으로 불러와야 합니다.

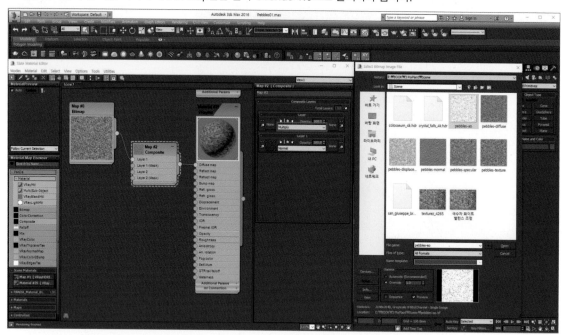

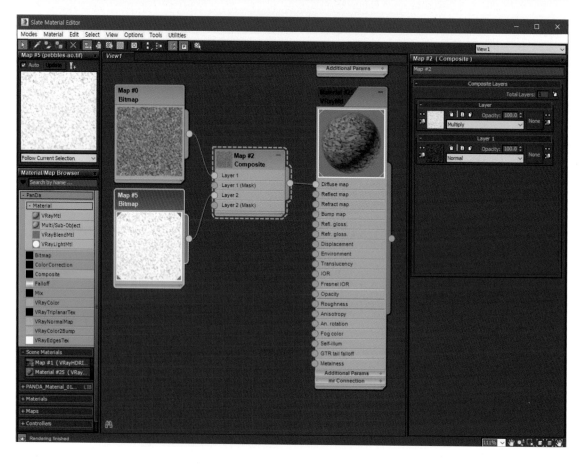

05 PixPlant에서 생성한 'Pebbles_specular' 텍스처를 Color Correction Map에 연결 후 Refl. gloss에 연결합니다.

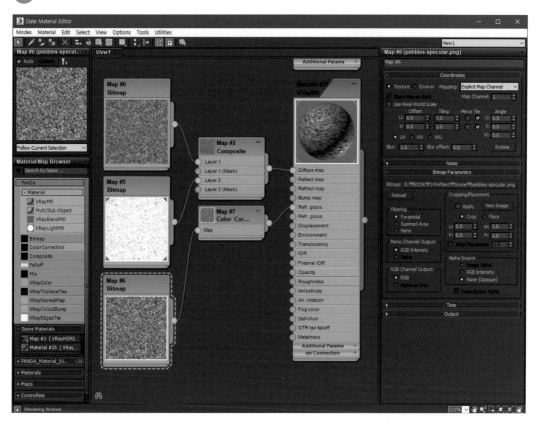

06 Bump map 슬롯에 VRay NormalMap을 연결한 후, 'pebbles-normal' Texture를 감마 1.0으로 불러옵니다.

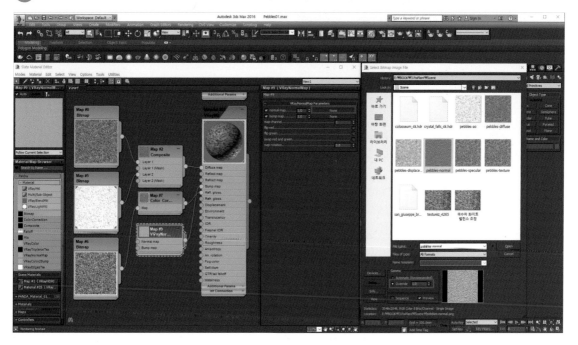

07 Displacement 슬롯에 'pebbles-displacement' Texture를 감마 1.0으로 불러와서 연결할 경우 Image I/O Error가 발생합니다. 이는 PixPlant에서 디스플레이스먼트 맵을 저장할 때 기본적으로 사용하는 확장자 32비트 tif와 3ds Max가 호환되지 않아서 그렇습니다.

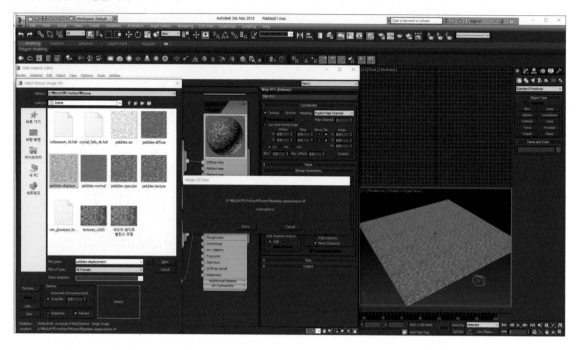

08 PixPlant를 종료 하셨다면, 재 실행 후 'Pebbles.pixplant'를 불러옵니다.

09 Displacement 탭에서 png 포맷으로 다시 저장합니다. PixPlant는 마지막에 저장한 파일 형식을 기억 하고 있습니다. 따라서 다음부터 Automatic Names를 이용한 자동 저장에서는 디스플레이스먼트 맵의 파일 형식이 16비트 png로 저장이 됩니다.

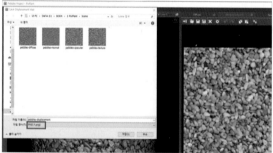

10 3ds Max에서 방금 저장한 'pebbles-displacement.png' 맵을 감마 1.0으로 불러와서 Displacement 슬롯에 연결합니다. Displace 수치는 약 5 정도 입력합니다.

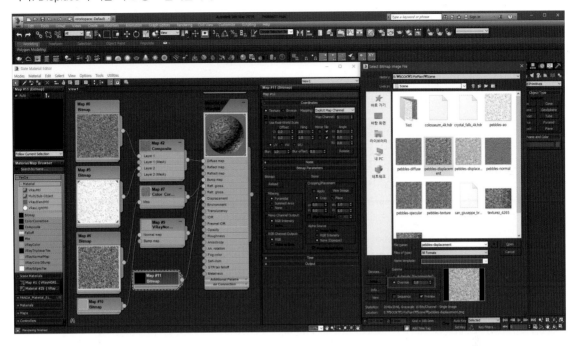

11 렌더 엘레먼트에서 VRayMtlReflectGlossiness와 VRaySpecular 엘레먼트를 추가 합니다.

12 IPR을 구동시킵니다. 디스플레이스의 정도가 매우 강합니다. 따라서 적정 수치로 낮춥니다. IPR을 구동하면서 디스플레이스먼트 수치를 조정할 경우 종종 바로 피드백이 되지 않는 경우가 있습니다. 수치를 조정 후 IPR을 재 구동 하시면 됩니다.

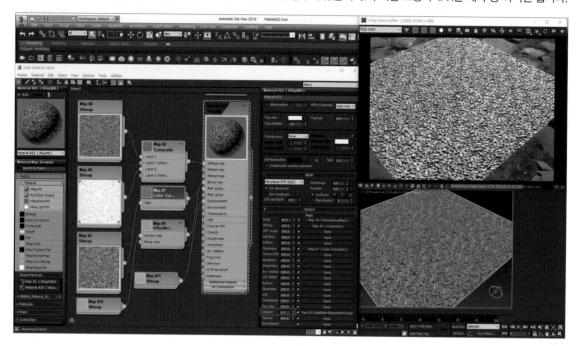

13 Refl. gloss 연결된 Color Correction Map을 더블 클릭하여 활성화합니다. VFB에서 VRayMtlGlossiness 모드로 변경합니다. 그리고 Pixel information 창을 엽니다.

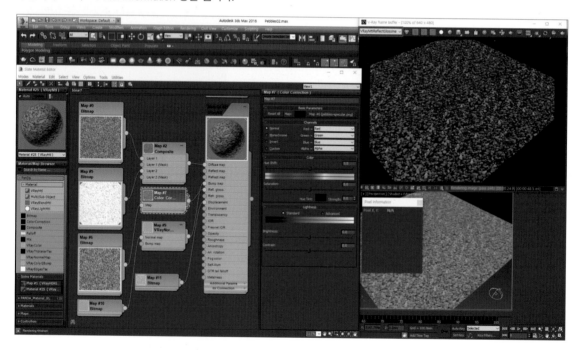

14 조약돌의 경우 색상이 다양하지만, 표면의 매끄러운 정도는 심각하게 차이가 나지 않습니다. 따라서 Contrast를 대폭 줄여서 대비를 약하게 조정합니다. 필자는 −80을 입력했습니다. 마우스 위치에 따라서 Glossiness가 Pixel information 창에 표기됩니다. 약 0.44입니다.

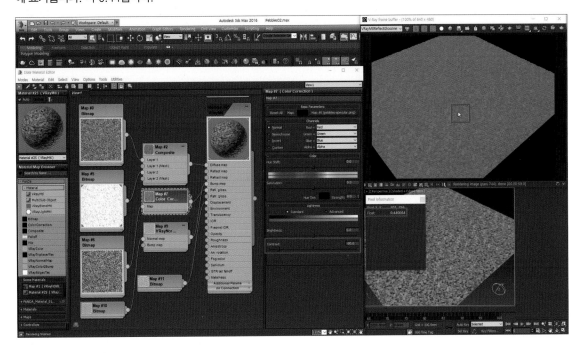

15 VFB에서 VRaySpecular 모드로 변경합니다. 하이라이트를 부드럽게 조정 하기 위해서 Color Correction Map의 Brightness에 −20을 입력합니다.

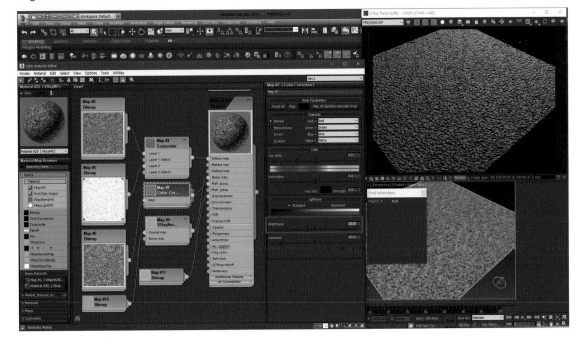

16 VFB에서 VRayMtlGlossiness 모드로 변경합니다. Pixel information의 수치가 기존 0.44에서 20퍼센트 감소한 약 0.25로 측정이 됩니다.

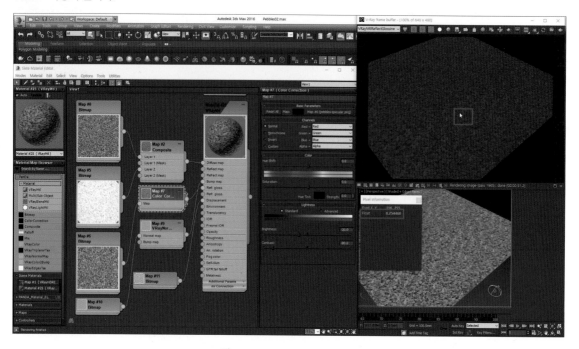

17 VFB에서 RGB color 모드로 변경한 최종 렌더링 이미지입니다. IPR 구동을 하면서 VFB 창의 모서리를 잡고 창을 늘리면, 렌더링이 되면서 VFB 창이 커지게 됩니다.

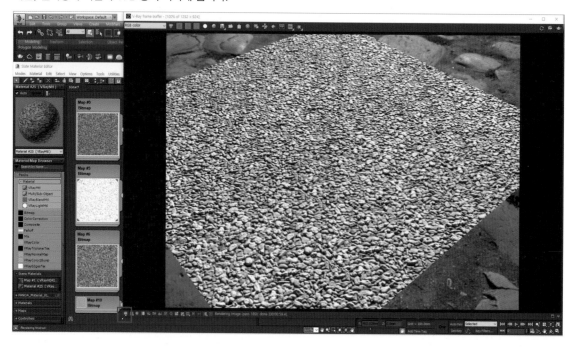

Gamma와 Texture

CHAPTER 04

Gamma와 Texture

현재 강좌에서 사용하고 있는 3ds Max 2016 그리고 VRay 3.6 이상 버전에서는 자동 감마 시스템을 탑재하고 있습니다. 따라서 과거 버전처럼 사용자가 감마 설정을 특별히 설정하실 것은 없습니다. 기본 설정값 그대로 쓰시면 됩니다. 그러나 PBR 재질 작성 시 색상을 제외한 특정 정보를 기록한 Texture는 Degamma에서 제외해야 합니다.

1. Gamma와 PBR Texture

01 우리가 재질을 작성할 때 사용하는 jpg와 같은 매핑 소스(LDRI)들은 미리 중간 대역이 밝게 처리되어 제작된 이미지입니다. 이러한 과정을 감마 인코딩이라고 합니다. 이렇게 해야 우리 눈에 정상적인 밝기로 보이기 때문입니다. 따라서 3ds Max는 맵핑 소스를 불러오게 되면 자동으로 확장자에 따라서 LDRI 소스들은 중간 대역이 밝게 처리된 것을 다시 원상태로 돌리기 위한 Degamma가 적용됩니다.

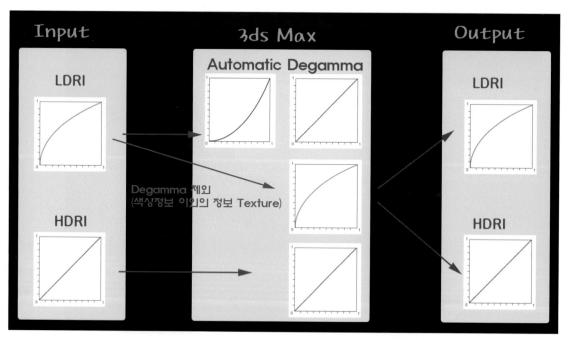

02　3ds Max의 자동 감마 시스템은 단순히 확장자에 의해서 Degamma를 모든 Texture에 적용합니다. PBR 재질 작성 때 색상 Texture를 제외한 특정한 정보를 기록한 Texture의 경우는 Degamma가 적용되면 가지고 있는 정보가 변형됩니다. 따라서 색상을 제외한 정보를 표현하는 Texture는 Override Gamma 1.0으로 불러와야 합니다. 특히 Normal, Displacement와 같은 Map은 Automatic Gamma로 불러오면 렌더링에서 심각한 문제를 초래합니다.

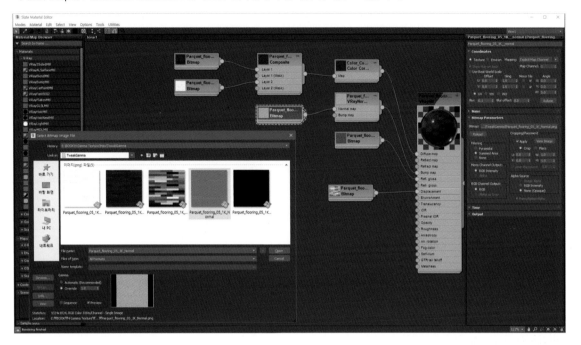

Automatic Gamma

Diffuse, Base Color, Albedo

Override Gamma 1.0

Metal, roughness, Glossiness, ambient occlusion, Normal, Bump, Displacement

2. PANTONE 색상을 3ds Max에 정확하게 입력하기

01 PANTONE 2141 U의 정확한 RGB 색상은 131, 186, 234입니다.

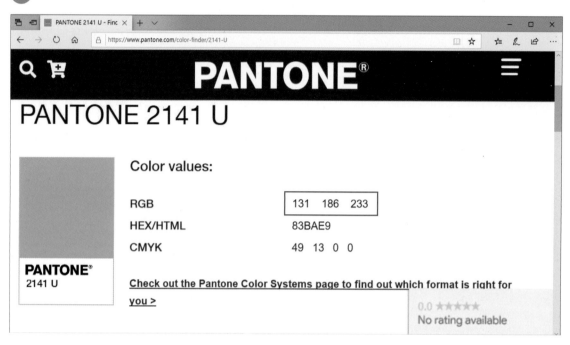

02 3ds Max에서 주전자를 생성합니다. VRayLightMtl을 적용합니다. RGB 색상을 131, 186, 234로 설정 합니다. 그리고 렌더링합니다.

03 렌더링 결과물과 PANTONE 색상이 일치하지 않습니다.

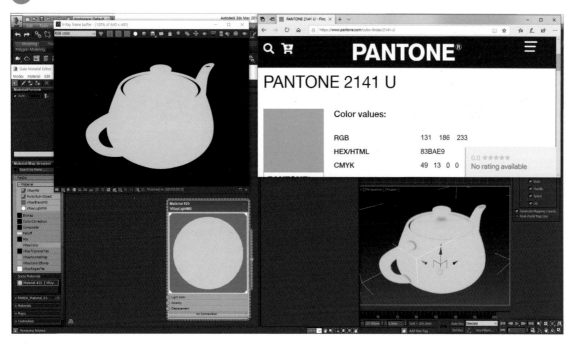

04 포토샵에서 RGB 색상이 131, 186, 234인 이미지를 작성합니다. 조금 더 정확한 연산을 위해서 채널당 16bit 모드를 사용합니다. diffuse.png로 저장합니다.

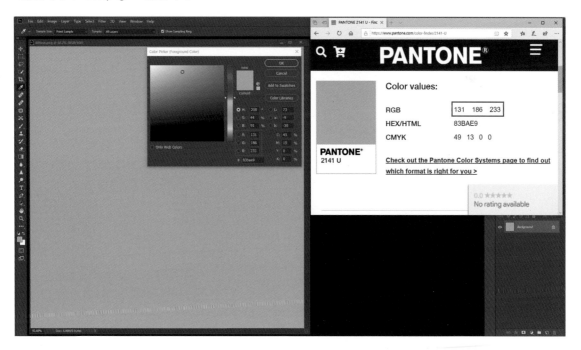

05 VRayLightMtl에 포토샵에서 작성한 diffuse.png 맵을 적용합니다. Gamma는 Automatic으로 불러옵니다.

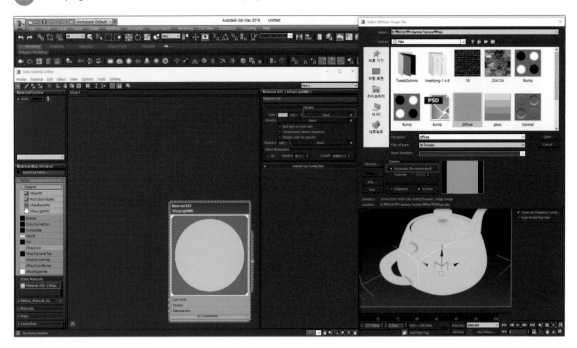

06 재질 편집기의 Texture와 렌더링 결과물, 그리고 PANTONE 차트의 색상이 동일하게 렌더링 됩니다.

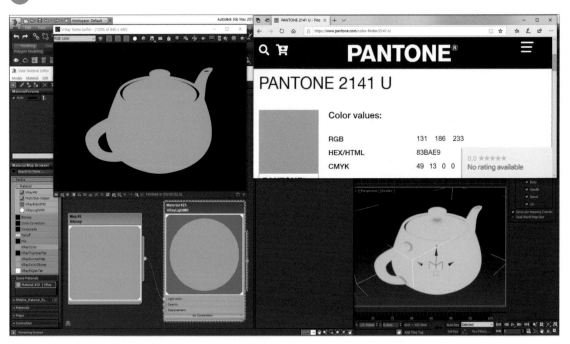

07 sRGB 버튼을 비활성화 해보시면, 실제 3ds Max가 렌더링에서 사용한 Gamma 1.0의 어둡게 렌더링한 주전자의 색상을 볼 수 있습니다. diffuse.png가 3ds Max로 들어오면서 자동 감마 시스템에 의해서 Degamma 처리가 되어 어둡게 렌더링이 된 후, 다시 VFB의 sRGB에 의해서 밝게 감마 보정이 되는 것입니다.

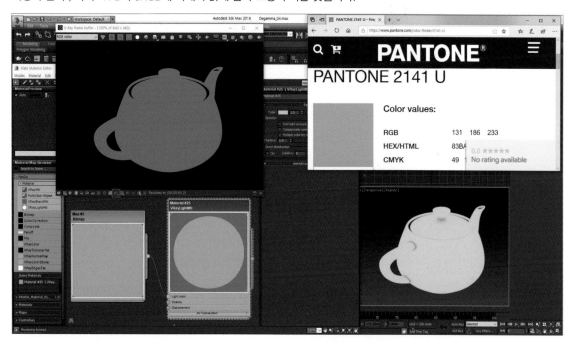

08 따라서 우리가 얻고자 하는 RGB 131, 186, 233을 얻기 위해서는 Degamma가 적용된 색상을 입력해야 합니다. 매우 다양한 방법이 있지만 가장 간단한 방법은 컬러 픽커에서 원하는 외부 이미지 색상을 Peaking 하는 것입니다.

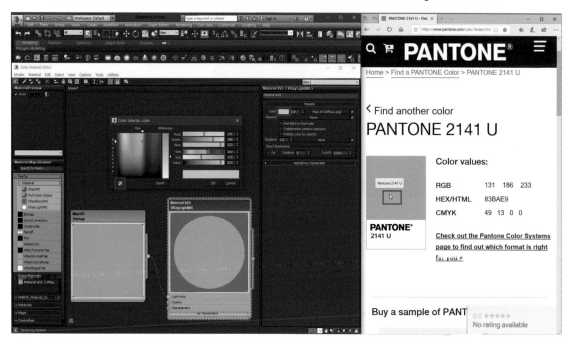

09 Color Selector의 RGB 색상이 Degamma가 적용되어 59, 127, 209로 변경이 됩니다.

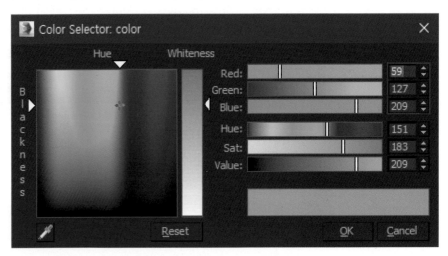

10 Bitmap의 링크를 끊고 렌더링합니다. PANTONE 색상과 동일한 색상이 렌더링 됩니다.

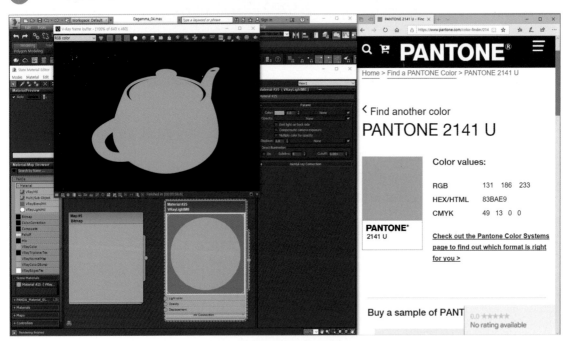

3. Bump Map, Normal Map, Displacement Map과 Degamma

PRB에서 Map을 적용할 때 색상에 관련된 Map을 제외한 특정 정보를 담당하고 있는 Map들은 Degamma 에서 제외해야 합니다. 즉 Gamma를 Override 1.0으로 적용 하셔야 합니다. 특히 Bump Map, Normal Map, Displacement Map의 경우는 채널당 16bit 사용을 권장합니다.

01 Bump Map은 사용한 Texture의 밝고 어두운 단계를 사용하여 볼록하거나 오목하게 렌더링을 합니다. 일반적인 jpg 포맷의 경우 음영을 256 단계로만 표현할 수 있어서, Bump Map의 사이즈가 매우 크거나, 또는 Bump의 세기가 심할 경우 계단 현상이 발생합니다. 따라서 채널당 16bit를 사용하는 png 포맷이 더욱 자연스러운 표현이 가능합니다. 그리고 자동 감마를 사용할 경우, 높낮이에 대한 정보가 Degamma에 의해 변형되어 올록볼록한 정도가 잘못 표현이 됩니다.

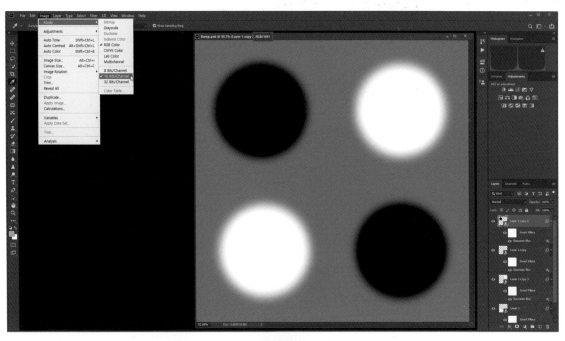

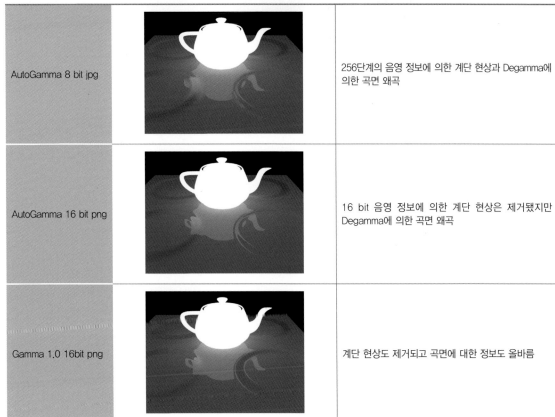

AutoGamma 8 bit jpg		256단계의 음영 정보에 의한 계단 현상과 Degamma에 의한 곡면 왜곡
AutoGamma 16 bit png		16 bit 음영 정보에 의한 계단 현상은 제거됐지만 Degamma에 의한 곡면 왜곡
Gamma 1.0 16bit png		계단 현상도 제거되고 곡면에 대한 정보도 올바름

02 Displacement Map의 경우도 Bump Map과 동일한 원리가 적용됩니다. 차이점이라면 Displacement Map은 실질적으로 Geometry를 변형해서 더욱 차이가 명백하다는 것입니다.

AutoGamma 8 bit jpg		256단계의 음영 정보에 의한 계단 현상과 Degamma에 의한 높이 왜곡
AutoGamma 16 bit png		16bit 음영 정보에 의한 계단 현상은 제거됐지만, Degamma에 의한 높이 왜곡
Gamma 1.0 16bit png		계단 현상도 제거되고 높이에 대한 정보도 올바름

4. png 포맷의 Gamma 재정의

png 포맷은 채널당 16bit 색상 정보를 포함 할 수 있는 장점과 Gamma에 대한 정보를 기록할 수 있는 특징을 가지고 있습니다. 따라서 이번 과정에서는 색상 이외의 특정 정보를 담고 있는 png 파일에 감마 정보를 입력하여, 3ds Max의 자동 감마 시스템에서 올바르게 감마가 적용되어 로딩되도록 해봅시다.

01 http://entropymine.com/jason/tweakpng/에서 TweakPNG 유틸을 다운로드 받습니다.

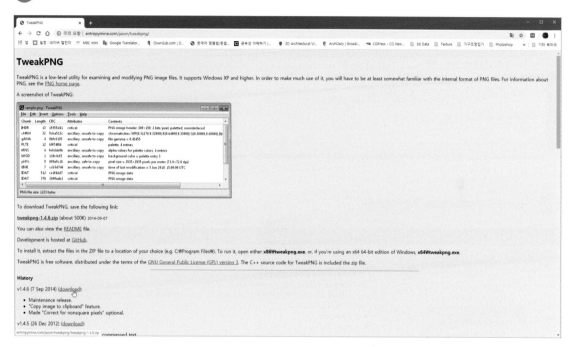

02 X64폴더에 있는 Tweakpng를 실행합니다.

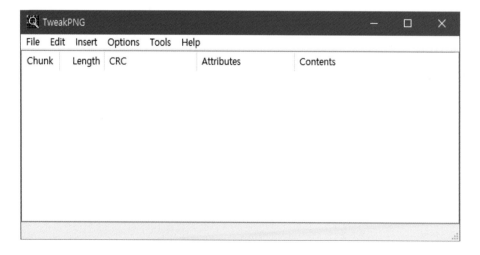

03 File⟩Open을 사용하여 png 포맷을 불러오거나 실행한 프로그램 위로 png 파일을 드래그 앤 드랍 합니다.

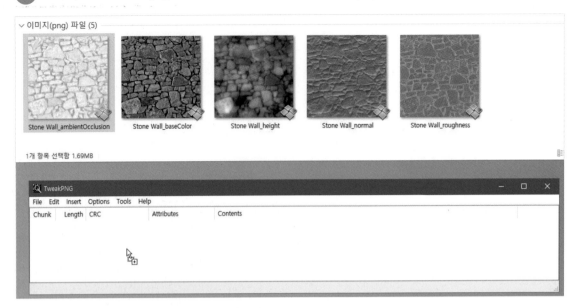

04 Insert⟩gAMA(Gamma)를 선택합니다.

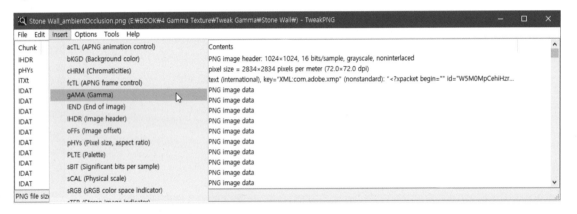

05 file gamma=0.45455를 더블 클릭합니다. 감마 재설정 창이 열리면 1을 입력합니다.

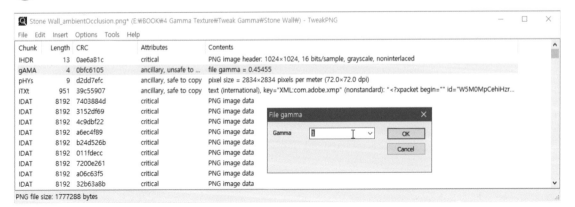

06 Ctrl + S 를 입력하거나 메뉴에서 Save 명령어를 사용하여 감마가 변경된 png 파일을 저장합니다.

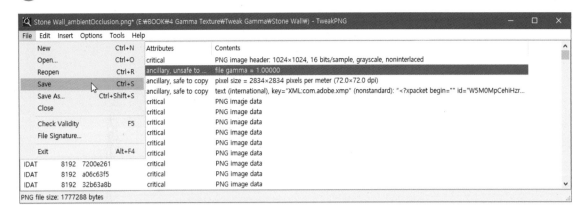

07 gAMA행열을 선택하고 오른쪽 마우스〉 Copy 또는 단축키 Ctrl + C 를 입력합니다.

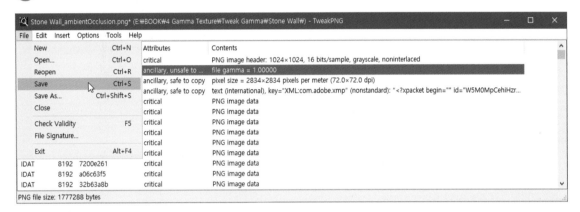

08 Option〉 Preferences를 사용하여 환경설정 창을 불러옵니다. 'Add TweakPNG to Explorer context menu'를 활성화합니다.

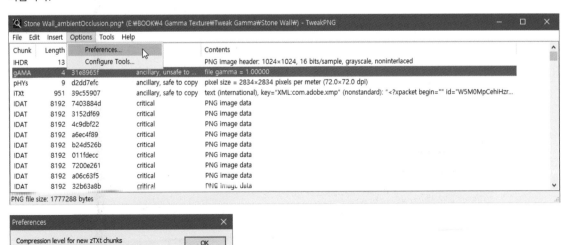

09 Height Map을 선택 후 오른쪽 마우스〉TweakPng를 실행합니다.

10 TweakPNG가 실행되면 2번째 줄을 선택하고 Ctrl + V를 사용하여 Gamma를 재정의한 행을 삽입합니다. Ctrl + S를 입력하여 저장합니다.

11 3ds Max에서 슬레이트 재질 편집기로 png 파일을 드래그 앤 드랍합니다. 감마가 재정의된 png 파일은 자동 디 감마에서 제외됩니다. Automatic Gamma로 이미지를 불러와도 자동 감마에서 제외됩니다.

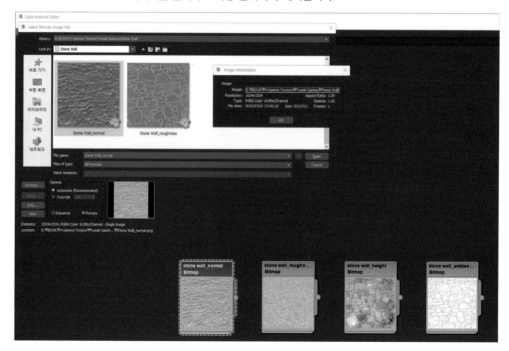

재질 테스트를 위한 환경 설정 (노출과 화이트밸런스)

재질 테스트를 위한 환경 설정 (노출과 화이트밸런스)

재질 테스트를 하는 경우 특정한 환경(매우 밝거나 또는 어둡거나, 아니면 색온도를 맞추지 못해서 노란 기운이 돌거나 또는 파란 기운이 도는 환경)에서 재질을 작성하고 테스트한다면, 이러한 환경에서 작성된 재질은 다른 장면에 적용 시 매우 부적절하게 렌더링이 됩니다. 따라서 적정 노출과 화이트밸런스를 중립적인 상태로 설정 후 재질 작성을 하셔야 합니다.

01 적정 크기(필자는 가로 세로 1,000mm로 설정)의 Plane을 원점 근처에 생성합니다. 그리고 생성된 Plane을 선택한 상태에서 VRayMtl 아이콘을 클릭하시면 RGB(128,128,128) Medium Gray의 VRayMtl이 선택한 Plane에 적용이 됩니다.

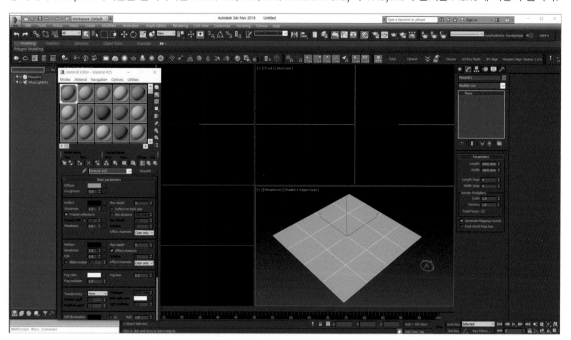

{PanDa's} TIP HDRI 선택 시 주의 사항

Soft한 Light 상태의 HDRI를 선택하는 것이 좋습니다. 명부와 암부의 밝기 차이가 심한 경우 재질 판단이 어렵습니다.

심각하게 화이트밸런스가 한쪽으로 치우친 경우는 되도록 피합니다. 추후에 3ds Max에서 보정을 하더라도 원본 자체의 화이트밸런스가 중립적인 HDRI를 사용하는 것이 좋습니다.

https://hdrihaven.com/hdris/category/?c=all에서 무료 고해상도 HDRI를 받으실 수 있습니다.

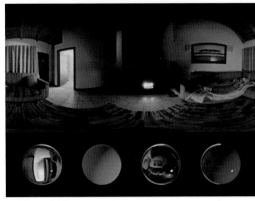

▲ Bad

▲ Good

02 V-ray Dome Light를 설치합니다. 그리고 HDRI를 적용합니다. 자신이 주로 작업하는 공간과 어울리는 HDRI를 선택하시는 것이 좋습니다.

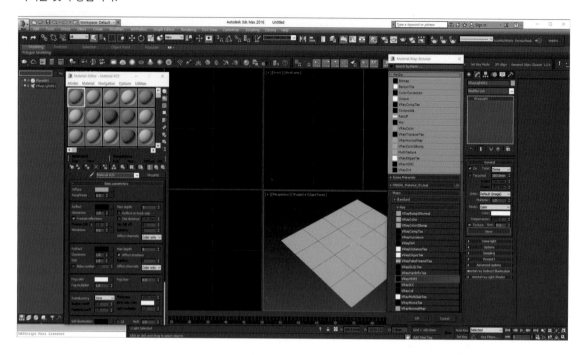

03 위 2조건만 충족 한다면 어떠한 HDRI를 사용하셔도 무방합니다. 필자는 autoshop_01_8k.hdr을 사용하였습니다.

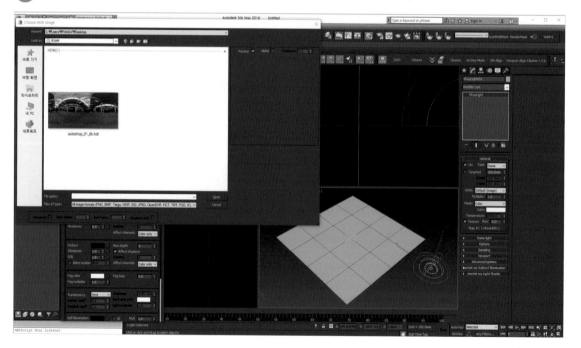

04 Environment and Effects 창을 연 후, VRay Exposure Control을 활성화합니다.

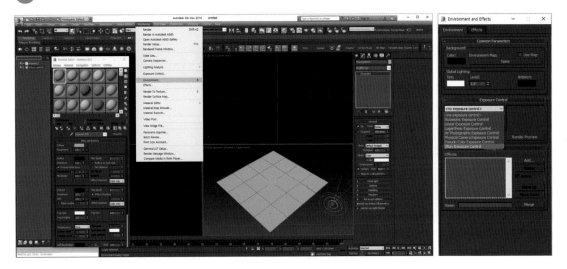

05 White balance preset을 Neutral로 설정합니다.

06 단축키 F10을 누르신 후, Render Element에 VRay Denoiser를 추가합니다. 이는 추후에 마우스 근처의 Pixel 정보가 노이즈에 의해서 조금씩 다르게 표시되는 것을 방지하기 위함입니다.

07 VRay Tool Bal의 주전자 아이콘을 꾸욱 누르신 후, IPR
MODE로 렌더링합니다. 노출이 활성화되어 매우 어둡게 렌
더링이 됩니다. Pixel information 아이콘을 클릭하여 Pixel
information 창을 불러옵니다.

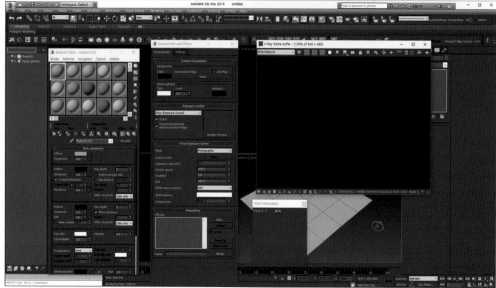

08 Shutter speed, f-number, ISO 중 어떠한 옵션을 사용하셔도 무방합니다. 또는 3개를 동시에 사용하셔도 됩니다. 필
자는 ISO를 사용하도록 하겠습니다. ISO 기본값인 100을 더블 클릭하여 활성화 상태로 변경 후, 마우스를 렌더링 창의 Plane
위로 가져갑니다.

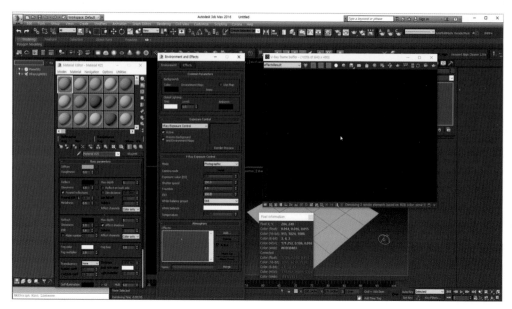

09 현재 마우스 위치의 Pixel 값이 (3,4,3) 표시가 됩니다. 원래 재질은 (128,128,128) 이기 때문에, ISO 수치를 기본값 100의 40배를 입력합니다. 마우스를 렌더링 된 이미지의 Plane에 위치시키고 4000을 입력 후, 엔터를 입력합니다. IPR이 구동 중이라서 실시간으로 렌더링 이미지가 약 40배(144,161,158) 밝아집니다.

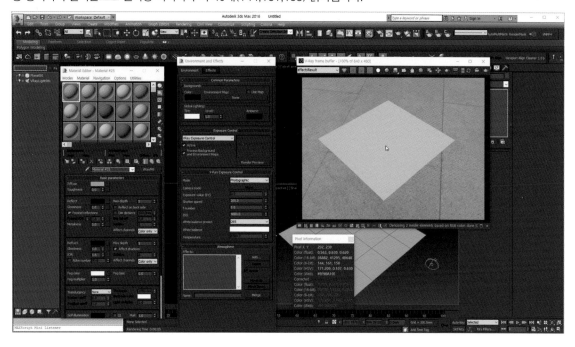

10 White balance의 색상을 클릭 후, Color Selector에서 스포이드를 선택합니다. 렌더링 되고 있는 Plane을 클릭합니다. 그리고 OK를 선택합니다.

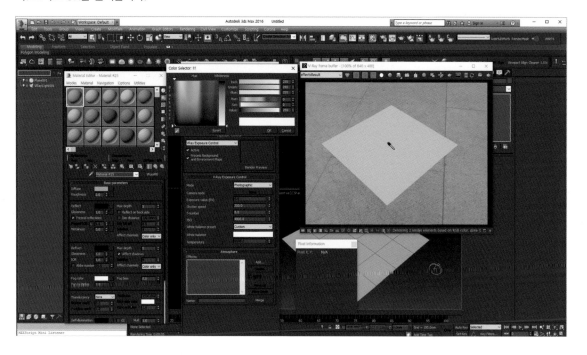

11 IPR 모드로 계속 렌더링 되고 있는 Plane에 마우스 포인터를 위치시키면, Pixel information에 약(154,154,154)라는 정보가 나오게 됩니다. RGB 값이 동일하다는 것은 White balance가 중립적으로 잘 설정되었다는 것을 의미합니다.

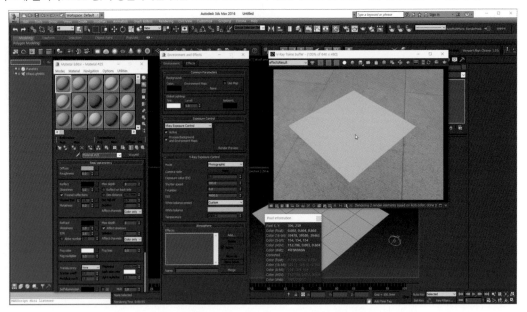

12 하지만 우리가 원하는 RGB(128,128,128)에 비해서 현재 RGB(154,154,154)는 노출이 조금 오버된 상태이기 때문에, ISO 수치 4000을 더블 클릭하여 활성화합니다. 그 상태에서 마우스 커서를 렌더링 되고 있는 Plane에 위치시킵니다. 조금씩 4,000보다 낮은 수치를 입력하시면서 Pixel information의 RGB 값이 128,128,128에 근접하도록 수치를 입력시키면 됩니다. 완벽하게 일치시킬 필요는 없습니다.

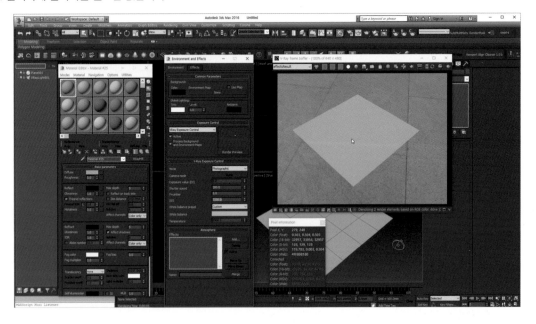

13 이러한 방식으로 재질 테스트용 장면을 구성한 후, 재질 테스트할 때마다 불러와서 사용하시는 것을 추천해 드립니다. 앞으로 재질 강좌에서 특별한 언급이 없는 경우라도 노출과 화이트밸런스는 기본적으로 맞추고 강좌를 진행한다고 생각하시면 됩니다.

CHAPTER

06

VRayEdgesTex

VRayEdgesTex

실무 작업에서는 모델링 보다는 동일한 효과가 가능하다면, 재질로 작업을 하시는 것이 효율적입니다. 실무 작업에서 줄눈을 일일이 모델링 한다면, 수정이 발생하면 상당히 골치 아프게 됩니다. 따라서 앞으로 실재 예제에서 매우 빈번하게 사용될 VRay의 특수한 Texture인 VRayEdgesTex에 관해서 공부해 봅시다.

1. VRayEdgesTex 기본 사용법

01   VET Basic_01.max 파일을 불러옵니다. HDRI 파일은 포함되어 있지 않기 때문에 5강에서 공부하신 방법대로 적정 HDRI를 Dome Light에 적용 후 노출과 화이트밸런스를 맞추셔야 합니다.

02   IPR이 구동된 상태에서, 오브젝트에 기본 VRayMtl을 적용합니다. Diffuse에 VRayEdgesTex를 적용합니다.

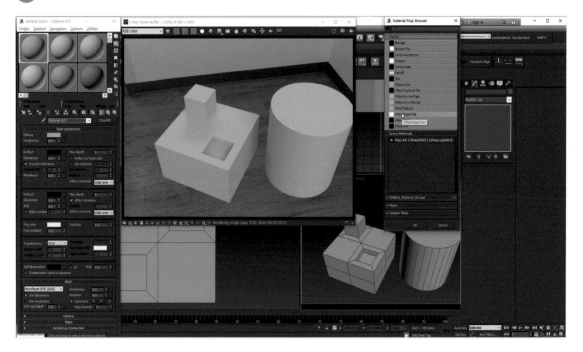

03 오브젝트의 보이는 Edge에 두께 1 Pixel의 흰색 선이 적용되어 렌더링 됩니다.

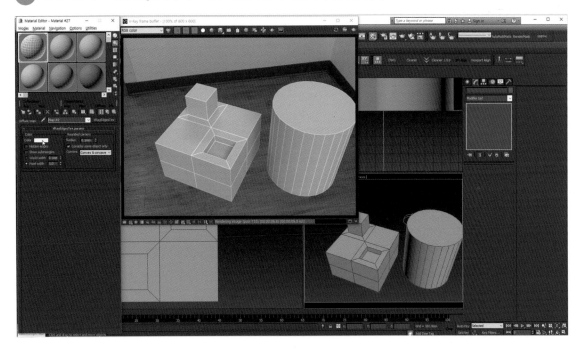

04 Color를 클릭 후, Color Selector에서 원하시는 컬러로 변경이 가능합니다. IPR 구동 중이기 때문에 실시간으로 렌더링이 됩니다. 다양한 색상으로 테스트 해보신 후 원래 기본값인 white로 설정합니다.

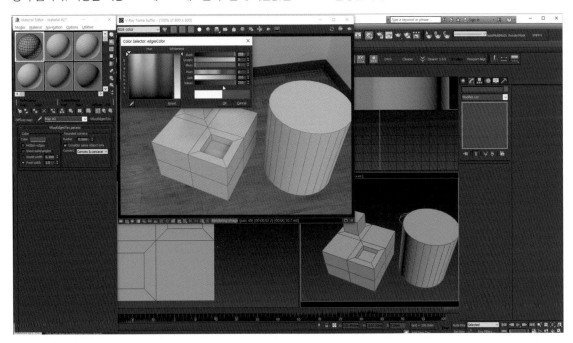

05 VFB 창의 우측 하단을 드래그하여 렌더링 되고 있는 창의 크기를 키우면, IPR의 경우 실시간으로 확대되어서 렌더링이 됩니다. 기본 두께가 1 Pixel이기 때문에 렌더링 사이즈와 무관하게 고정된 두께의 선이 렌더링 됩니다. 따라서 Pixel 단위는 실제 재질 작업에서 쓰기 어렵습니다.

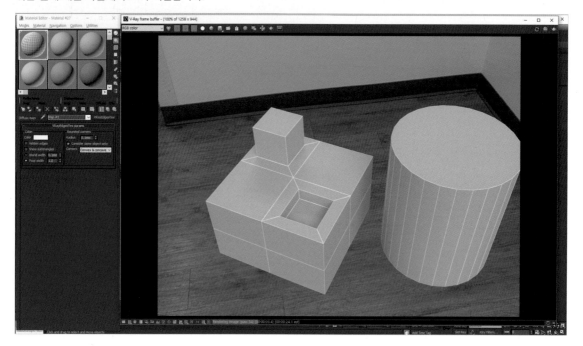

06 VFB의 사이즈를 원래 상태로 돌린 후, 선 단위를 World width로 변경합니다. 1mm를 입력합니다. 다양한 값들(2mm, 3mm, 4mm.....)을 입력하여 테스트해 보세요.

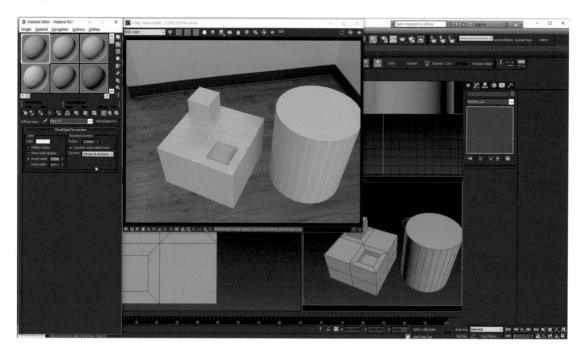

07 선 두께를 10mm을 입력해 봅시다. 선의 두께가 두꺼워 질수록 선 모양에 문제가 발생합니다.

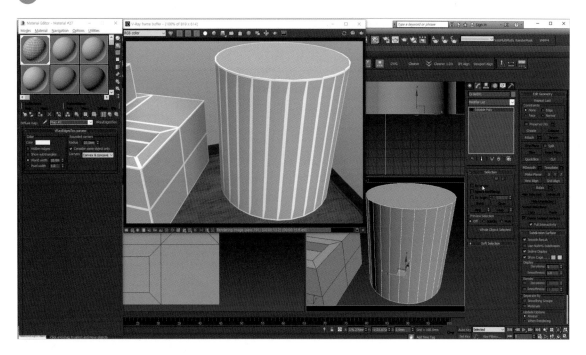

08 VRayEdgesTex가 매우 강력한 도구이긴 하지만, 선의 두께가 일정 수준을 넘어가면 문제가 생깁니다. 이러한 문제가 생기는 이유에 대해서 알아보도록 하겠습니다. 원기둥을 선택한 상태에서 Edge 모드를 선택합니다.

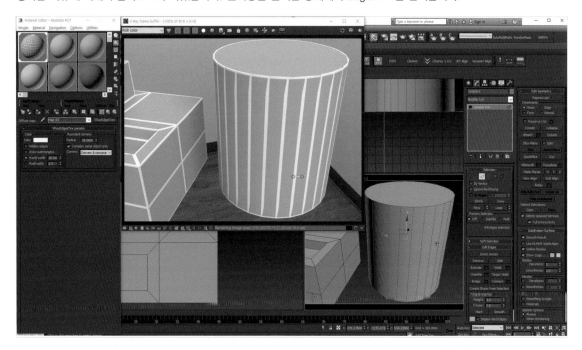

09 이 상태에서 우클릭〉 Edit Triangulation을 하시면 숨겨진 Edge가 보이게 됩니다. VRayEdgesTex의 Hidden edges 옵션을 활성화하시면, 숨겨진 Edges까지 렌더링 됩니다.

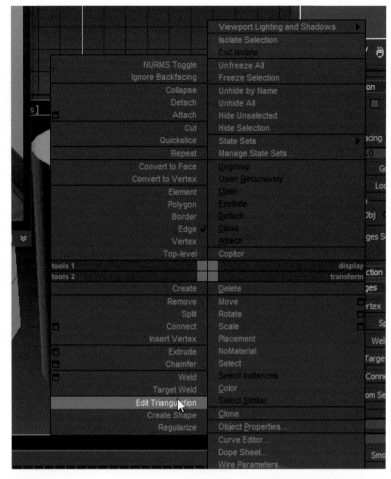

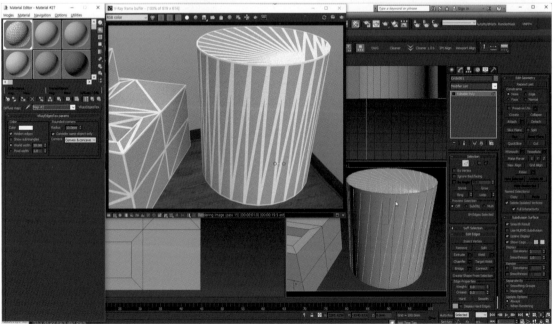

10 원기둥의 상부 Vertex를 선택 후 기둥의 높이를 낮게 변경하여, 원기둥을 구성하고 있는 폴리곤을 정사각형에 가깝게 변경시켜 봅시다. 오브젝트를 구성하고 있는 폴리곤의 구조가 정사각형에 가까운 경우는 Edge의 두께에 큰 문제가 생기지 않습니다.

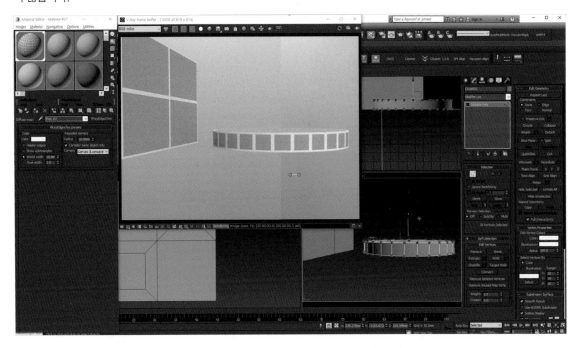

11 즉 이러한 문제가 생기는 이유는 보이는 Edge만 표현하기 위해서 숨겨진 사선 Edge를 제거하다 보니 생기는 문제입니다. 따라서 일정 두께 이상은 VRayEdgesTex를 사용하실 때 주의하셔야 합니다.

2. VRayEdgesTex를 활용한 모서리 둥글리기

일반적으로 모델링의 모서리에 Champer 명령어를 사용하여 모서리를 둥글게 됩니다. Radius가 매우 크거나 또는 매우 근접한 장면이 아니라면, 실무 작업에서는 효율적인 표현을 위해서 VRayEdgesTex를 사용하여 재질로 표현하는 것이 효율적입니다.

01 IPR이 구동된 상태에서 오브젝트에 기본 VRayMtl을 적용합니다. Bump에 VRayEdgesTex를 적용합니다. VRayEdgesTex의 단위를 World width 3mm로 설정합니다. Rounded corners 값도 연동되게 됩니다. 렌더링된 물체의 모든 모서리가 라운드 처리된 것을 보실 수 있습니다.

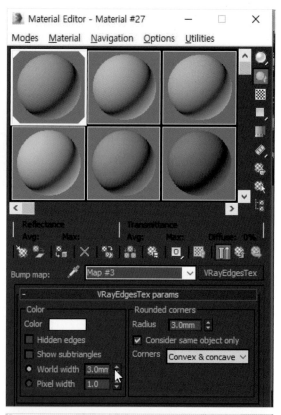

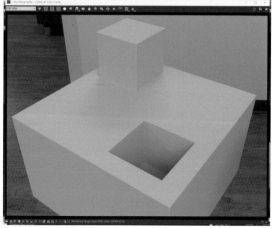

02 coners 설정을 Convex & concave로 설정하시면 음각 양각의 모서리 전부에 라운드 처리가 되며, Convex only 만 설정하면 양각 모서리에만 적용됩니다. 그리고 Concave only로 설정할 경우는 음각 모서리에만 라운드 처리가 됩니다.

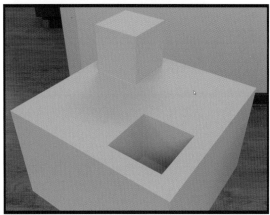

03 서로 다른 물체가 Attach 상태가 아닌 단순히 겹쳐 있는 경우에도 Rounded conners 를 적용하려면 Consider same object only 옵션을 비활성화하시면 됩니다.

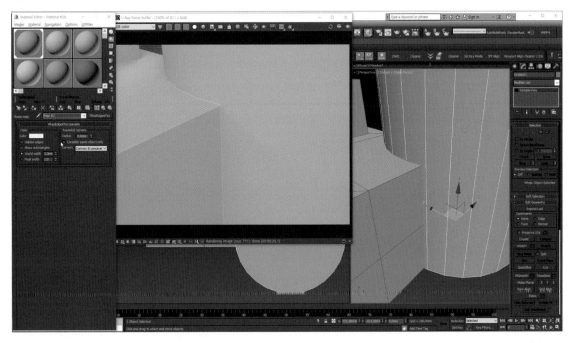

3. 원하는 Edge에만 VRayEdgesTex를 적용하기

VRayEdgesTex는 기본적으로 보이는 모든 Edge에 선 처리를 합니다. 따라서 실무 작업에서는 특정 부위만 '선 처리'가 필요할 때도 있습니다. 따라서 원하지 않는 부위에 '선 처리'를 하지 않아야 할 경우에 대해서 알아보도록 하겠습니다.

01 원하시는 물체를 선택 후, Edit Mesh 모디파이어를 적용합니다.

02 Edge 모드를 선택하고, 원기둥에서 원하지 않는 측면의 Edge를 선택합니다.

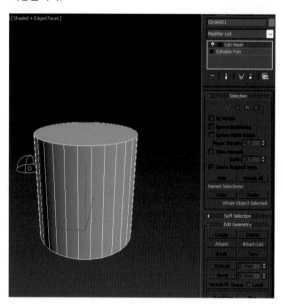
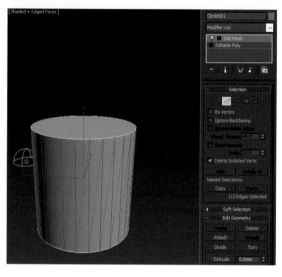

03 Invisible 버튼을 클릭하시면, 물체의 Edge가 점선으로 표현되면서 보이지 않게 됩니다. 따라서 VRayEdgesTex는 기본적으로 보이는 Edge만 '선 처리'되기 때문에 측면이 '선 처리'에서 제외됩니다.

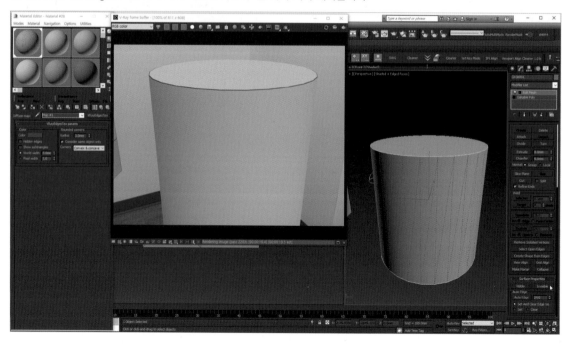

4. VRay Next에 추가된 Width/radius multiplier를 활용한 손상된 모서리

01 VRayMtl의 Diffuse에 VRayEdgeTex를 적용합니다. 색상은 Red로 설정합니다. World width 20mm를 입력합니다.

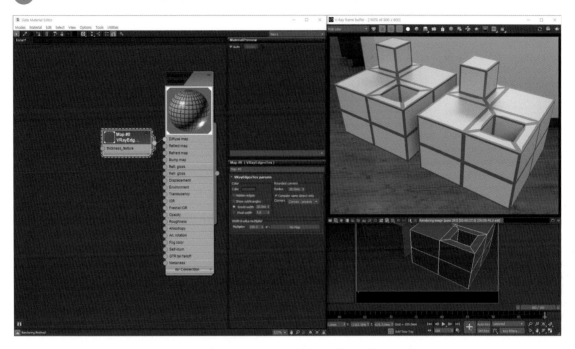

02 thickness_texture에 VRayTriplanarTex를 연결합니다. Size는 100mm를 적용합니다. random texture offset과 random texture rotation을 활성화합니다.

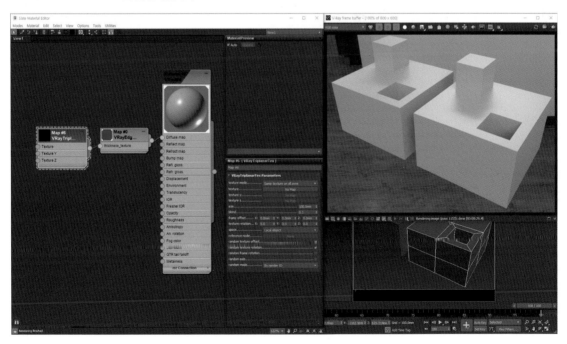

03 VRayTriplanarTex에 Noise를 적용합니다. Coordinates를 Explicit Map Channel로 변경합니다. Noise Parameters 를 Tubulance로 변경합니다. Size는 1로 설정합니다.

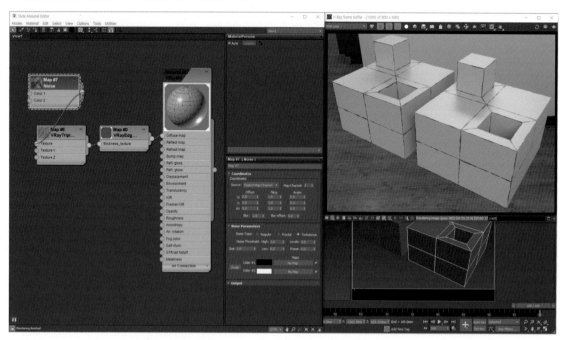

04 Diffuse에 연결된 VRayEdgeTex 노드를 Bump map에 연결합니다. Instance Copy 된 물체에도 랜덤하게 손상된 모 서리가 표현됩니다.

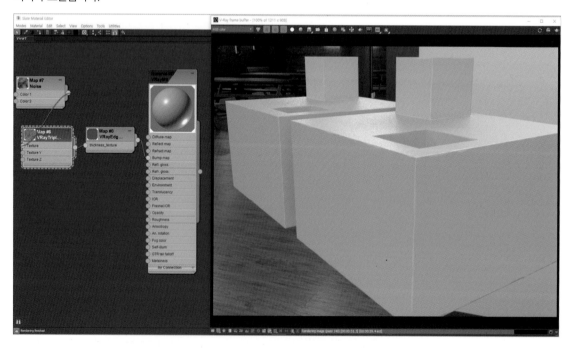

VRayTriplanarTex

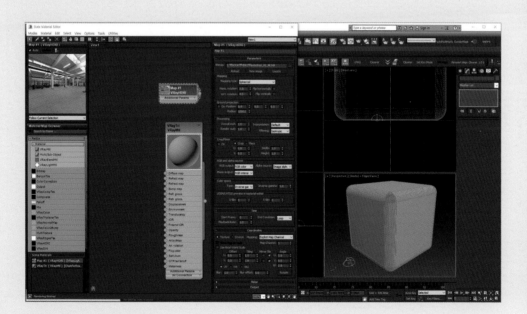

CHAPTER 07 VRayTriplanarTex

유기적 형태의 물체에 Unwrap을 적용하는 것이 원론적으로 가장 좋기는 합니다. 하지만 인테리어나 건축 CG 실무에서는 빈번히 발생하는 수정과 Unwrap 정도의 정밀도가 필요하지 않은 경우가 많습니다. 이럴 때 Unwrap보다는 조금 정밀도는 떨어지지만, 대안으로 쓰는 방법이 VRayTriplanarTex입니다. 게다가 랜덤하게 Texture의 위치를 변형 할 수 있어서 자연스러운 효과도 동시에 줄 수 있는 것이 장점입니다.

1. VRayTriplanarTex 기본 사용법

01 VRayTri_01.max 파일을 불러옵니다. 불러온 장면 파일에는 기본 VRayMtl이 적용되어 있습니다. ChamferBox 오브젝트에 UVW Map 모디파이어 Box 형태의 가로, 세로, 높이 1,000mm가 적용되어 있습니다.

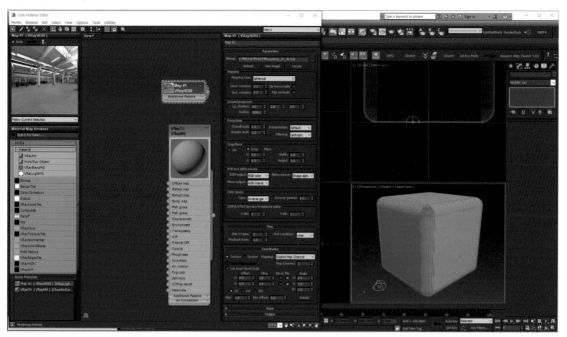

02 IPR을 구동시킨 후, Diffuse에 'Rocks 11_col.jpg'를 적용합니다. 단순한 Box 형태의 UVW Map 모디파이어를 적용했기 때문에 Chamfer Box의 모서리 부분이 자연스럽게 이어지지 못하고 경계가 보이게 됩니다.

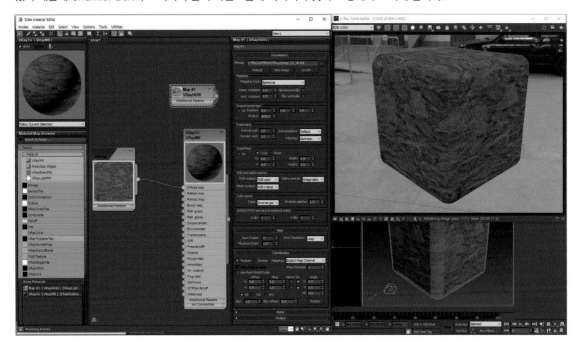

03 방금 불러온 Texture와 Diffuse 사이에 VRayTriplanarTex 노드를 중간에 삽입합니다.

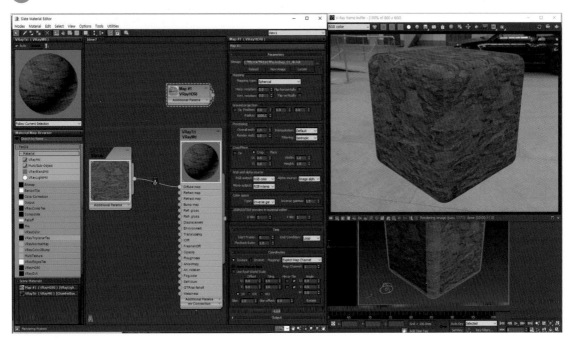

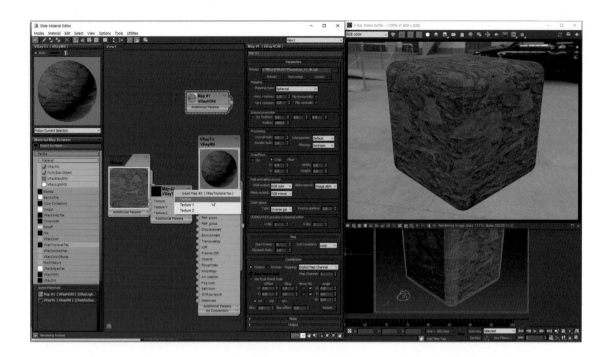

04 VRayTriplanarTex를 더블 클릭하여 설정 창을 엽니다. VRayTriplanarTex를 적용하게 되면 기본적으로 UVW Map 모디파이어가 무시되고, 기본 size 1.0 mm으로 적용이 됩니다. 따라서 매우 작은 UVW 좌표가 적용되어 Chamfer Box가 단일 색상처럼 보이게 됩니다.

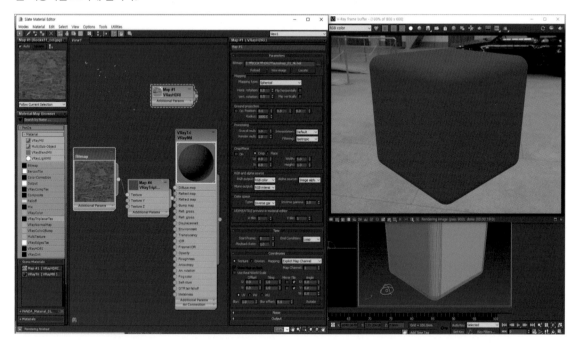

05 VRayTriplanarTex의 size를 1,000mm로 변경합니다. 모서리 부분의 Texture가 부드럽게 블렌딩 되어 자연스럽게 렌더링 됩니다. Blending 되는 정도를 조정하기 위해서 blend를 0.5로 입력 합니다. 조금 더 블렌딩 되어 렌더링 됩니다.

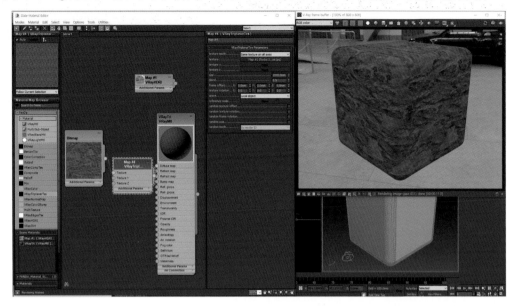

06 VRayTriplanarTex는 기본 설정에서는 1개의 Texture를 사용하여 X,Y,Z축으로 매핑을 합니다. 하지만 특별한 경우에 각각의 축마다 다른 Texture를 매핑 하여 사용 할 수 있습니다. texture mode를 Different texture on each axis 로 변경합니다.

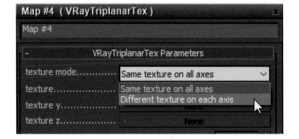

07 무늬목 Texture를 불러와서 texture y에 연결합니다. 그리고 흰색 대리석 Texture는 texture z에 연결합니다. 각각의 축마다 다른 Texture가 렌더링 됩니다.

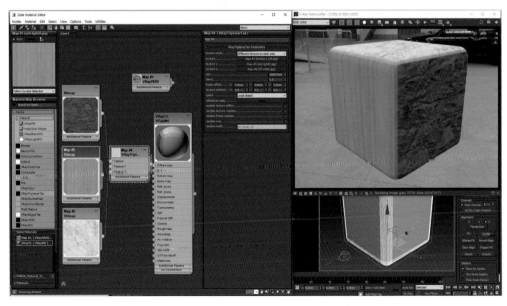

08 Array 명령으로 총 9개의 Chamfer Box를 Instance 카피합니다.

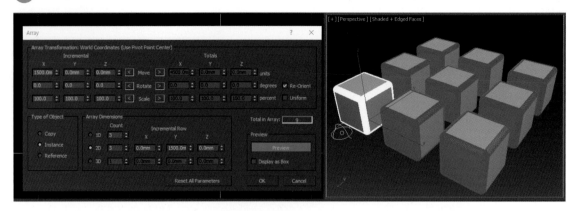

09 random texture offset을 활성화하면, Instance Copy 된 각각의 물체마다 Texture가 랜덤하게 offset 이동되어 자연스러운 렌더링이 가능합니다.

10 경우에 따라서 random texture rotation만 활성화하시거나, 다양한 random 옵션들과 동시에 적용하실 수도 있습니다.

2. VRayTriplanarTex 적용 예제

다수의 동일한 물체의 경우 렌더링할 때 Ram 소비를 줄이거나, 수정의 편리함을 위해서 Instance Copy를 사용하여 복제하게 됩니다. 공장에서 대량으로 생산한 제품이라도, 각각의 개별 물체마다 다양한 스크래치가 발생하게 됩니다. 따라서 이러한 스크래치나 글로시니스 맵을 VRayTriplanarTex를 사용하여 랜덤하게 표현해 봅시다.

01 VRayTri_WD TABLE_01 파일을 불러옵니다. Instance Copy 한 6개의 테이블이 있습니다. IPR을 구동시킵니다. 테이블 상판은 기본 VRayMtl 재질이 적용되어 있습니다.

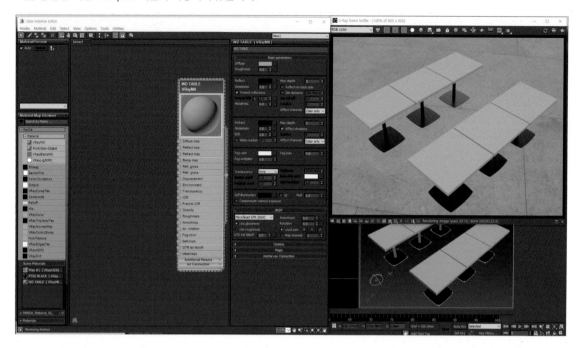

02 Wood26_col Texture를 불러온 후, VRayTriplanarTex에 연결하고 'WD TABLE' 재질의 Diffuse map에 연결합니다. size를 700mm로 설정합니다.

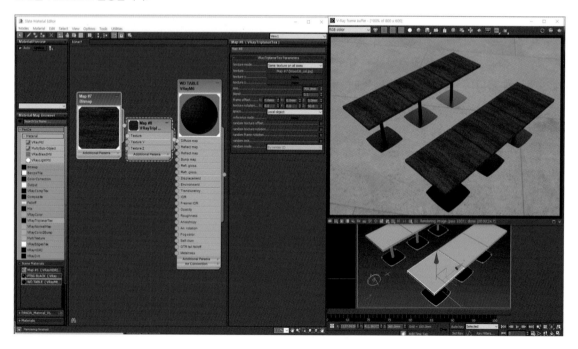

03 VRayTriplanarTex가 적용된 재질은 오브젝트에 UVW Map 모디파이어가 적용되어 있더라도 이를 무시합니다. 따라서 UVW Map의 방향을 변경하여 Texture의 방향을 변경할 수 없습니다. 테이블 상판의 무늬목 방향을 회전시키기 위해서 texture rotation의 z 값을 90 입력합니다.

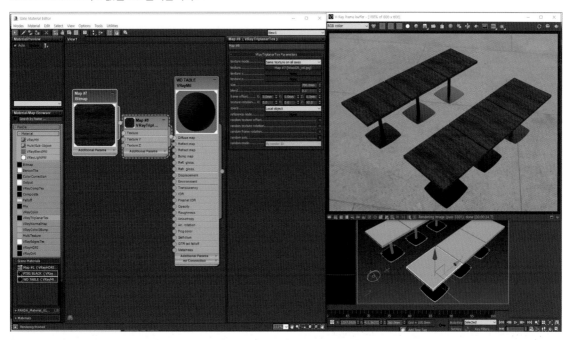

04 random texture offset을 활성화해서 Instance Copy 한 테이블 상판의 Texture를 랜덤하게 이동시킵니다.

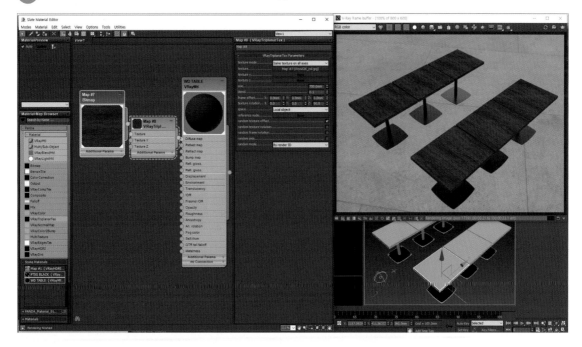

05 IPR이 구동되고 있는 상태에서 V-Ray Next update 2 사용자인 경우, VFB 창에서 하부 검은색 테이블 다리 위치에 Shift 클릭을 하면 마우스가 스포이드 모양으로 변경이 되면서 Slate Material Editor의 새로운 탭이 열리면서 재질이 선택 됩니다. 이전 버전의 VRay 사용자라면, 우클릭〉 Get Object Material을 사용하시든가 재질 편집기의 스포이드 도구를 사용 하시면 됩니다.

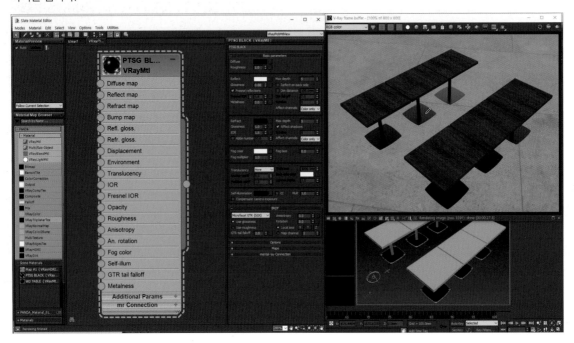

06 재질 편집기로 Smudges_01_2k Texture를 불러옵니다. Roughness 텍스처이기 때문에 Gamma를 Override 1.0으 로 설정해야 합니다.

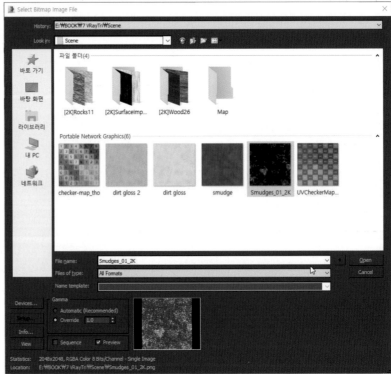

07 Smudges_01_2k Texture를 VRayTriplanarTex에 연결한 후 Refl. gloss에 연결합니다. VRay는 기본 설정을 Use Roughness로 변경합니다.

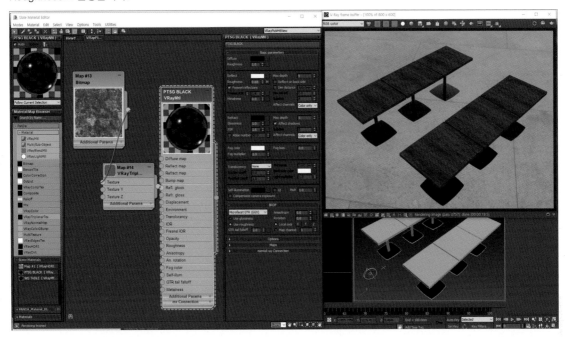

08 VRayTriplanarTex의 size를 500mm로 변경합니다. random texture offset과 random texture rotation을 활성화합니다.

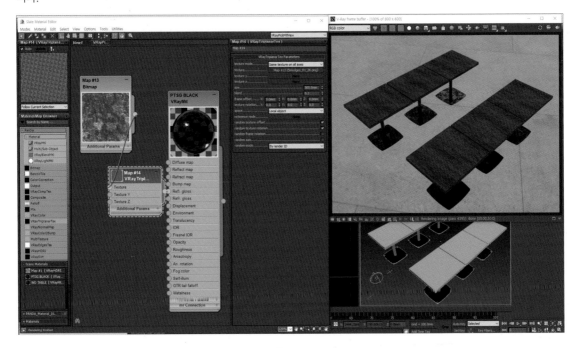

09 IVRayTriplanarTex에 의해서 Roughness Texture의 위치가 랜덤하게 잘 적용되었는지를 확인하기 위해서 IPR이 구동 중인 상태에서 'Isolate Selected' 아이콘을 활성화합니다. 그리고 VRayTriplanarTex 노드를 더블 클릭해서 선택합니다. 결과물을 확인 후 'Isolate Selected'를 다시 클릭해서 원래 상태로 빠져나옵니다.

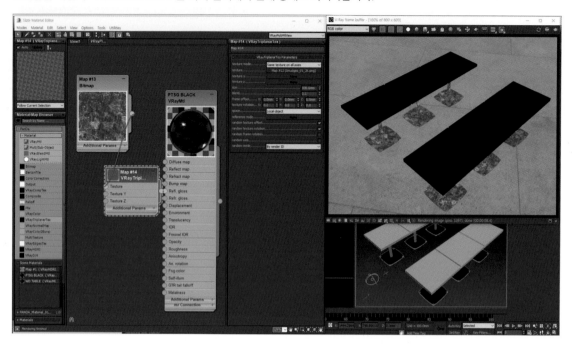

PBR을 활용한 인테리어 V-Ray 실무 재질

Bercon Tile Map
기본 사용 방법

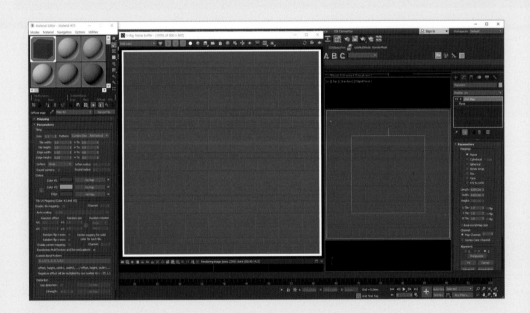

Bercon Tile Map 기본 사용 방법

인테리어 또는 건축 C.G에서 타일 형태의 재질은 매우 빈번하게 사용되는 재질 중 하나입니다. 모델링으로 접근하시는 방법도 있지만, 수정이 빈번하게 발생하는 경우이거나 상황에 따라서 Map으로 처리하시는 것이 더 효율적인 경우도 많습니다. 3ds Max의 기본 Tile Map은 기능이 매우 제한적이기 때문에, Bercon Tile Map을 사용할 것입니다. Bercon Map은 기본 설정에서는 뷰포트와 재질 편집기 그리고 렌더링 결과물이 일치하지 않습니다. 따라서 작업효율성을 위해서 3가지 사항을 일치시키는 방법과 Bercon Tile Map의 기본 기능에 대해서 공부해 봅시다.

01 https://github.com/Bercon/BerconMaps 사이트에서 'Clone or download' 버튼을 클릭하신 후 Download ZIP 버튼을 클릭하셔서 Bercon Map을 내려받습니다.

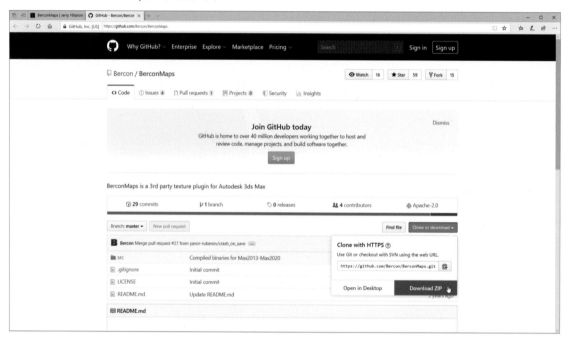

02 받으신 'BerconMaps-master.zip' 파일의 압축을 푸신 후, 사용하는 3ds Max 버전에 맞는 플러그인을 plugins 폴더로 복사합니다.

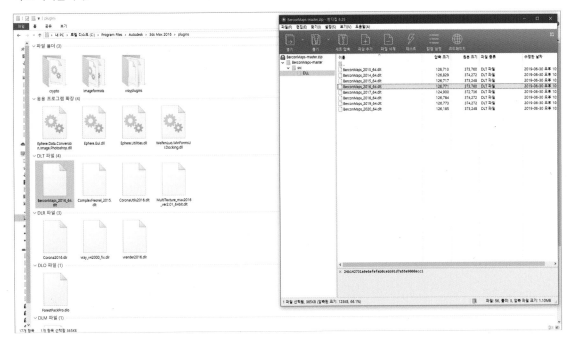

03 3ds Max에서 가로세로 10,000mm의 Plane을 생성합니다. Background Color를 흰색으로 설정합니다.

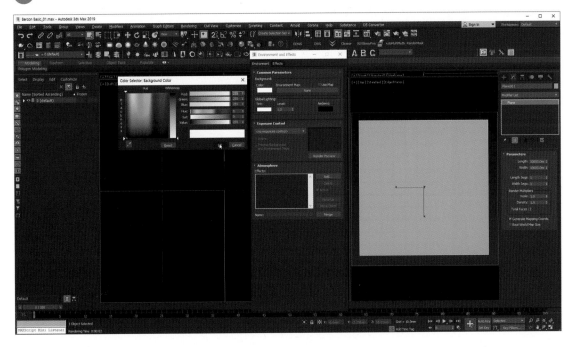

04 Plane에 VRayMtl을 적용합니다. Sample Slot의 구를 Box형태로 변경합니다. Diffuse에 BerconTile을 적용합니다. 그리고 'Show Shaded Material in Viewport'를 활성화합니다.

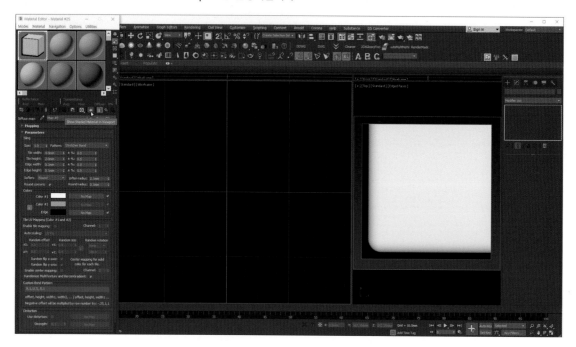

05 Mapping Type을 Explicit Map Channel 2D로 변경합니다. Tile width와 Tile height에 각각 1을 입력합니다. Pattern 은 'Stack Bond'로 변경합니다. Plane에 UVW Map 모디파이어를 적용합니다. Mapping 타입은 Planar를 선택합니다. Length와 Width에 600mm를 입력합니다. IPR로 렌더링합니다.

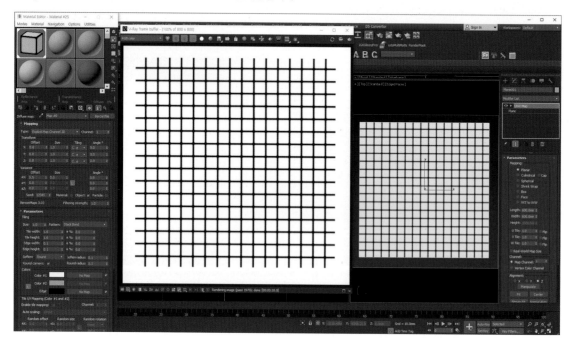

06 Tiling Pattern을 'Stack Bond'로 변경합니다. 렌더링된 화면과 View Port 그리고 재질 편집기가 일치하지 않습니다. BerconTile은 오브젝트에 적용된 UVW Map 안쪽에서만 매핑이 제대로 표현됩니다.

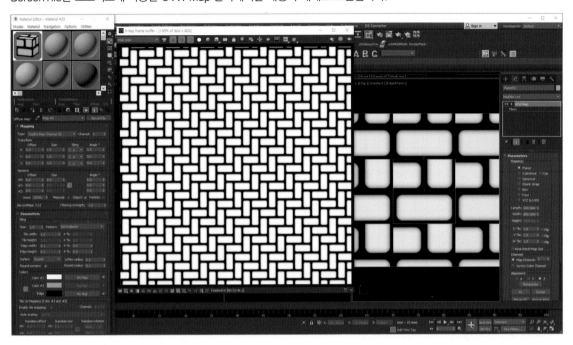

07 UVW Map의 크기를 10배로 입력합니다. 그리고 Tiling 탭의 Size를 0.1로 변경합니다. 이 수치는 Tiling 탭에 있는 모든 수치에 곱해지는 숫자입니다.

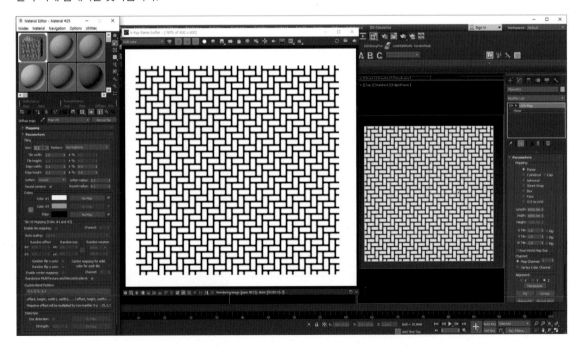

08 Tiling Pattern을 'Stack Bond'로 변경합니다. UVW Map의 Width가 6,000mm입니다. 따라서 타일 한 개의 가로 크기는 600mm(6,000mm * Size 0.1 * Tile width 1.0) 가 됩니다. 그리고 줄눈의 두께는 60mm(6,000mm * Size 0.1 * Edge width 0.1)가 됩니다.

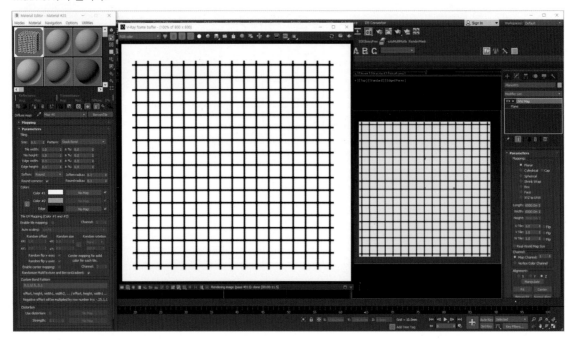

09 타일의 가로줄과 세로줄 크기를 랜덤하게 변형하기 위해서 Tile width와 Tile height의 무작위 수치를 각각 100%로 입력합니다.

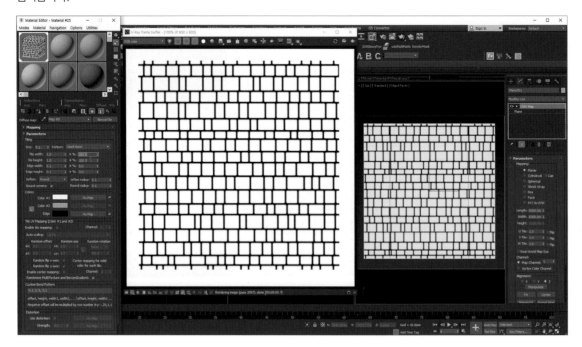

10 줄눈의 가로 세로 간격을 무작위하게 변경하기 위해서 Edge widht와 Edge height의 무작위 수치를 각각 100%를 입력합니다.

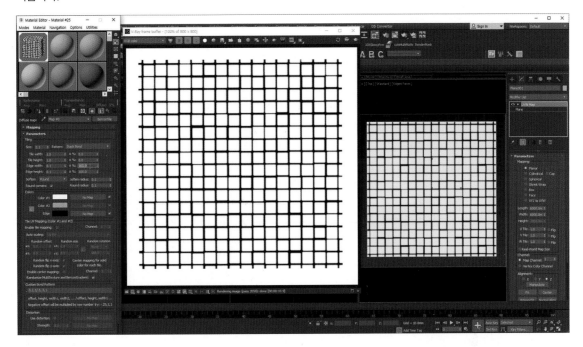

11 Soften은 줄눈으로부터 타일까지 생성되는 그러데이션의 형태를 결정합니다. 특히 BerconTile Map이 디스플레이스먼트에 적용된 경우 단면에서 명확하게 보실 수 있습니다.

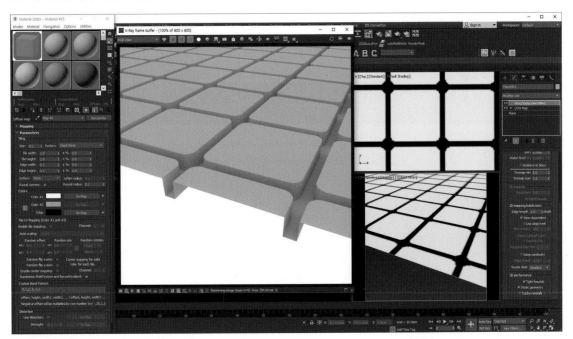

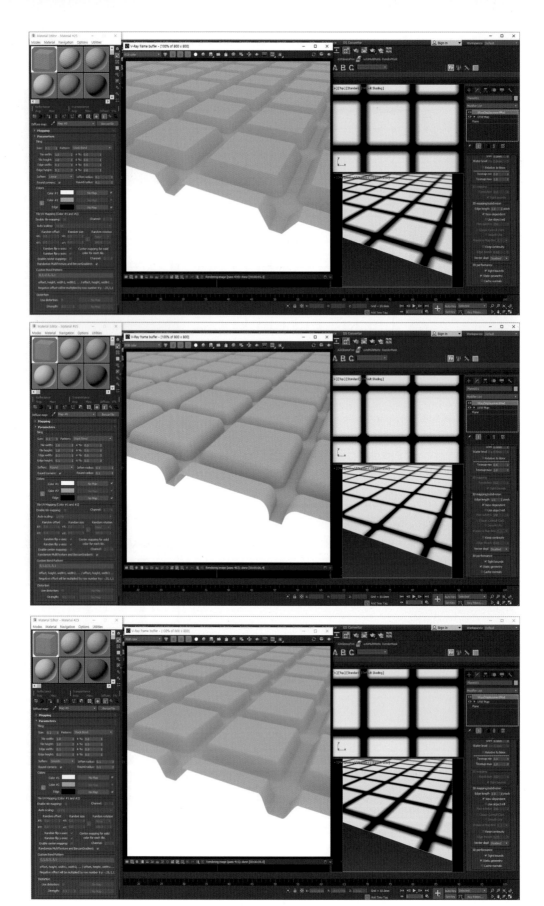

12 Soften radius는 줄눈으로부터 타일 중심부까지 생성되는 그러데이션의 거리를 의미 합니다. 0.5로 입력 시 줄눈으로부터 300mm(UVW Map 6000mm * Size 0.1 * Sofen radius0.5)까지 그러데이션이 생성됩니다.

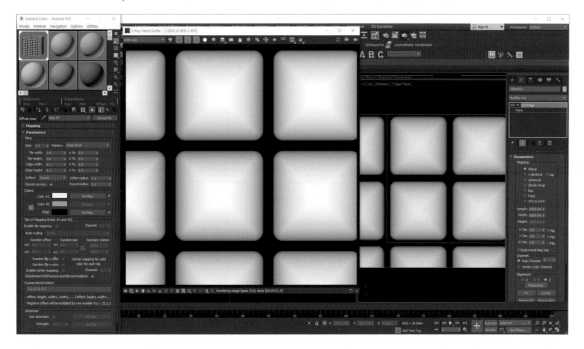

13 Colors 탭의 Color #1은 타일의 색상을 결정합니다. Color #2는 그러데이션의 색상을 정의합니다. 기본적으로 Edge 색상과 연동이 됩니다. 'L'버튼을 클릭하여 락을 해제한 경우에만 색상을 정의할 수 있습니다.

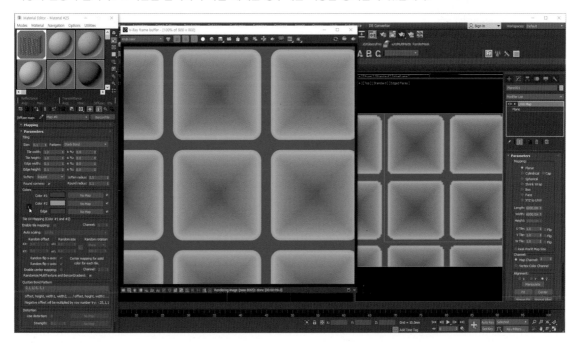

14 Soften을 'None'으로 변경합니다. Edge widht와 Edge height를 0.05로 변경합니다. 그리고 Round corners를 비활성화합니다. Pattern은 'Custom(See...field below)'로 변경합니다.

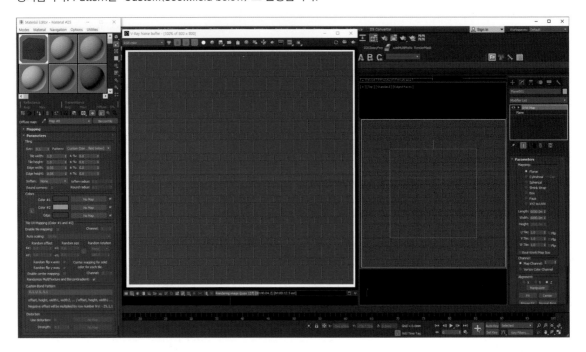

15 BerconTile Map은 뷰포트에서 UVW Map 모디파이어의 안쪽에서만 정확하게 디스플레이 됩니다. Custom Bond Pattern에 '0,1,1/.5,.5,1/.2,2,2'를 입력합니다.

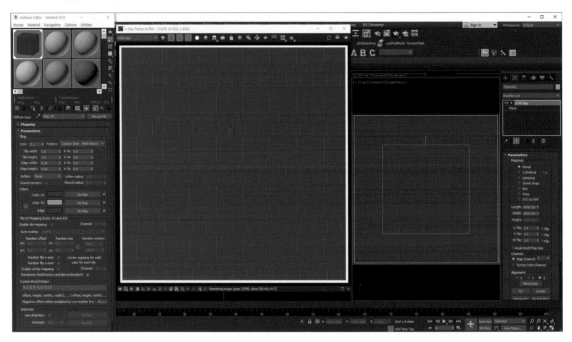

16 Color #1에 'Custom_UV_Checker.jpg'를 적용합니다. 기존 UVW Map에서 설정한 가로 세로 6000mm로 Texture 가 적용이 됩니다.

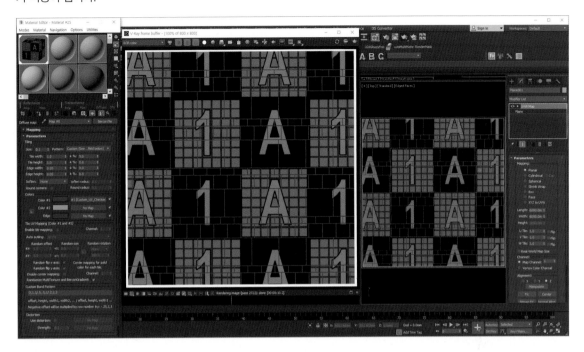

17 'Enable UV Mapping'을 활성화합니다. Texture가 각각의 타일에 입력이 됩니다. 이미지가 상하좌우로 랜덤하게 뒤 집히는 것은 'Random Flip x-axis'와 'Random Flip y-axis'가 기본적으로 활성화되어 있어서 그렇습니다.

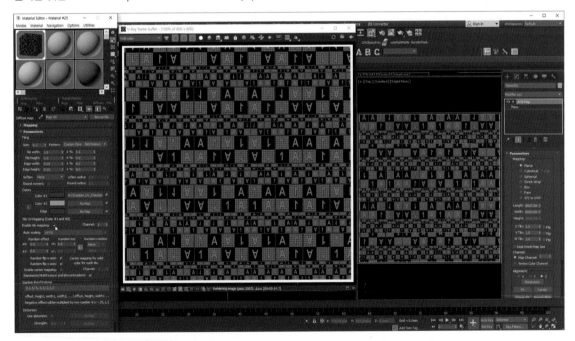

18 Auto scaling을 'UV Normalized Keep aspect'로 변경합니다. Random offset에 임의의 수를 입력하면 Texture의 위치가 상하좌우로 무작위로 이동합니다. 그리고 Random size에 0.5를 입력합니다. 'Random rotation'을 'Random'으로 변경합니다.

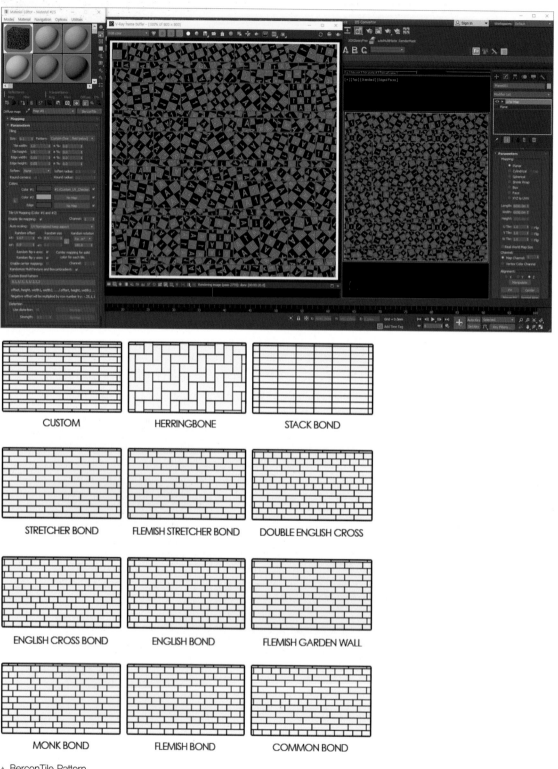

▲ BerconTile Pattern

CUSTOM HERRINGBONE STACK BOND

STRETCHER BOND FLEMISH STRETCHER BOND DOUBLE ENGLISH CROSS

ENGLISH CROSS BOND ENGLISH BOND FLEMISH GARDEN WALL

MONK BOND FLEMISH BOND COMMON BOND

CHAPTER
09

Substance Alchemist

Substance Alchemist

Alchemist는 현재 Adobe에 인수된 Allegorithmic에서 개발한 PBR Texture 제작 프로그램인 Bitmap 2 Material이라는 프로그램을 흡수하여 더욱 강력한 기능들을 추가시켰습니다. Substance Designer에서 제작된 SBSAR 파일을 불러와서 혼합하거나 변경할 수 있습니다. 그리고 Bitmap을 불러와 Normal, Roughness, Height, Ambient Occlusion Map 등을 제작할 수 있습니다.

1. Bitmap to Material

기존 B2M 프로그램이 Alchemist에 포함되었습니다. B2M의 가장 강력한 기능인 단일 Texture를 사용하여 PBR에 필요한 다양한 Map을 생성하는 방법을 공부합니다.

01 Welcome Screen에서 'Create new' 버튼을 클릭합니다.

02 프로젝트 이름을 입력합니다. 설명 및 저자는 필수사항은 아닙니다. 기본 Workflow는 PBR Metallic/Roughness입니다.

03 VIEWER SETTINGS 아이콘을 클릭합니다. Mesh 탭을 클릭하고 'Rounded Cube'를 선택합니다. 뷰포트를 왼쪽 마우스 클릭(Rotate)과 가운데 버튼(Panning)을 사용하여 Rounded Cube가 잘 보이도록 조정합니다.

04 Environment 탭을 클릭하여 하부 메뉴를 엽니다. 'is visible' 버튼을 활성화하여 HDRI가 배경에 보이게 설정합니다.

05 'Load environment' 버튼을 클릭하여 원하는 HDRI 이미지를 불러옵니다. 필자는 https://hdrihaven.com/hdri/?h=abandoned_hall_01에서 내려받은 HDRI를 사용했습니다. 사용자가 불러온 HDRI 파일명에 마우스를 위치시키면 미리 보기가 나옵니다.

06 CREATE 탭을 클릭합니다. 우측에 Layer stack이 활성화됩니다.

07 'StoneWall.png' 파일을 화면으로 드래그 앤 드랍 합니다. 'Bitmap to material'이 기본적으로 선택이 되어 있습니다. 'OK' 버튼을 클릭합니다.

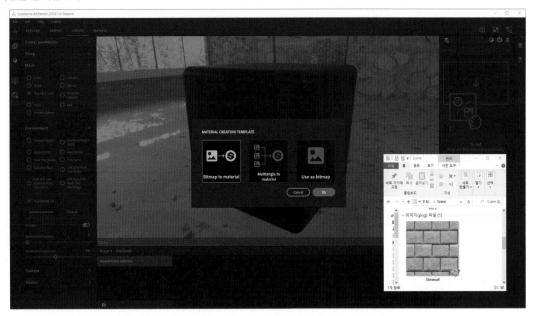

(PanDa's)───**TIP**

Alchemist는 자체적으로 Seamless Texture 제작 기능이 포함되어 있습니다. 하지만 PixPlant에 비해서 상당히 취약하기 때문에, 기본적으로 Seamless Texture는 PixPlant를 사용하여 미리 제작하는 방법을 추천합니다. 'StoneWall.png' 파일도 미리 PixPlant를 사용하여 Seamless Texture로 제작하였습니다.

08 우측 상단의 '3D&2D' 버튼을 클릭하여 화면을 두 부분으로 나눕니다. 또는 단축키 [Tap]키를 누를 때마다 화면이 3D에서 3D&2D까지 로테이션 됩니다.

09 좌측의 'VIEWER SETTINGS' 아이콘을 클릭하여 설정 창을 닫습니다.

10 우측의 Layer stack 창에서 'Bitmap to Material' 레이어를 클릭합니다. 좌측으로 설정 창이 나오게 됩니다.

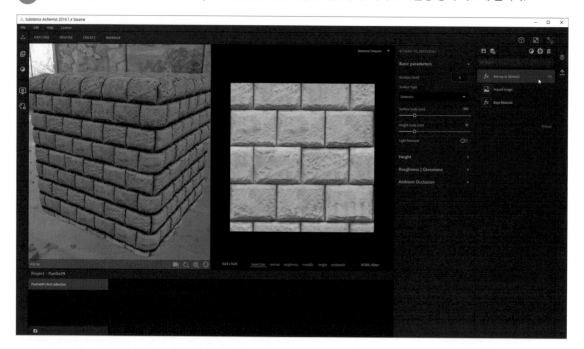

11 좌측 3D 창에서 'Displacement' 버튼을 클릭합니다. 'Displacement amplitude'를 0.20에서 0.1로 낮춥니다.

12 2D 창 하단에서 ambientOcculustion을 선택합니다. 'Height Scale(cm)'을 5로 낮춥니다. ambientOcculustion이 밝아지게 됩니다.

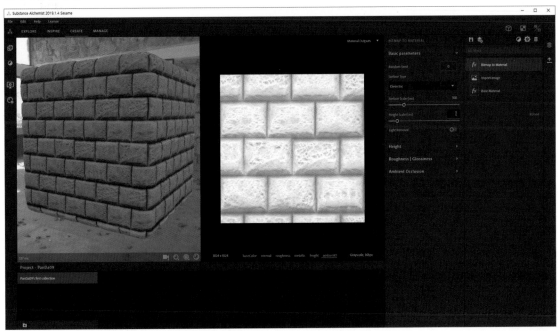

> PanDa's **Tip**
>
> 'Height Scale(cm)'을 변경하면 Normal, Roughness, Ambient Occlusion의 세기에 영향을 주게 됩니다. 'Height Scale(cm)' 에 높은 수치가 적용되면 나머지 3개의 Texture의 강도가 세집니다.

13 2D 창에서 height를 선택합니다. 기본 Texture가 12시 방향의 광원에서 촬영된 이미지이기 때문에 타일 아래쪽이 검은색이고 위쪽이 밝게 Height가 생성되었습니다. Height Generation Method를 'Mix'로 변경합니다.

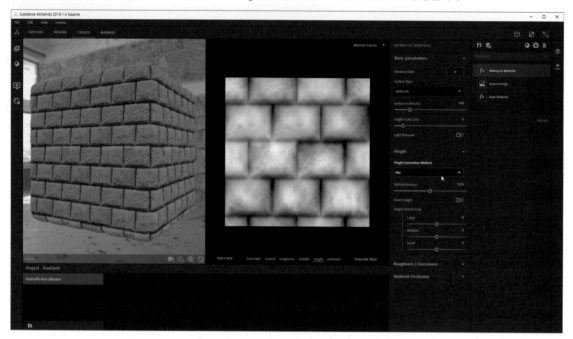

14 Light Removal을 활성화합니다. 하부에 세부 메뉴가 생깁니다.

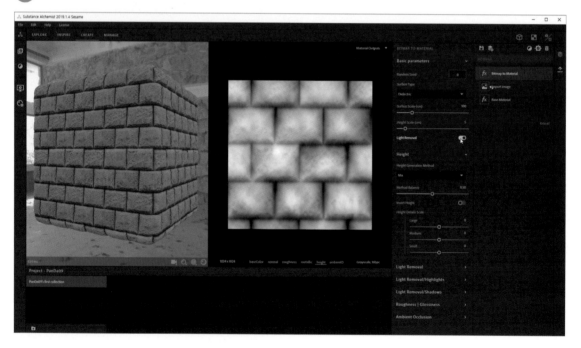

15 Light Removal 탭을 클릭하여 세부 메뉴를 엽니다. Light Direction은 광원이 들어오는 방향을 설정합니다. 0은 9시 방향 0.25는 12시 방향 그리고 0.5는 3시 방향을 의미합니다. 기본 Texture의 광원의 방향이 12시이기 때문에 기본값 0.25를 유지합니다. Light Distance는 설정한 광원의 방향대로 그림자 부위를 이동하는 명령어입니다. 0으로 설정합니다.

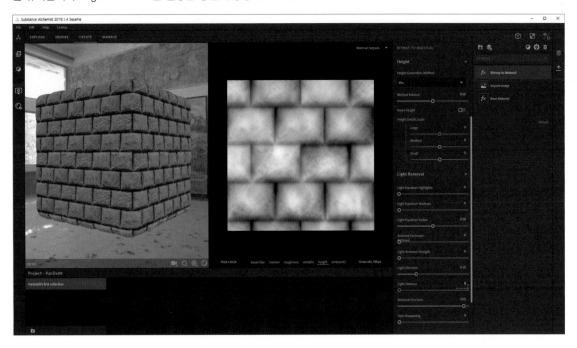

16 아직도 돌의 하단부가 어둡습니다. Method Balance를 0.80로 변경합니다. 슬라이더를 우측으로 이동할수록 Sloped Base(Directional light) 방식을 더 적용하게 됩니다.

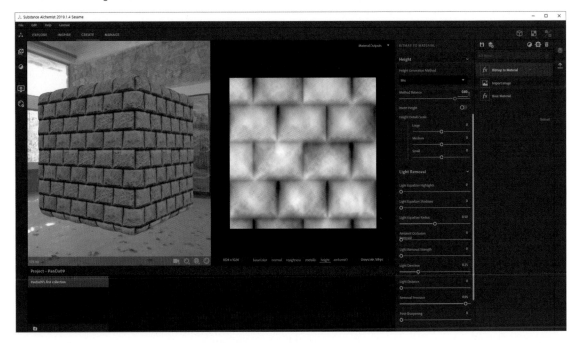

17 2D 창에서 base color를 선택합니다. Light Removal Strength에 '-1'을 입력합니다. 좌측 슬라이더의 기준이 −1 로 변경이 되며, 가운데가 0이 됩니다. 슬라이더를 우측으로 이동하면서 2D 창의 base color의 명암이 평준화되는 지점에서 슬라이더를 멈춥니다.

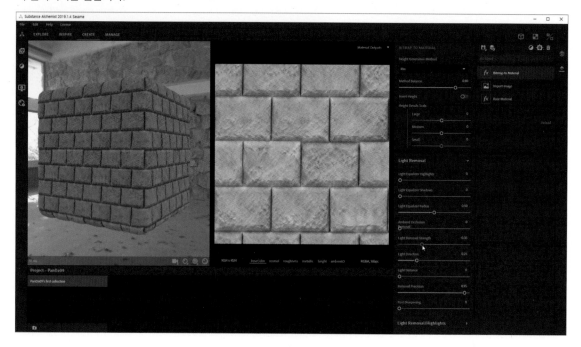

18 Light Equalizer Highlights의 슬라이더를 우측으로 이동하면, 밝은 부위가 어두워지게 됩니다. 그리고 Light Equalizer Shadows의 슬라이더를 우측으로 이동하면 어두운 부위가 밝아지게 됩니다. 그리고 Ambient Occlusion의 슬라이더를 우측으로 이동하면 모서리와 모서리가 만나는 지점이 밝아지게 됩니다.

19 Roughness | Glossiness 탭을 클릭하여 하위 메뉴를 엽니다. Base Value의 수치가 낮아지면 재질의 광택도가 올라가며 수치가 높을수록 광택도가 낮아집니다. Variation의 수치가 낮아질수록 Texture의 편자가 작아집니다. Base Value 0.4는 VRay의 Glossiness 0.6과 동일합니다.

20 단축키 `Tab` 키를 눌러서 3D 창으로 전환합니다. VIEWER SETTINGS 아이콘을 클릭하여 Environment 창에서 다양한 HDRI를 선택하고 Environment rotation을 사용하여 환경을 회전하고 Environment exposure를 통하여 노출을 조정하면서 Roughness | Glossiness를 미세조정합니다.

21 Ambient Occlusion 탭을 열어서 세부 항목을 표시합니다. Radius 슬라이더를 이동하여 적정 수치를 입력합니다.

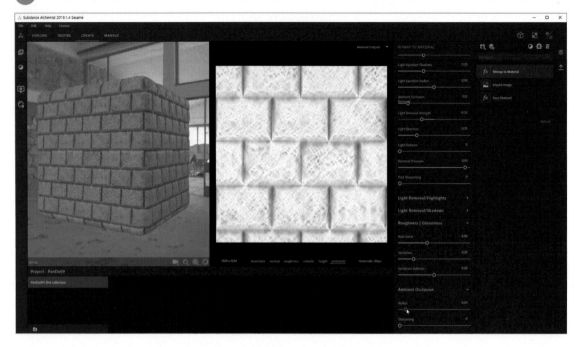

22 Save 버튼을 클릭합니다. 대화창에서 재질 명을 입력하고 저장하면 하단 프로젝트 창에 재질이 저장됩니다.

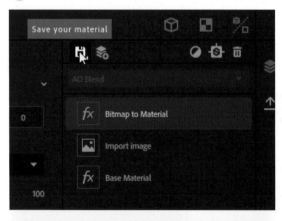

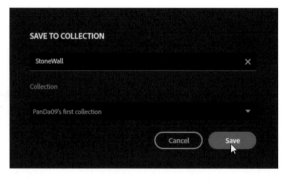

23 Export 버튼을 클릭합니다. Export current view 버튼을 클릭합니다. Output selection에서 metallic, opacity, specularLevel을 해제합니다. Format은 PNG로 설정합니다. Destination path에서 저장될 경로를 지정합니다. EXPORT 버튼을 클릭합니다.

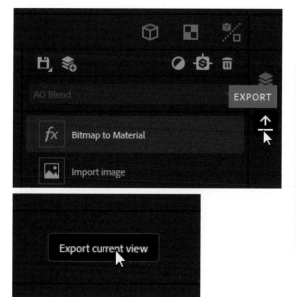

24 Browse your file 버튼을 클릭하면, 저장된 경로의 창이 열립니다.

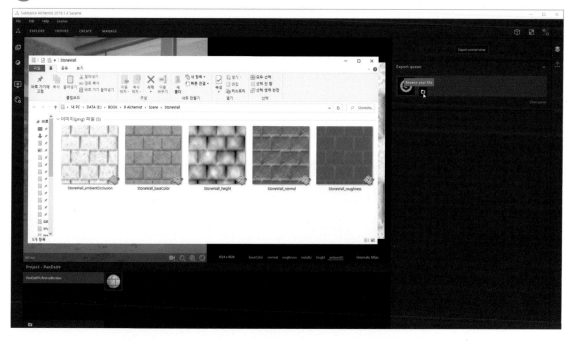

2. SBSAR 파일 활용

SBSAR 파일과 필터를 Layer Stack 형태로 쌓으면서 다양한 효과를 만드는 과정에 관해서 공부합니다.

01 CREATE 메뉴로 이동합니다. 기본 라이브러리 'Stone Generic'을 3D 화면으로 드래그합니다.

> **PanDa's Tip**
>
> Alchemist는 Bitmap뿐만 아니라 SBSAR 파일도 불러올 수 있습니다. SBSAR 재질은 유료 무료 파일들이 존재합니다.

02 Plane 물체에 재질이 입혀지고, 'STONE GENERIC' 재질의 세부 항목이 생성됩니다. 이러한 변수들은 SBSAR 파일마다 각각 다른 변수들로 구성됩니다. 따라서 독자 여러분들이 다양한 변수의 슬라이더를 조정해 보시길 바랍니다.

03 FILTER〉Generator〉Pavement Pattern을 3D 창으로 드래그합니다. 우측 Layer Stack에 Pavement Pattern 레이어가 생성됩니다.

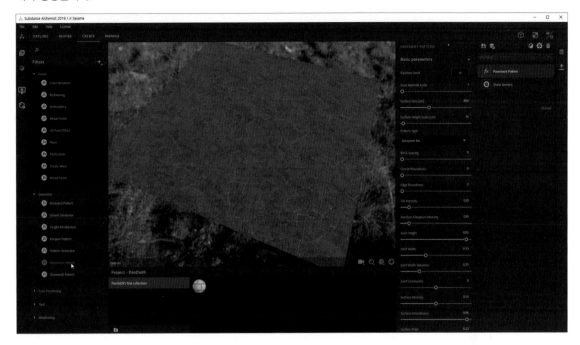

04 Pattern Type을 Brush Rock으로 변경합니다.

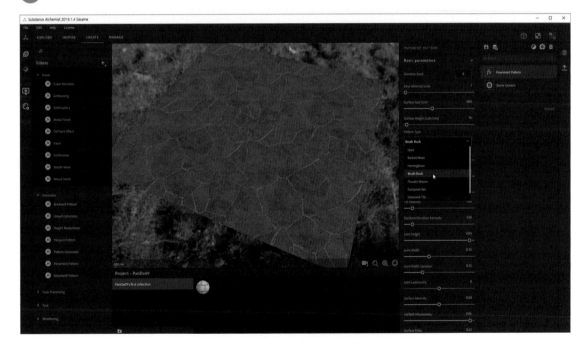

05 Base Material Scale을 2로 변경합니다. 각각의 돌에 적용된 'Stone Generic' 재질의 크기가 작아집니다.

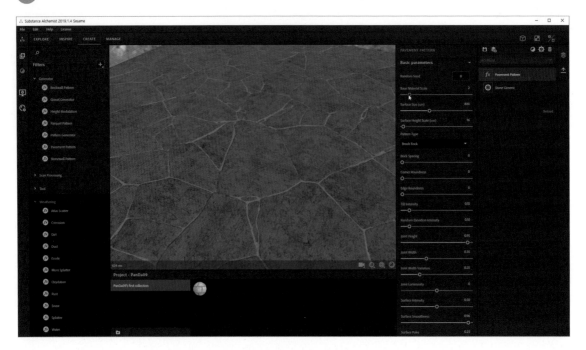

06 Surface Size(cm)를 증가시키면 Normal Map의 세기가 증가하여 올록볼록한 표현이 강조됩니다.

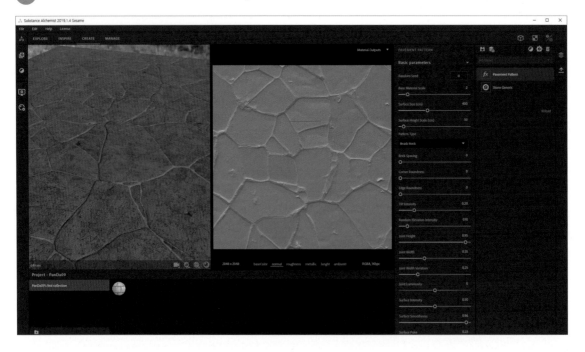

07 Tilt intensity를 증가시킵니다. 각각의 돌들이 상하 각도 조정이 됩니다.

08 FILTER〉 Weathering〉 Dirt를 화면으로 드래그합니다. 자세히 보시면 각각의 돌들이 기울어진 아래쪽에 오염이 집중되어 있습니다.

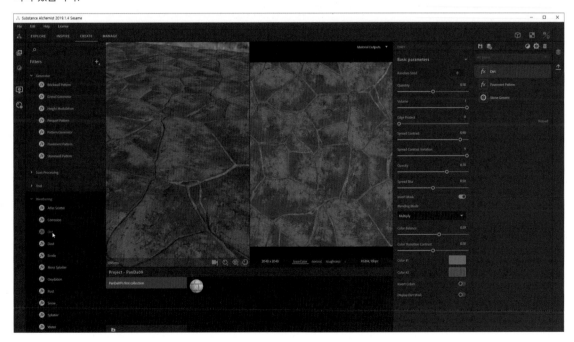

09 Pavement Pattern 레이어를 선택하고, Tilt Intensity를 0으로 설정하여 기울어짐이 없도록 설정하면 오염이 전체적으로 적용됩니다. 다시 원래 값인 0.7로 되돌리고 Dirt 레이어를 클릭합니다.

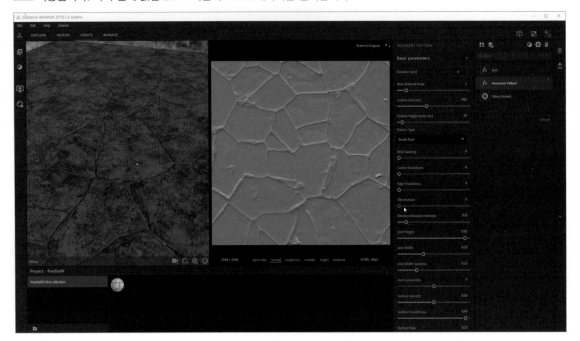

10 Opacity를 0.35로 낮춥니다.

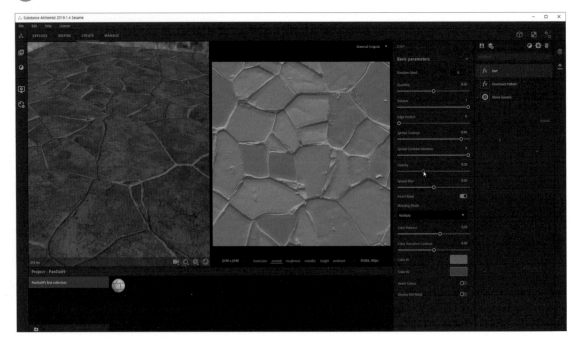

11 Water를 화면으로 드래그합니다. 돌이 기울어진 아래쪽으로 물이 고인 모습을 볼 수 있습니다.

12 Water 레이어의 눈 아이콘을 클릭하여 보기를 비활성화합니다.

13 현재까지 작업한 재질을 저장합니다.

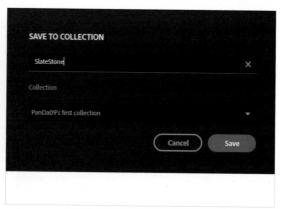

14 INSPIRE 메뉴로 이동합니다. 현재 저장한 slate stone 재질이 INPUT MATERIAL에 적용이 되어 있습니다. 만약 없다면 하단의 프로젝트 폴더에서 드래그하세요.

15 Input image에 자신이 원하는 색상의 바위 사진을 드래그합니다.

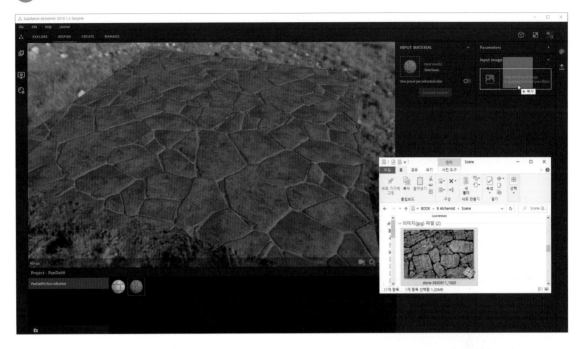

16 Parameters 창을 열고 Number of colors to extract를 3으로 입력합니다. 그리고 Sort by hue를 활성화합니다.

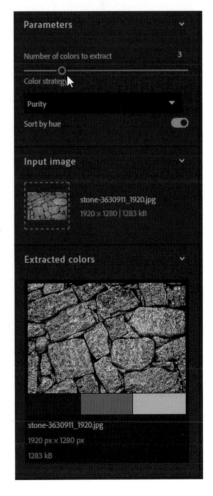

17 Generate variation 버튼을 클릭하면 추출된 색상을 기초로 새로운 재질이 생성됩니다.

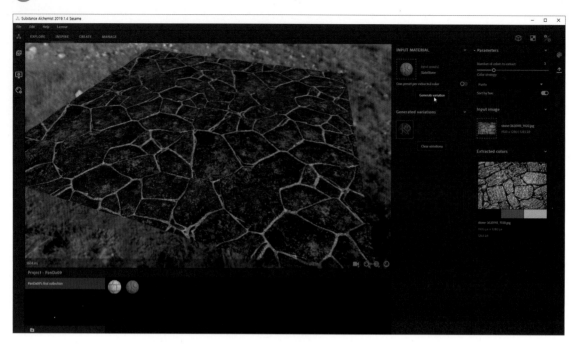

18 Generate variation에 생성된 재질 아이콘을 프로젝트로 드래그합니다.

19 CREATE 메뉴로 전환합니다. 프로젝트 창에서 새롭게 생성된 재질을 Dirt 레이어 바로 위로 드래그합니다.

20 Water 레이어를 활성화합니다. SlateStone-color_extraction 레이어의 블랜드 아이콘을 클릭합니다. Blend Opacity 를 0.50로 낮춥니다.

21 저장 아이콘을 사용하여 재질을 저장하면 기존 재질이 업데이트되면서 저장이 됩니다. 중간 과정에서 추출한 재질은 우클릭하셔서 지우면 됩니다.

22 현재 재질을 EXPORT 합니다.

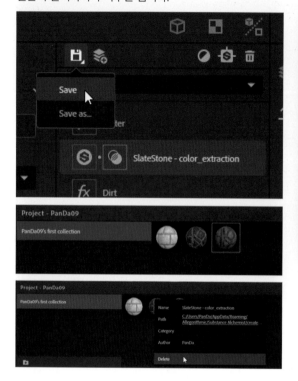

23 3ds Max에서 Plane 오브젝트에 재질을 적용하고 렌더링한 모습입니다. Bitmap 노드는 기본 Auto Gamma로 Texture를 로딩했습니다. 나머지 VRayHDRI 노드는 Gamma 1.0으로 Texture를 로드했습니다.

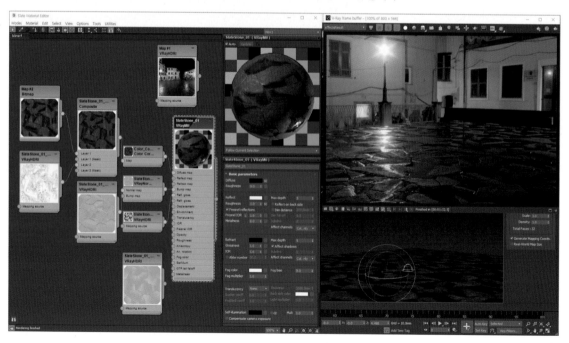

Wood Material

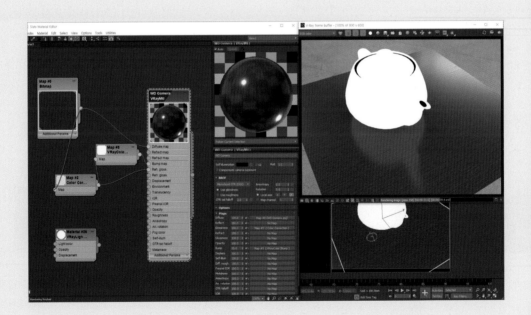

Wood Material

인테리어 전문 디자인 회사와 작업을 진행하시면 대부분 재질이 특정돼서 발주되기 때문에 무늬목의 경우, 기존 상용 또는 무료의 PBR 재질에서 원하는 특정 Texture를 찾을 수 없는 경우가 상당히 많습니다. 따라서 실제 마감재 판매 회사의 Texture를 사용해서 재질을 작성하셔야 합니다. 그런데 무늬목의 경우 Pixplant에서 Seamless Texture 작업 시 매우 부자연스러운 현상이 발생하는 경우가 있습니다. 따라서 가장 기본이 되는 Photoshop을 활용하여 Seamless Texture를 작업하는 방법을 공부하겠습니다. 그리고 PBR 재질에서 가장 중요한 Glossiness Texture의 Value를 정량적으로 분석하고 조정하는 방법을 공부하겠습니다.

1. Photoshop을 활용한 Seamless Texture 제작

01 https://lamitak.com/ 에 접속 후, 간단한 가입 절차를 마치시면 다양한 Texture를 내려받으실 수 있습니다. 가입 시 Business 타입으로 가입하셔야 합니다. PRODUCTS〉WOODS로 이동하신 후 아래쪽에 보시면 GOMERA NOGAL이라는 Texture를 클릭하시면 상세 페이지로 이동합니다. 그리고 DIGITAL SAMPLE을 내려받습니다.

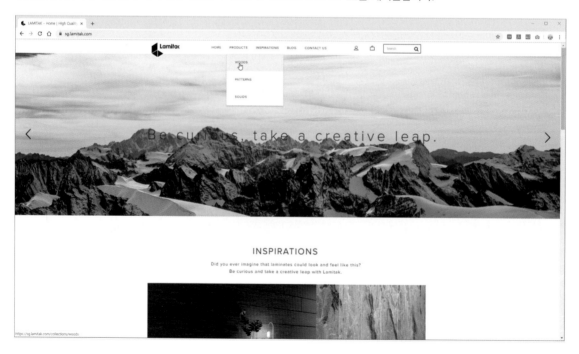

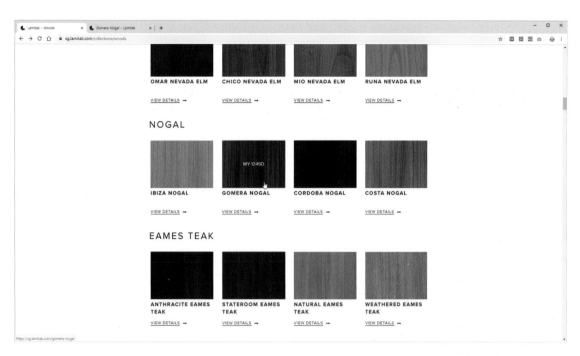

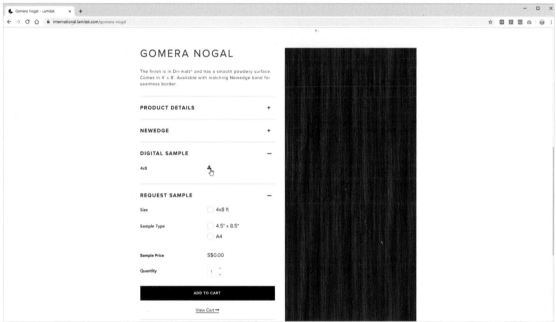

02 SITE가 업데이트되면서, Sample Texture의 품질이 훨씬 더 좋아졌습니다. 실제 치수인 4*8피트로 변경되었으며, 하단의 로고도 없으므로 훨씬 더 Texture 작업이 쉬워졌습니다. 하지만 교육 목적상 필자는 구버전에서 제공하던 Sample Texture를 사용하여 강좌를 진행하겠습니다.

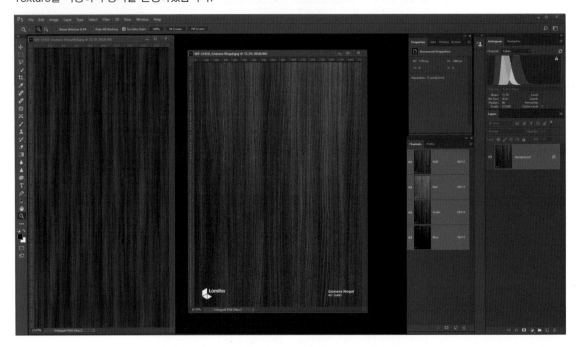

03 오른쪽 아래의 글자를 사각 선택 도구로 선택 후, 단축키 Shift + F5 를 사용하여 Fill 명령어를 실행합니다. Contents 항목을 Content-Aware로 설정 후 'OK' 버튼을 클릭하면 Photoshop이 자동으로 글자를 지워 주게 됩니다. 마찬가지로 오른쪽 아래의 로고도 동일한 방법으로 지워 줍니다.

04 Texture를 촬영할 때 라이팅 상태가 균등하지 않게 촬영될 수가 있으므로, Photoshop의 offset 필터를 사용하여 Texture의 상태를 확인합니다. Texture의 상단과 하단의 명암이 균등하지 않은 것을 알 수 있습니다. 새로운 Site에서 내려받은 Sample Texture의 경우는 라이팅 상태가 균등합니다. 일반적으로 내려받은 Texture의 경우 라이팅 상태가 균등한지 아닌지 알 수가 없으므로 이 과정은 필수로 하셔야 합니다.

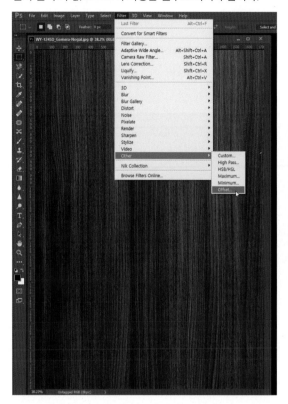

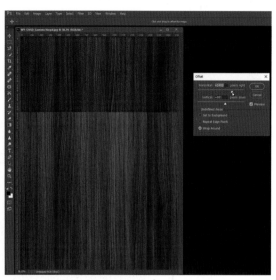

05 만약 내려받은 Texture의 라이팅 상태가 균등하지 않다면, 라이팅 균등화 작업을 하시고 Seamless Texture 작업을 진행하셔야 합니다. 필자가 제공한 PanDa Basic Action을 불러옵니다.

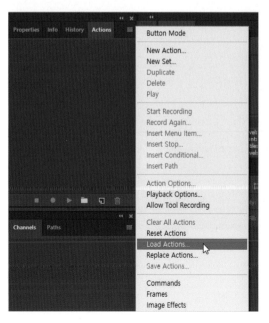

06 기존에 사용하시는 단축키와 필자가 제공한 액션의 단축키가 동일한 경우 다음과 같은 경고창이 나옵니다. YES를 누르시면 기존 단축키를 유지하고 필자가 제공한 액션의 단축키가 해제됩니다. 다음에 액션에 원하시는 단축키를 설정하실 수 있습니다.

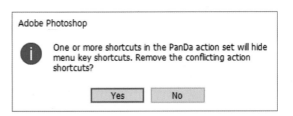

07 EQ PANDA 2 액션을 선택하고 플레이 버튼을 클릭합니다. 주의하실 점은 선택한 레이어가 항상 Lock이 활성화되어 있어야 합니다. 새로운 레이어들이 생성되고 라이팅이 균등화됩니다.

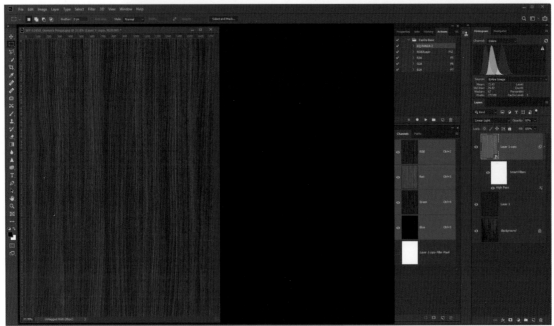

08 라이팅 균등화 정도를 조정하기 위해서 'High Pass' 글자를 더블 클릭하시면, High Pass 윈도우가 나오게 됩니다. 현재 기본값 Radius 100 Pixels에서도 균등화 정도가 크게 문제가 되지는 않지만, 무늬목의 줄무늬 대비를 줄이기 위해서 Radius를 약 30 Pixels로 입력합니다.

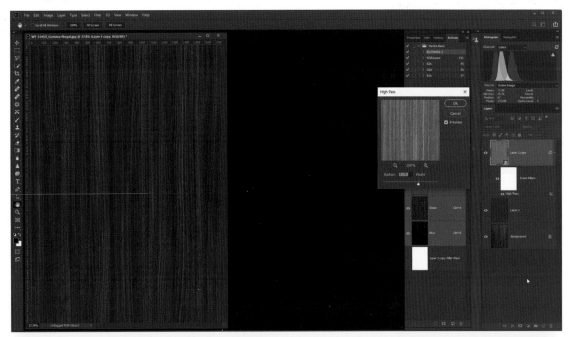

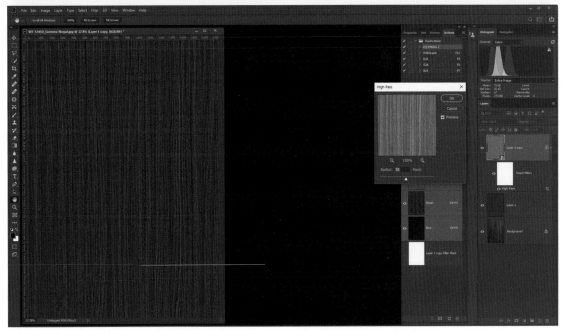

09 Ctrl+Shift+E 키를 눌러서 모든 레이어를 병합하여 새로운 레이어를 생성합니다.

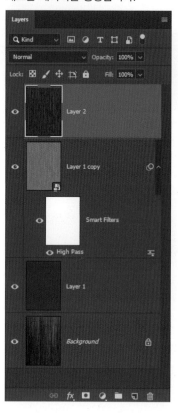

10 라이팅 균등화 작업이 잘 되었는지 확인하기 위해서, 다시 offset 필터를 이용하여 확인 후 'Cancel' 버튼을 클릭합니다.

11 새 창으로 모든 레이어를 병합한 후 복제합니다.

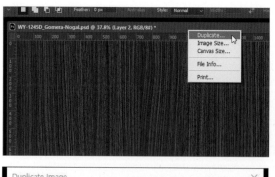

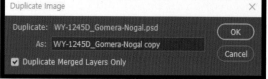

12 Background 레이어의 Lock을 해제합니다.

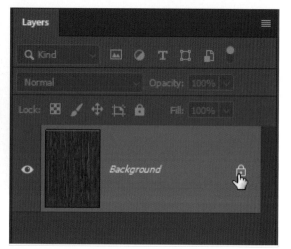

13 캠퍼스 사이즈의 가로 크기를 좌측에서 우측으로 확장하기 위해서 가로를 2,480픽셀로 변경해 줍니다.

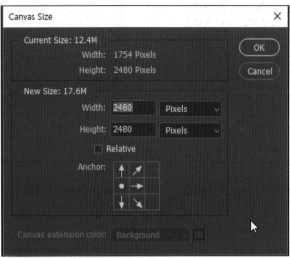

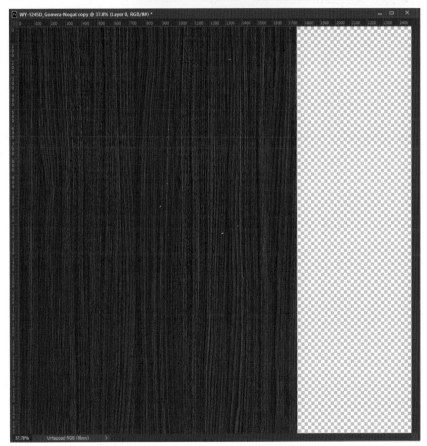

14 SNAP을 활성화합니다. Move 툴을 선택 후 단축키 Shift + Alt 키를 누른 채 레이어를 우측으로 복사합니다.

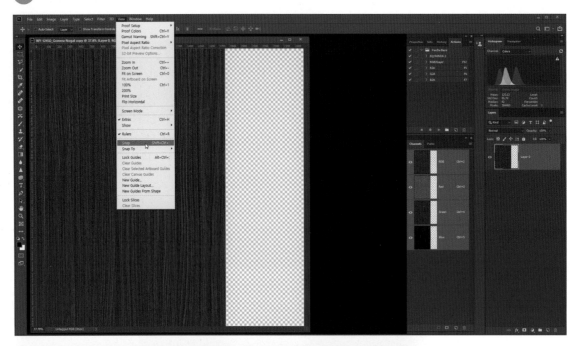

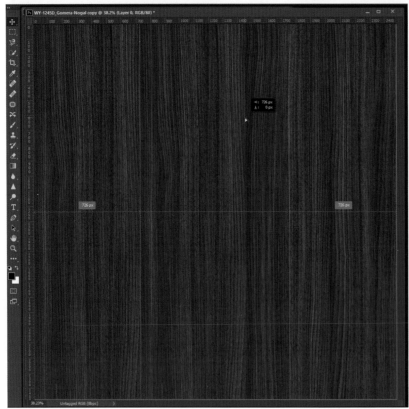

15 단축키 `Ctrl`+`T` 그리고 우클릭 후, 복사한 레이어를 세로 방향으로 뒤집어 줍니다. 그리고 `Enter↵`를 입력합니다.

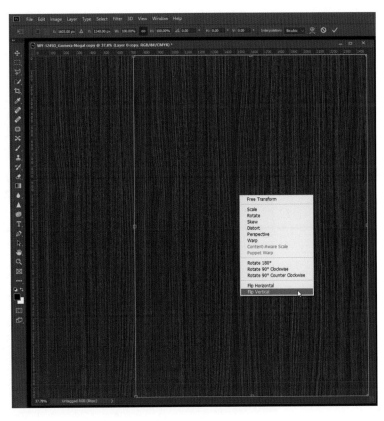

16 맨 위의 레이어를 `Ctrl`+ 클릭하여, 상단 레이어 영역을 선택합니다.

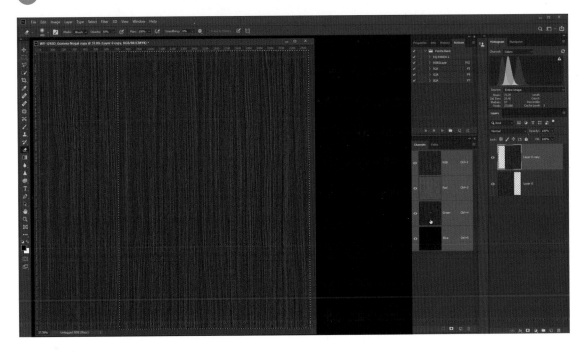

17 지우개 툴을 선택합니다. 우클릭하시면 지우개 도구의 브러쉬 크기와 Hardness를 설정할 수 있는 옵션 창이 나옵니다. 상단 레이어의 좌측 부위를 부드럽게 지울 것이기 때문에 적당한 브러쉬 크기와 Hardness는 0%, 그리고 Opacity는 약 50% 설정을 합니다.

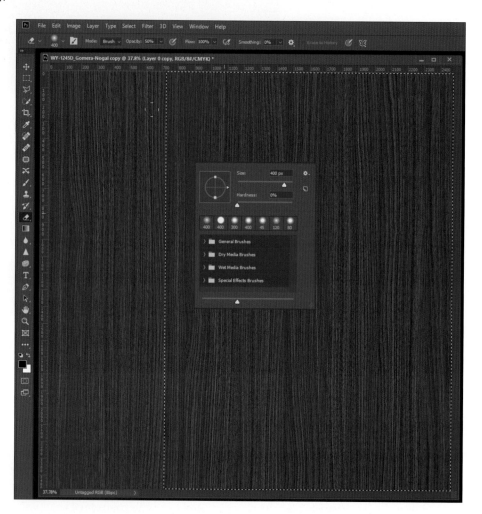

18 상부 레이어의 좌측을 부드럽게 지우개 툴로 지운 후, Ctrl+D 키를 눌러 선택 영역을 해제합니다. 그리고 Ctrl+E 키를 눌러서 하부 레이어와 병합합니다.

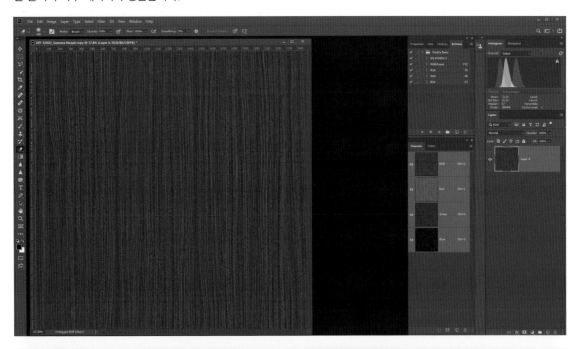

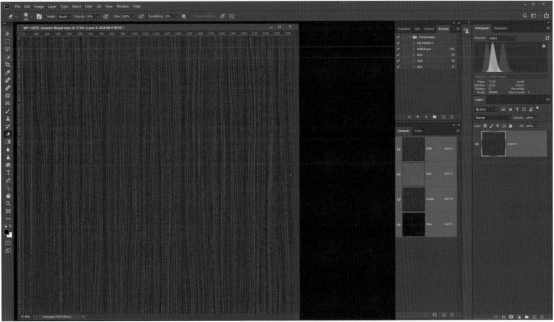

19 Ctrl+J 키를 눌러서 레이어를 복사합니다. 복사한 레이어를 Offset 필터를 사용하여 가로세로 각각 1,000픽셀씩 Offset 합니다.

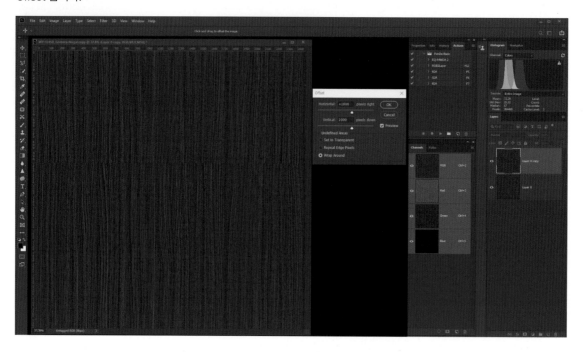

20 가로세로 1,000픽셀 부근의 연결이 되지 않는 이미지 부위를 지우개 툴로 부드럽게 지워 줍니다.

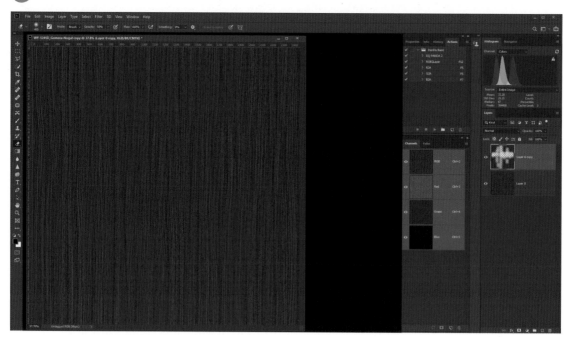

21 다시 Ctrl+E 키를 눌러서 하부 레이어와 병합합니다. 그리고 Ctrl+J 키를 눌러서 레이어를 복사합니다. 다시 Offset 필터를 사용하여 레이어를 옵셋 합니다. 마지막 사용한 필터를 다시 적용하는 단축키는 Ctrl+Alt+F 입니다. 반복해서 Offset 필터를 적용해 봅니다. 특별히 문제가 없다면 하부 레이어와 다시 병합하고 저장하시면 Seamless Texture가 완성된 것입니다. 만약 이어지지 않는 부위가 있으면, 상술 과정을 반복하시면 됩니다.

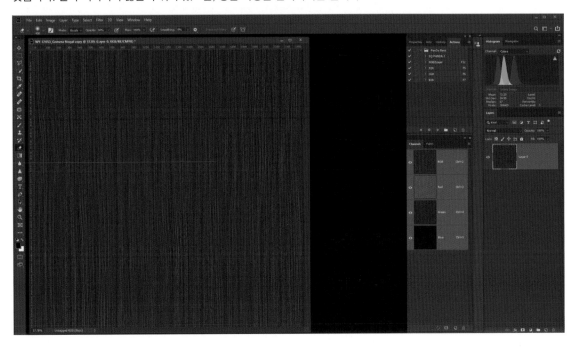

2. Wood Material 제작하기

PBR 재질에서 가장 중요한 것은 Glossiness Texture를 정확하게 사용하는 것입니다. 이번 과정에서는 Texture를 사용하여 Glossiness를 제어하는 2가지 방법을 공부하겠습니다.

01 기초 편 '재질 테스트를 위한 환경 설정'에서 제작한 Material Test 파일을 불러옵니다. 단축키 F10을 눌러서 Render Setup 창을 불러옵니다. 기존에 있던 VrayDenoiser 엘레먼트는 제거하고, 다음 네 가지 엘레먼트를 추가합니다. 그리고 다시 Save 버튼을 눌러서 저장합니다. 앞으로 이 네 가지 성분이 포함된 Material Test 파일을 기본 재질 테스트용으로 사용할 것입니다.

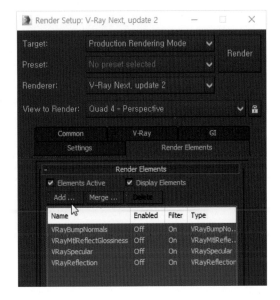

02 Plane 사이즈를 가로세로 3,000mm로 설정합니다. 그리고 UVW Map 모디파이어를 적용합니다. 구버전 사이트에서 받은 Texture를 사용하신 분은 가로세로 1,000mm로 적용하시면 됩니다. 새로운 사이트에서 받은 Texture를 사용하신 분은 8 Feet이기 때문에 가로세로 1,000mm에 Tile 값을 0.4로 입력하시면 됩니다.

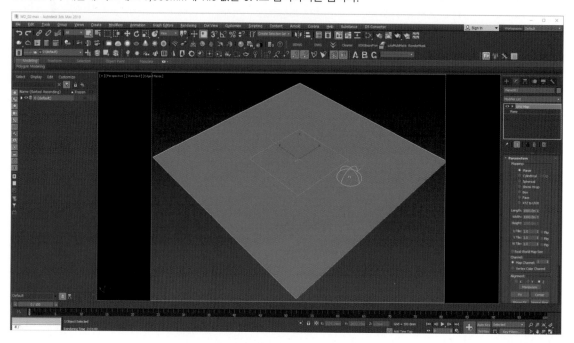

03 재질 편집기를 열고 VRayMtl을 적용합니다. 재질의 이름은 WD Gomera 로 입력합니다. Photoshop에서 제작한 WD Gomera.jpg를 불러와서 Diffuse map에 연결합니다. 비금속 재질이기 때문에 Reflect Color를 White로 설정합니다. IPR을 사용하여 렌더링합니다.

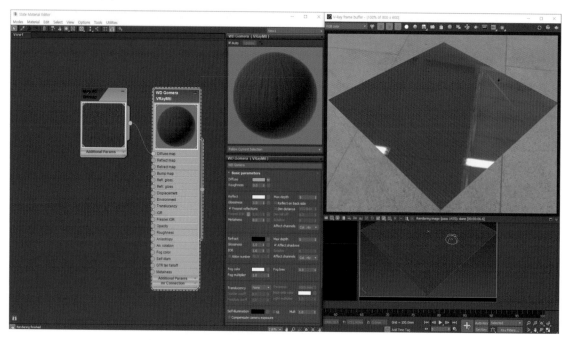

04 주전자를 생성합니다. 그리고 VRayLightMtl을 적용합니다. Compensate camera exposure를 활성화합니다.

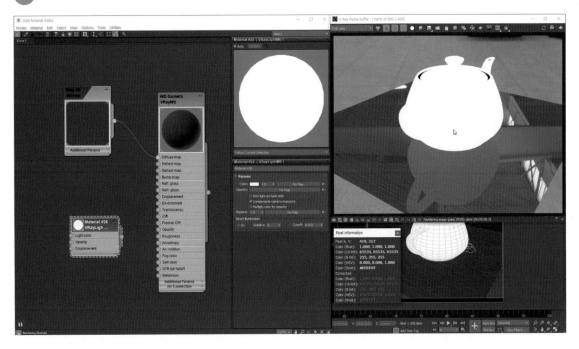

05 주전자를 선택하고 우클릭하여 VRay properties 창을 불러옵니다. Generate GI를 비활성화합니다.

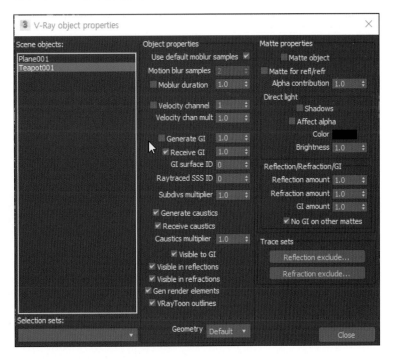

06 실제 마감재를 관찰하거나, 자신이 원하는 마감재의 Glossiness 수치를 입력합니다. 필자는 0.8을 입력했습니다.

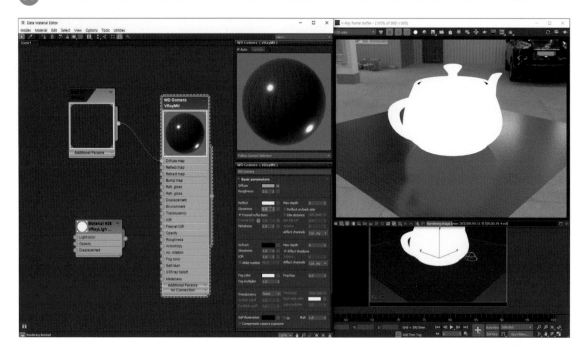

07 Map #0노드에서 와이어를 뽑은 후 Color correction 노드에 연결합니다. 그리고 VRayMtl의 Refl. gloss에 연결합니다.

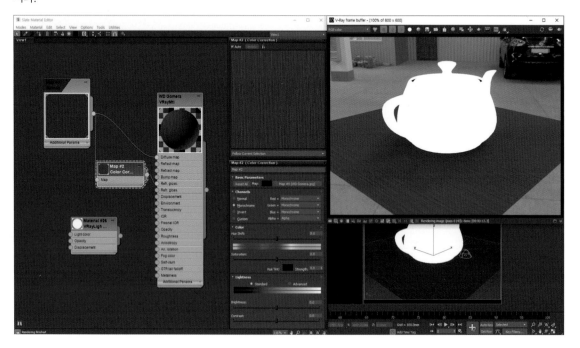

08 재질 편집기를 Compact 모드로 변경합니다. Material/Map Navigator를 사용하여 Refl. gloss 단계로 이동합니다.

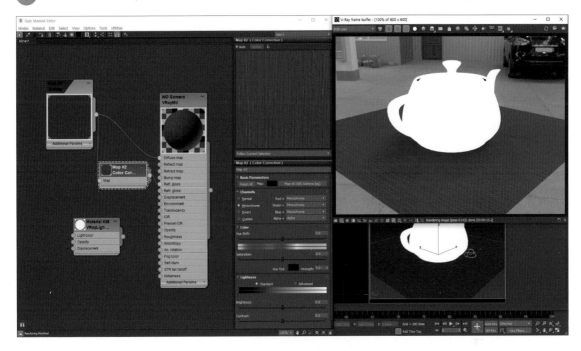

09 Show End Result 버튼을 클릭하여 비활성화합니다. Reflectance Avg: 7% Max 17%로 측정됩니다. Brightness와 Contrast 슬라이더를 우측으로 이동하여 Avg가 80%가 되도록 설정합니다. Max가 100%에 도달하지 않도록 주의하세요.

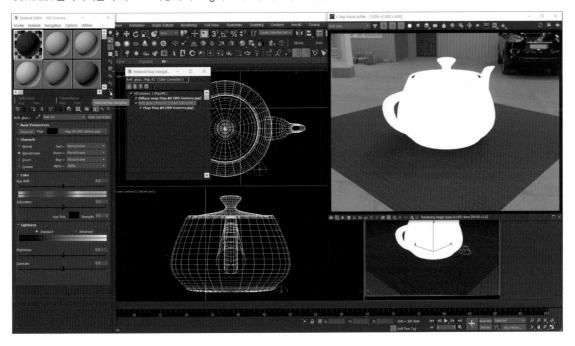

10 VFB를 VRayReflectGlossiness로 변경합니다. Pixel information 창을 열고, 마우스를 나무 재질 근처로 이동합니다. 측정된 Glossiness는 약 0.8입니다.

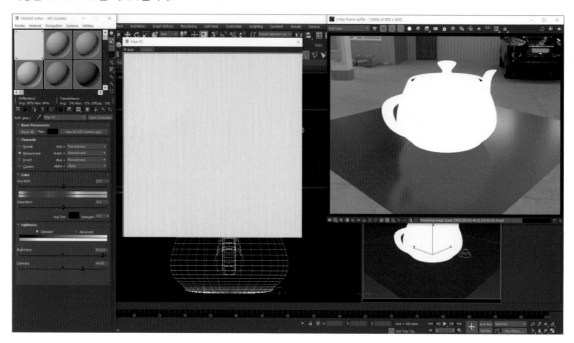

PanDa's **Tip** 금속 재질

VRay Next에서는 Metalness라는 옵션이 추가되었습니다. 따라서 금속 재질의 경우도 Reflect 색상을 흰색으로 설정합니다. VRay Next의 Metalness가 1이면 자동으로 Diffuse를 검은색으로 처리하고 Diffuse에 사용된 색상을 반사 색상으로 인식해서 렌더링됩니다.

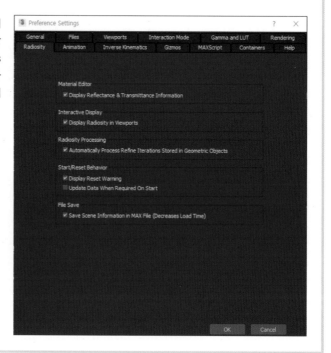

11 이번 방법은 Slate 재질 편집기를 사용하는 또 다른 방법입니다. 재질 편집기를 Slate 모드로 변경합니다. Brightness 와 Contrast를 원래 값으로 원위치 합니다. Pixel information에서 측정된 Glossiness는 약 0.07(7%)입니다.

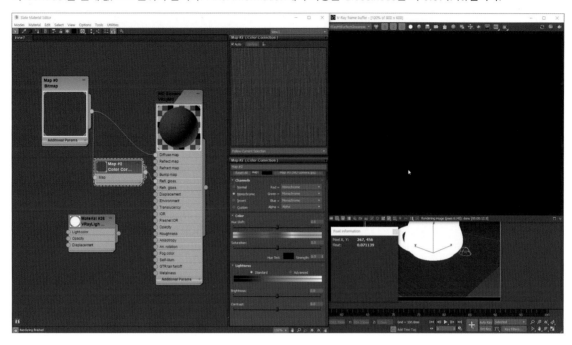

12 필자가 원하는 글로시니스는 0.8(80%)입니다. 현재 측정된 값이 7%이기 때문에 Brightness에 73을 입력합니다. 측정된 Glossiness가 약 0.8(80%)로 변경됩니다.

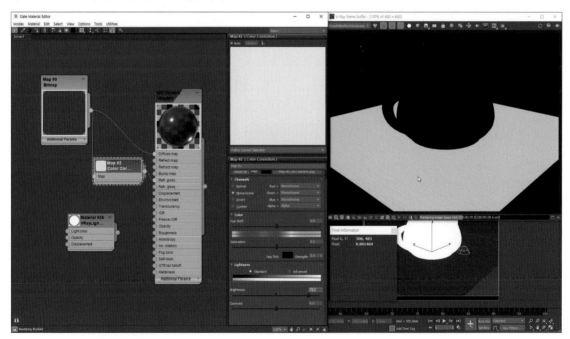

13 Contrast를 45 정도 증가시킵니다. Pixel information의 Glossiness가 약 0.6(60%)로 감소합니다.

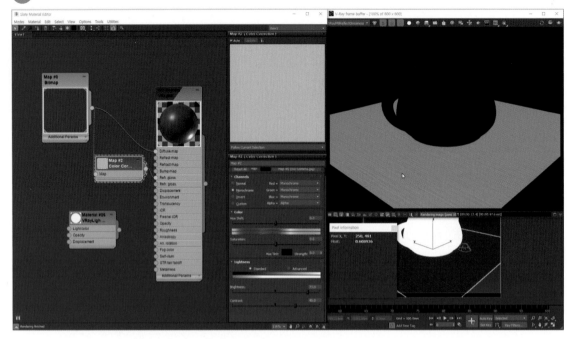

14 기존 Glossiness 0.8(80%)로 유지하기 위해서, Brightness의 슬라이더를 73에서 우측으로 20 추가한 93을 입력합니다. Pixel information에서 측정된 Glossiness가 0.8로 변경됩니다.

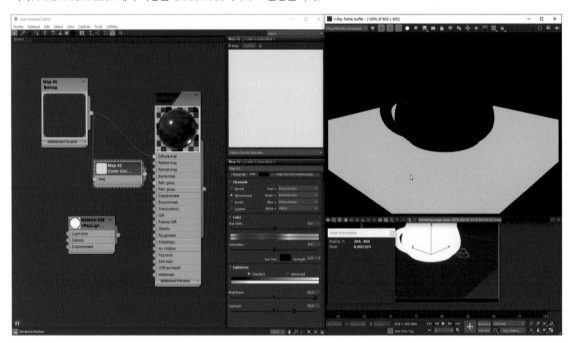

15 Color Correction 노드에서 와이어를 뽑아서 VRayColor2Bump에 연결합니다. 그리고 와이어를 VRayMtl의 Bump map에 연결합니다.

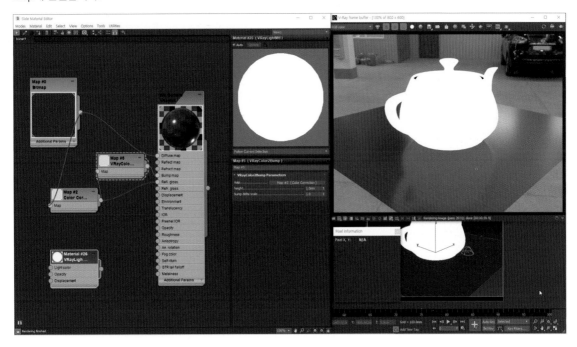

16 적용된 Bump를 정확하게 보기 위해서, VRayMtl의 Glossiness 수치를 1로 변경합니다. 그리고 Diffuse와 Glossiness Map을 비활성화합니다.

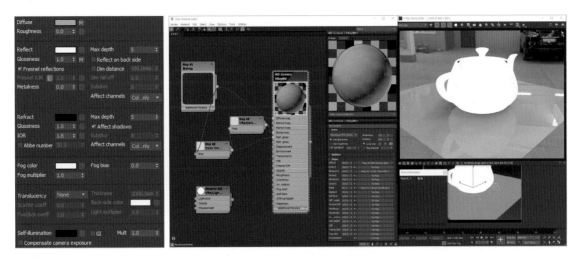

17 뷰포트를 회전시키면서 관찰합니다. VRayColor2Bump의 height 값을 적정한 수치로 입력합니다. 필자는 2mm로 입력했습니다.

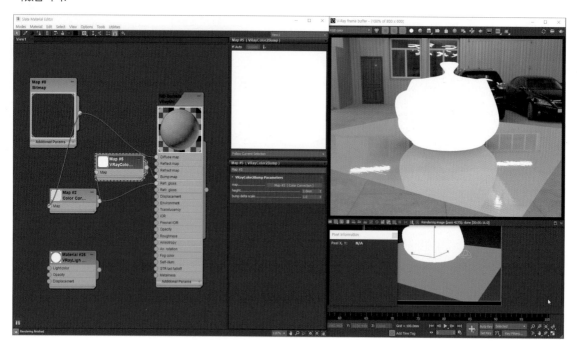

18 모든 VRayMtl의 Map을 활성화합니다.

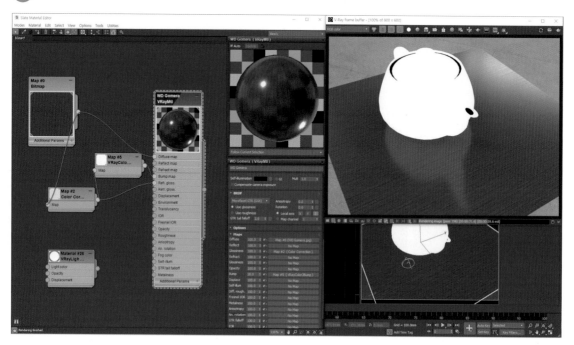

CHAPTER

11

Wood Flooring

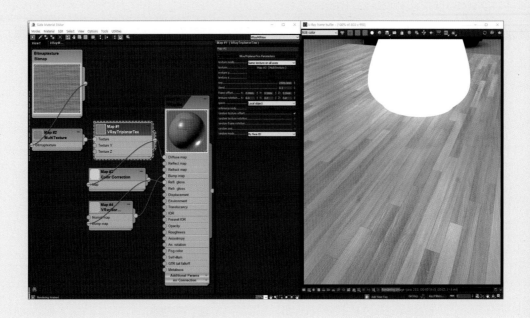

Wood Flooring

실내 공간에서 자주 사용하는 우드플로링 마감재의 경우 FloorGenerator라는 매우 강력한 플러그인을 사용하여 표현하게 됩니다. 따라서 이번 장에서는 FloorGenerator의 3가지 사용 방식을 공부해 보도록 하겠습니다. 3번째 마지막 방법은 제가 고안한 방법입니다. 1장의 Texture를 사용하지만, FloorGenerator의 형태의 변경에도 인터렉티브하게 대응할 수 있는 방식입니다.

1. Floor generator와 MultiTexture 설치

01 "https://cg-source.com/FloorGenerator"에 접속합니다. 'FloorGenerator'는 유료 버전과 무료 버전이 있습니다. 유료 버전의 경우 기본 패턴 이외의 패턴도 만들 수 있습니다. 강좌는 무료 버전도 가능합니다. 'Free Version'의 경우 가입 후 내려받으실 수 있습니다.

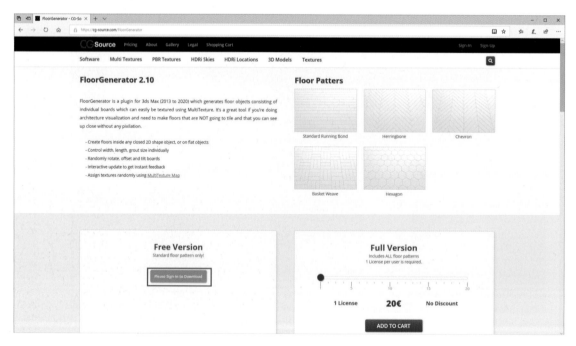

02 MultiTexture는 무료 Plug In입니다. Software〉 MultiTexture 로 이동하신 후 가입 후 내려받으실 수 있습니다.

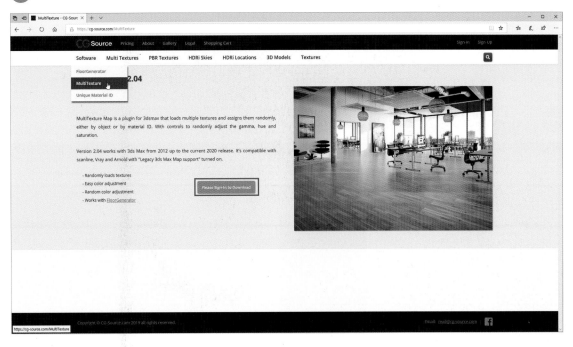

03 설치는 3ds Max 버전에 맞는 FloorGenerator와 MultiTexture를 설치된 3ds Max 20XX〉 plugins 폴더로 카피하시면 됩니다.

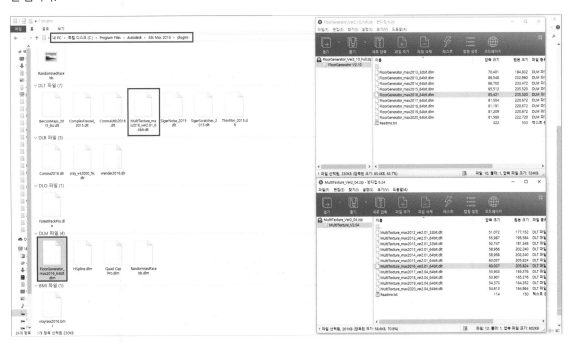

2. 한 장의 Texture를 사용하여 Unwrap 하는 방법

FloorGenerator는 초기에 Plug In이 아니라 스크립트의 행태로 존재했었기 때문에, Single Texture를 사용하여 Unwrap을 사용하는 방법이 유행했습니다. 이 첫 번째 방식은 Texture를 한 장만 준비해도 된다는 간편한 점이 있지만, 수정 발생 시 Unwrap을 다시 해야 하는 단점이 있습니다.

01 http://admira.sg/collections/qdk-3330-sv/ 사이트에서 무늬목 Texture를 내려받습니다.

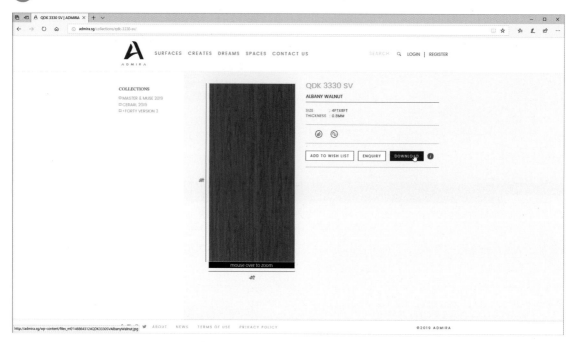

02 PixPlant를 실행합니다. 내려받은 Texture를 'Texture Synth' 창으로 드래그 앤 드랍 합니다.

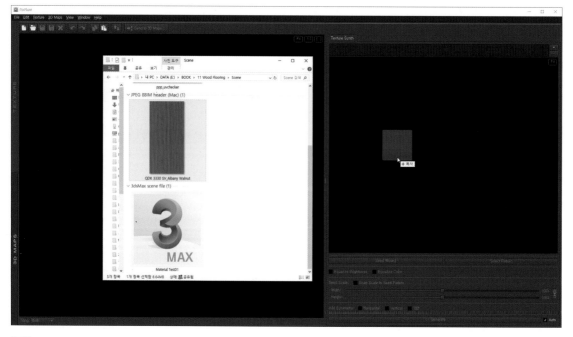

03 Select Pattern! 을 클릭 후 'No Pattern'을 클릭합니다. 그리고 'OK' 버튼을 클릭합니다.

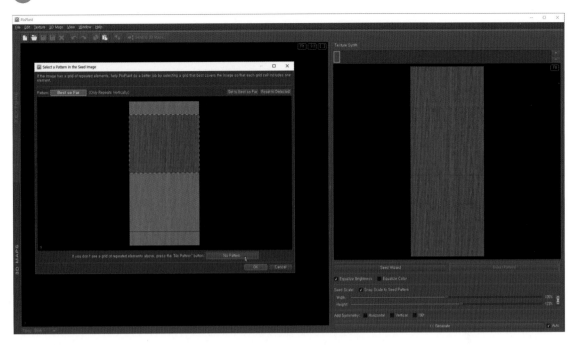

04 'Creat New Texture' 아이콘을 클릭 후 나오는 대화 상자에서 가로세로 2048 입력 후 'OK' 버튼을 클릭합니다.

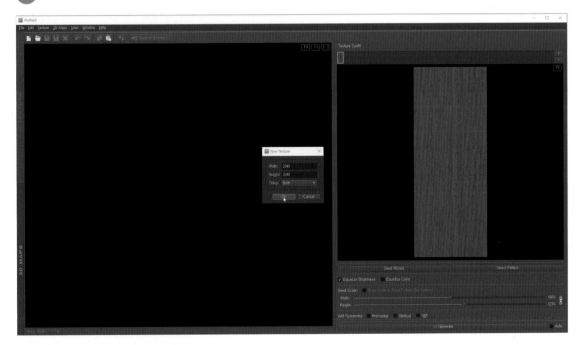

05 'Auto'를 활성화한 후 'Generate' 버튼을 클릭합니다. 가로세로 2048 Pixel의 Seamless Texture가 생성됩니다. 생성된 Texture가 맘에 들지 않는다면, 계속해서 'Generate' 버튼을 누르시면 다른 모습의 Texture가 생성됩니다.

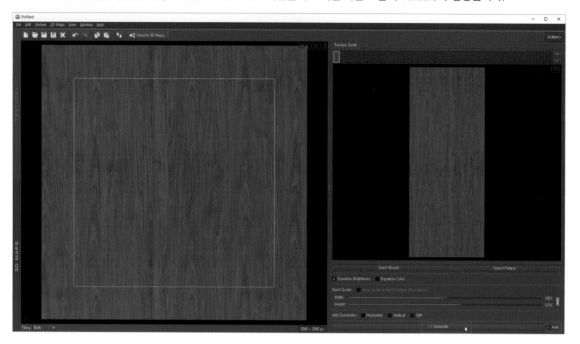

06 저장 버튼 누르신 후 Seamless Texture로 변경된 무늬목 Texture를 저장하시면 됩니다.

07 Material Test_Final. max 파일을 불러옵니다. 기존의 Plane을 선택 후, Length와 Width를 5000mm로 입력합니다.

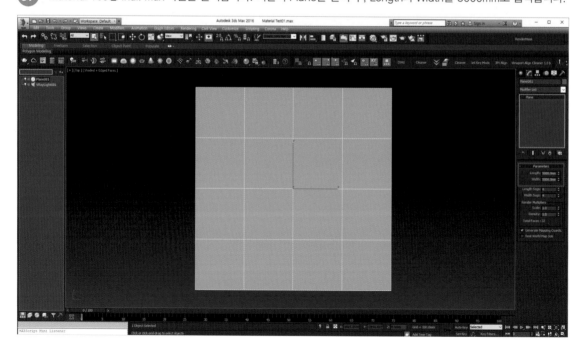

08 VRayMtl을 적용 후, Diffuse는 10을 입력 합니다. 지구상의 가장 낮은 Albedo는 0.04%입니다. 따라서 255 * 0.04 하시면 약 10이 나옵니다. Reflect는 비금속 재질의 경우 'white'로 설정합니다. Glossiness는 0.1로 입력 합니다.

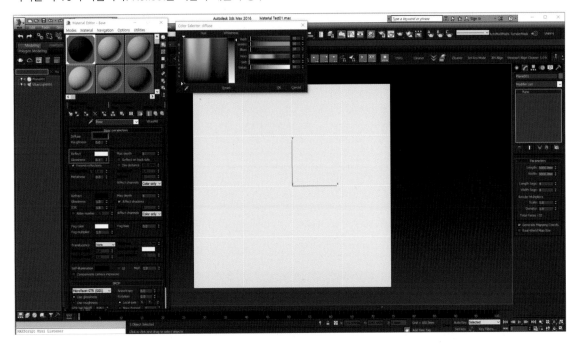

09 Snap을 사용하여 정확하게 Plane과 동일한 사이즈의 Rectangle을 작성합니다.

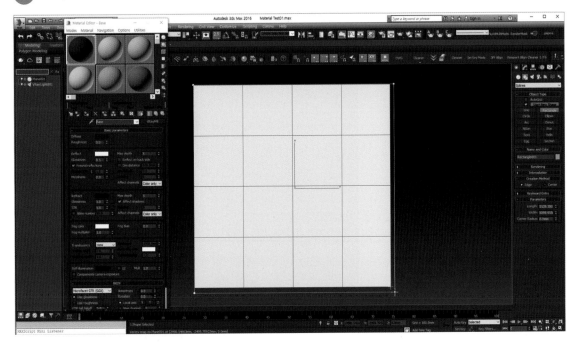

10 방금 작성한 Rectangle을 선택 후 모디파이어에서 FloorGenerator를 적용합니다.

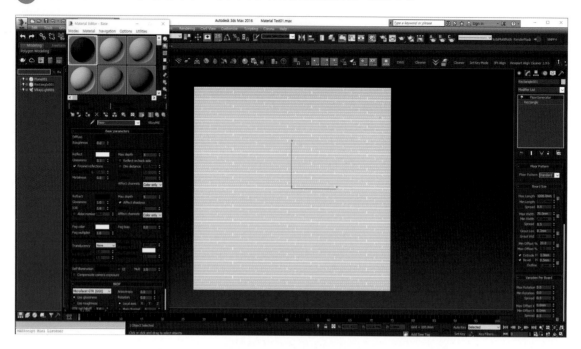

11 FloorGenerator의 Extrude 옵션은 해제합니다.

12 FloorGenerator에 VRayMtl을 적용합니다. Diffuse에 PixPlant에서 작성한 무늬목 재질을 적용합니다. Reflect는 white로 설정합니다.

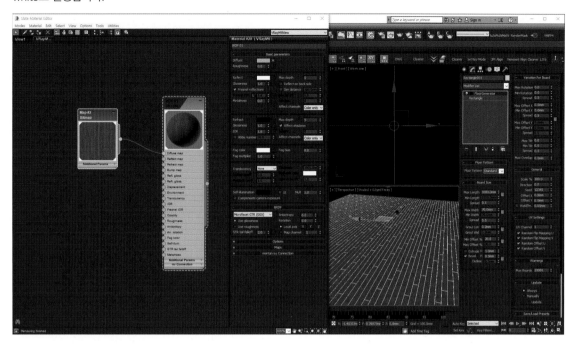

13 Unwrap 모디파이어를 적용합니다. Polygon을 선택 후 `Ctrl` + `A`로 전체 폴리곤을 선택합니다. 'Open UV Editor' 버튼을 클릭하여 'Edit UVWs' 창을 엽니다. 'Map Seams'를 비활성화 시켜서 초록색 선을 off 합니다.

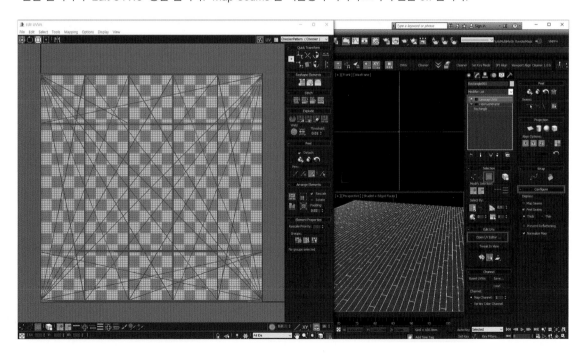

Mapping 메뉴에서 'Flatten Mapping'을 선택합니다.

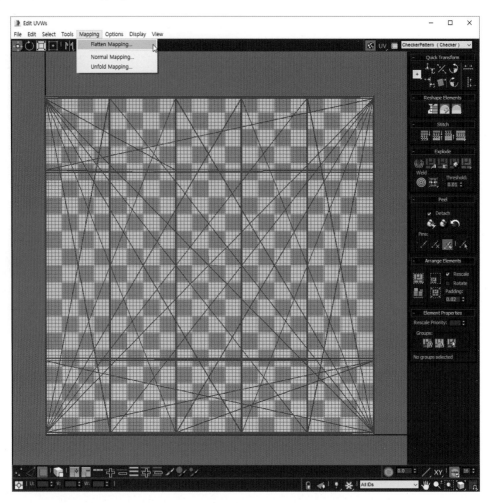

15 Flatten Mapping 창에서 'OK'를 클릭합니다.

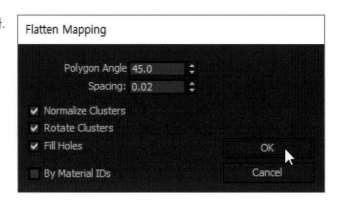

16 Checker Pattern 대신 우드 플로링 재질에 적용된 'WDF_base.png'를 선택하시면 무늬목이 보이게 됩니다.

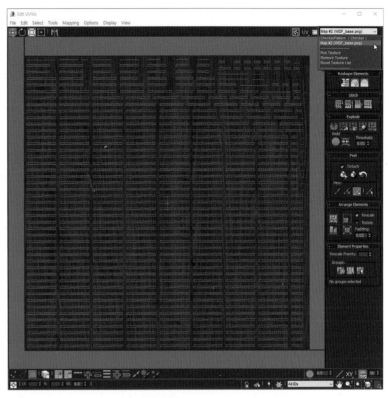

17 선택한 폴리곤을 Rotate 버튼을 클릭해서 나뭇결과 일치하도록 회전시킵니다

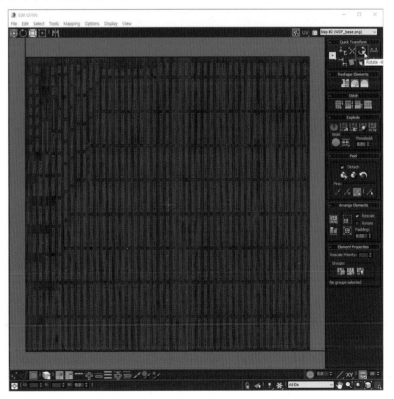

18 다운로드 받은 무늬목 Texture의 한 변의 길이가 8ft 입니다. 따라서 Seamless Texture의 한 변의 길이는 2.4M 입니다. FloorGenerator에서 생성한 우드플로링 한쪽의 길 이는 1m입니다. 우클릭 후 'Scale' 툴로 바꾸신 후 우드 플 로어 한쪽의 길이가 Texture의 약 40% 정도 크기로 크기를 조정합니다.

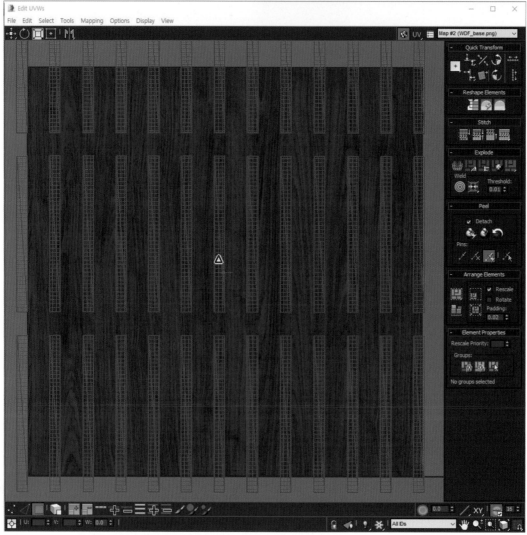

19 Unwrap을 종료 후 IPR 렌더링을 해봅시다. 반사 때문에 Diffuse 재질만 보기가 어렵습니다.

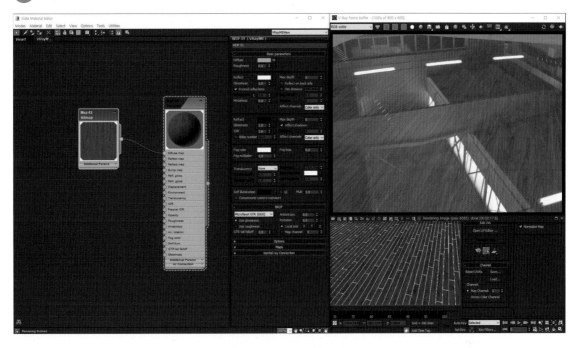

20 이전 버전의 VRay 사용자의 경우 VrayDiffuseFillter 엘레먼트를 추가해서 확인하실 수 있습니다.

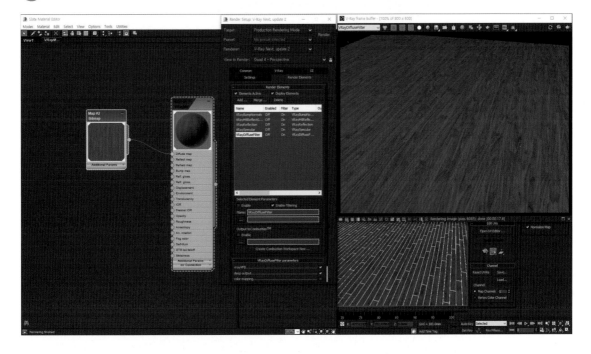

21 V-Ray Next, update 2 사용자의 경우, IPR이 구동되고 있는 상태에서 VFB 상단의 'Isolate Selected' 버튼을 클릭하신 후, 재질 편집기에서 Diffuse에 사용된 Bitmap을 더블 클릭하시면 선택한 Bitmap만 렌더링 됩니다.

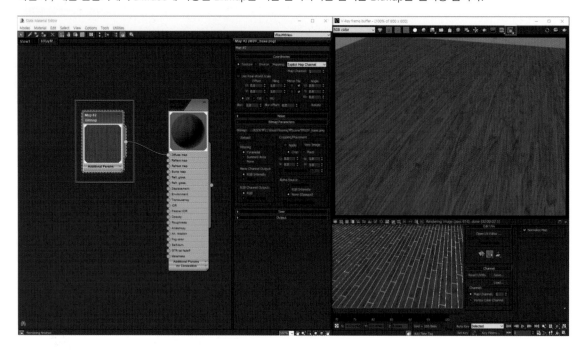

22 각각의 Board마다 동일한 색상에 약간의 변화를 주기 위해서 기존에 사용한 Bitmap 노드 대신에 Diffuse에 MultiTexture를 적용합니다. 그리고 다시 'WDF_base.png' 파일을 불러옵니다.

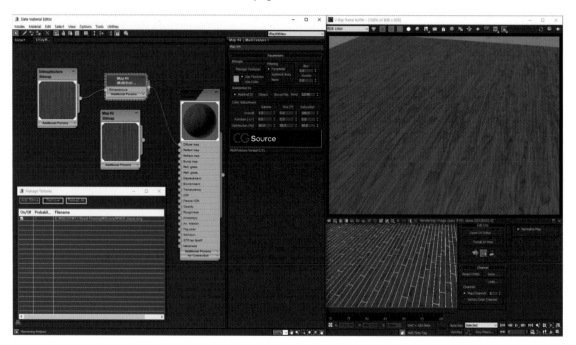

23 MultiTexture에서 Gamma 값을 Random 하게 적용하기 위해서 0.12를 입력합니다.

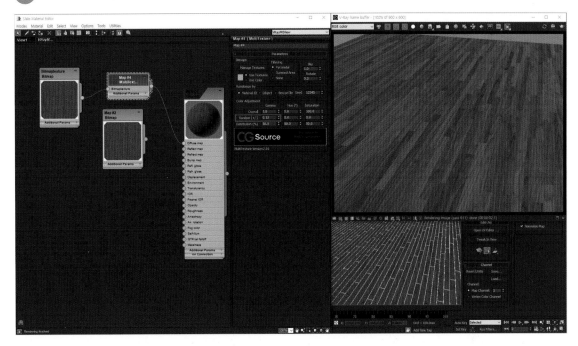

24 VFB에서 'Isolate Selected' 기능을 비활성화합니다. 그리고 Map#2 Bitmap은 삭제합니다. Glossiness Map을 만들기 위해서 Bitmaptexture에 Color Correction 노드를 연결합니다. 흑백으로 만들기 위해서 'Monochrome'을 선택합니다. 마지막으로 Color Correction 노드를 Refl. gloos에 연결합니다.

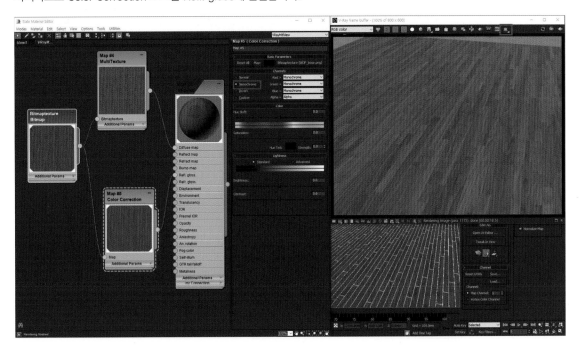

25 VFB에서 VRayMtlReflectGlossiness 엘레먼트로 변경합니다. Pixel information 창을 열고 마우스를 우드플로링 근 처로 이동시킵니다. 약 '0.14'라는 수치가 나옵니다. 즉 글로시니스가 대략 0.14 입력한 것과 같다는 의미입니다.

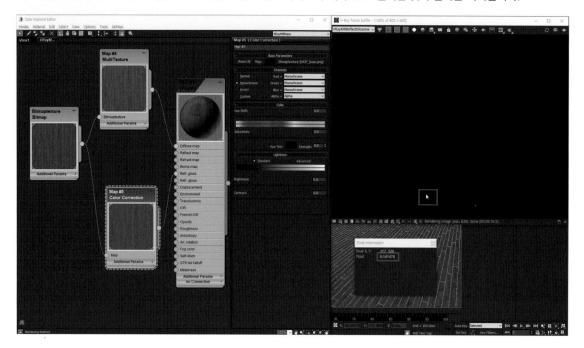

26 원하는 Glossiness가 약 0.85라고 가정 한다면, Color Correction의 Brightness를 약 70 입력 하시면 됩니다.

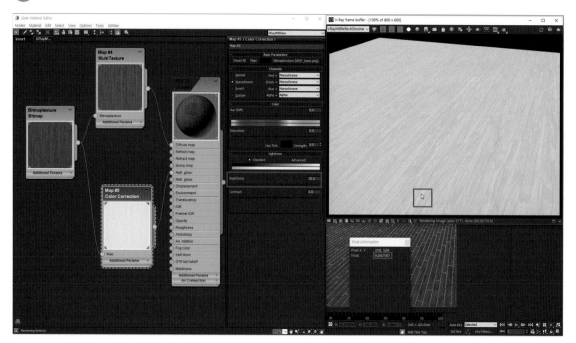

27 VFB에서 RGB color 상태로 변경합니다. 반사는 Fresnel의 영향을 받기 때문에 다양한 각도에서 IPR을 통하여 관찰하는 것이 중요합니다.

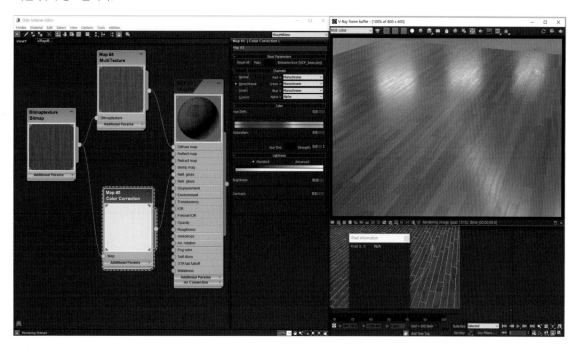

28 Bump Map을 만들겠습니다. Map#5 Color Correction 노드를 VRayColor2Bump Map에 연결합니다. 그리고 재질의 Bump map에 연결합니다.

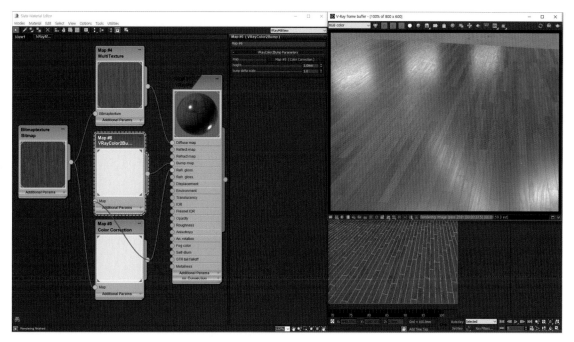

29 정확한 범프의 정도를 시각적으로 알아보기 위해서 '주전자'를 하나 생성합니다. VRaylightMtl을 적용합니다. 노출을 사용하고 있으므로, Compensate camera exposure 옵션을 활성화합니다.

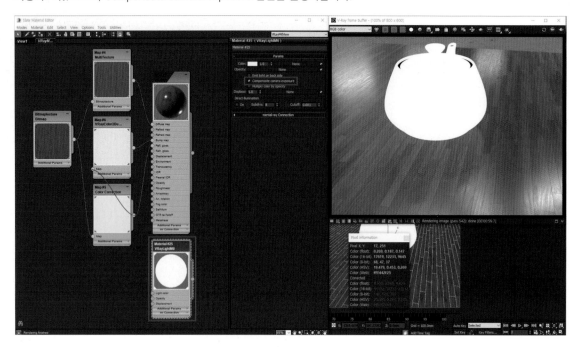

30 VRayDome 라이트를 선택하고, Spec Reflect 옵션을 비활성화시킵니다. 이 방법은 HDRI에 의한 Glossiness의 시각적 판단이 어려울 때도 사용할 수 있는 방법입니다. 반사가 더 명확하게 보입니다.

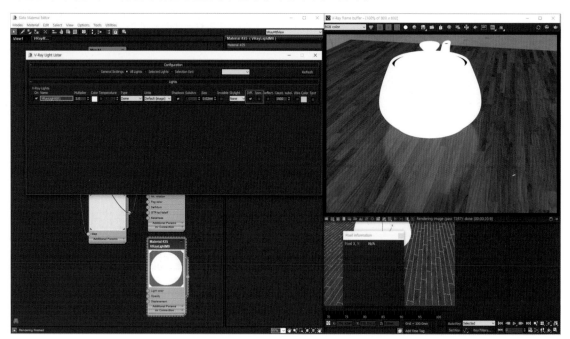

31 재질의 범프 속성만 시각적으로 확인하기 위해서 다른 Texture들은 임시로 비활성화합니다. Bump의 세기를 100으로 설정 합니다. Bump의 정도는 VRayColor2Bump의 Height 수치를 조정하셔도 되고, 재질의 Bump의 정도를 조정하셔도 됩니다.

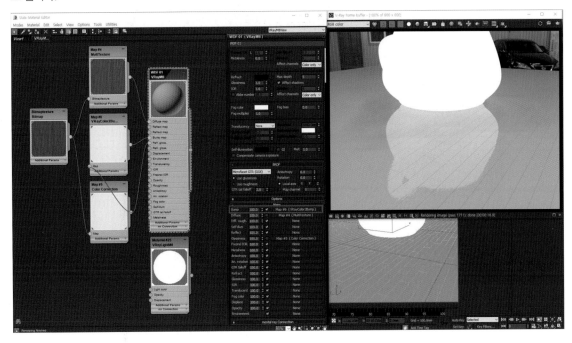

32 마지막으로 Diffuse와 Glossiness를 다시 활성화합니다.

33 FloorGenerator 모디파이어에서 Max length를 1100mm 그리고 Max Width를 80mm로 변경해 봅시다. Texture의 좌표가 망가진 것을 알 수 있습니다. 이 방법은 한 장의 Texture를 사용하는 것이 장점이나, 수정이나 형태의 변형이 발생하면 Unwrap을 다시 해야 하는 단점이 있습니다.

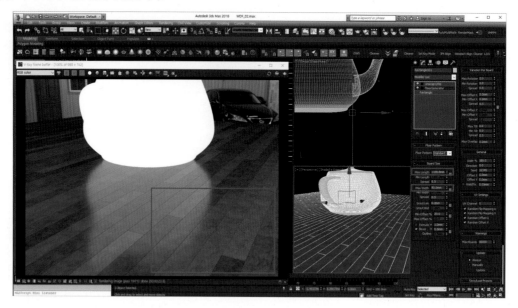

3. 여러 장의 Texture를 사용하는 방법

두 번째 방법은 여러 장의 MultiTexture라는 Plug In을 사용하는 방법입니다. 장점으로는 FloorGenerator에서 모델링 형태를 변경하여도 인터렉티브한 작업이 가능하다는 것입니다. 단점은 여러 장의 Texture를 사용해야 합니다. 상용 데이터도 존재하지만, 실무에서는 원하는 Texture가 없는 경우에는 직접 포토샵에서 만들어야 한다는 단점이 있습니다.

01 Slice Tool을 선택합니다. 우클릭 후 Dived Slice를 선택합니다.

02 Divide Slice 창에서 세로로 11등분 그리고 가로로 2등분을 합니다.

03 Save for Web을 선택합니다.

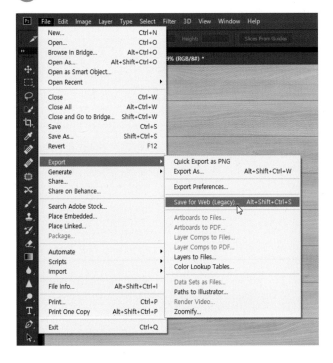

04 Save for Web 대화창에서 분할된 이미지를 전체 보기 위해서 우클릭〉 Fit in View를 선택합니다.

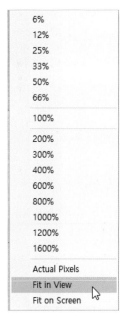

05 슬라이스 툴로 분할된 이미지를 드래그하여 전체 선택합니다.

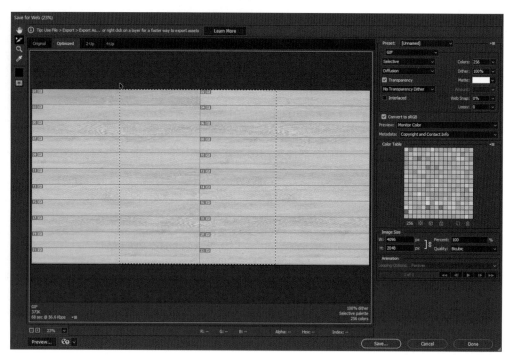

06 선택된 이미지들을 저장할 때 사용할 포맷을 PNG-24로 설정합니다. 투명도는 사용하지 않을 것이기 때문에, Transparency 옵션은 비활성화합니다.

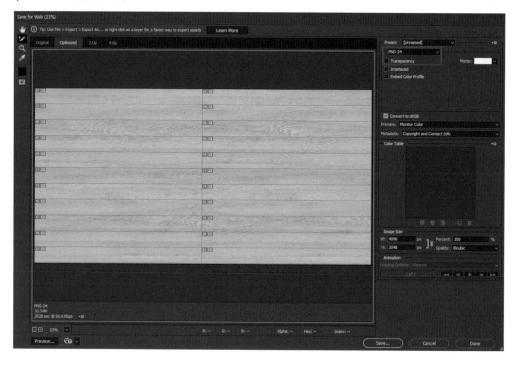

07 Save 버튼을 클릭합니다. 저장하기 원하는 위치를 선택합니다. 파일 이름은 'WDF'라고 입력합니다. Setting〉Other를 선택하시면 저장할 때 폴더를 생성할 것인가와 폴더 이름을 설정할 수 있습니다. 필자는 기본 설정을 그대로 사용하겠습니다.

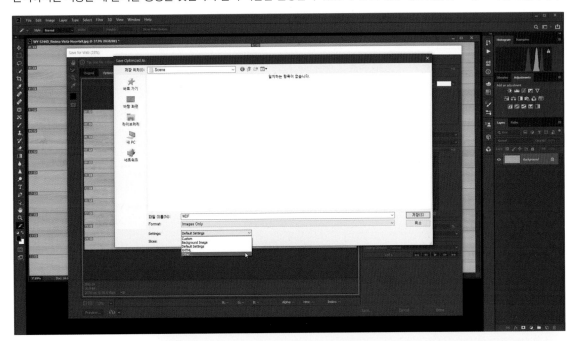

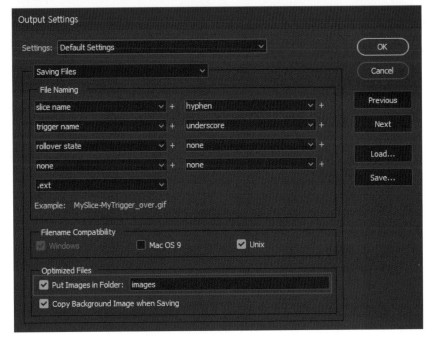

08 3ds Max에서 WDF_BASIC 파일을 불러옵니다. 미리 적용된 WDF 01 재질의 Diffuse map에 MultiTexture를 적용합니다.

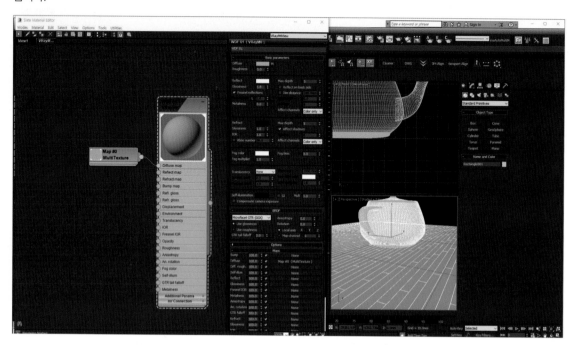

09 MultiTexture를 사용하여, 포토샵에서 슬라이스 툴을 사용하여 저장한 이미지를 불러옵니다.

⑩ IPR을 사용하여 렌더링 합니다. 각각의 Board에 색상 차이를 추가하기 위해서 Random(+/-)값을 0.2 입력합니다.

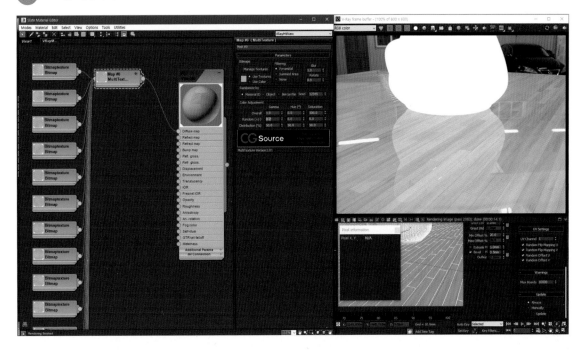

⑪ MultiTexture에 Color Correction Map을 적용합니다. Monochrome을 선택하여 흑백 상태로 변경합니다. IPR을 구동하고 있으므로, 실시간으로 글로시니스가 낮아진 상태로 렌더링됩니다.

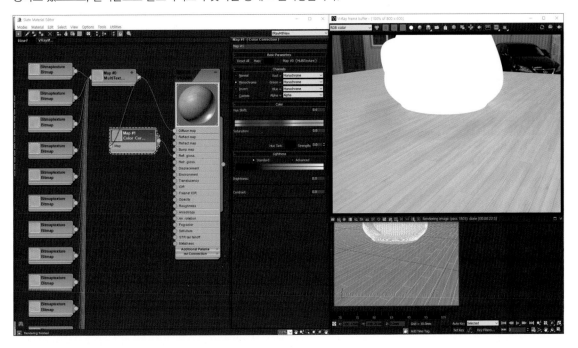

12 VFB에서 VRayMtlReflectGlossiness 상태로 변경합니다. Pixel information 창을 활성화한 후 마우스를 렌더링된 우드플로링 근처에 위치시킵니다. Glossiness가 약 0.5 전후라는 것을 알 수 있습니다.

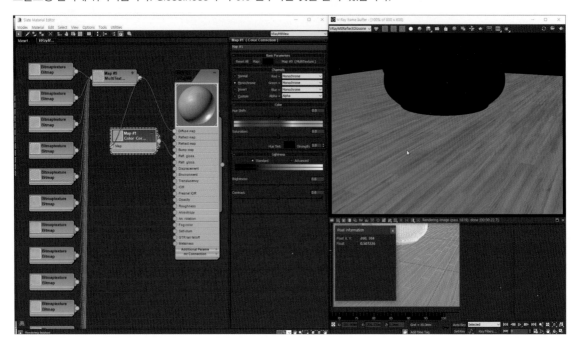

13 원하는 Glossiness의 수치가 0.7이라면, Brightness를 20으로 설정 합니다. Pixel information에서 Glossiness 정보가 약 0.7로 표시됩니다.

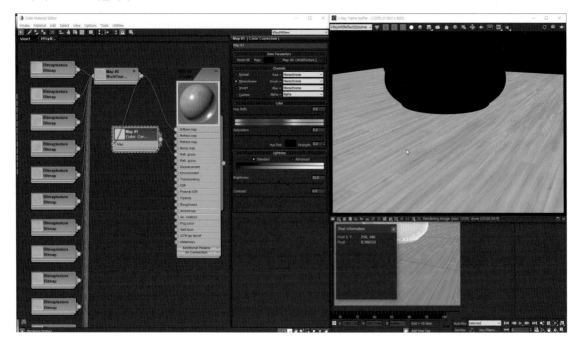

14 VFB를 RGB 형식으로 변경합니다. Color Correction에 VRayNormalMap을 연결 후, Bump Map에 입력합니다.

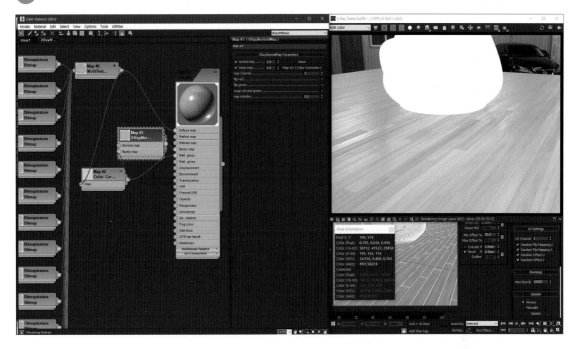

15 Bump Map의 세기를 명확하게 보기 위해서, WDF 01 재질의 Diffuse, Glossiness를 비활성화합니다. 다른 요소들이 보이지 않기 때문에 Bump의 세기만 명확하게 보실 수 있습니다.

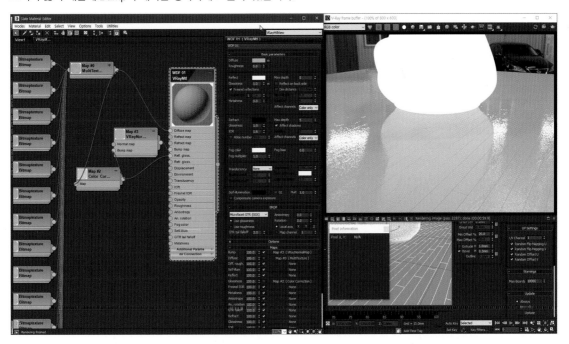

16 VRayNormalMap에서 bump map의 세기를 0.3으로 줄입니다. 범프 설정이 끝났으면, 다시 WDF 01 재질의 Diffuse 와 Glossiness를 활성화합니다.

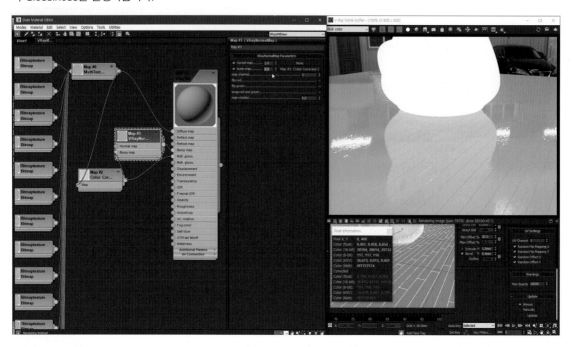

17 FloorGenerator의 다양한 변수를 변경해 봅시다. 기존의 Unwrap을 사용했을 때는 텍스처의 좌표가 깨지는 문제가 발생했지만, 이 방법은 전혀 문제가 발생하지 않고 렌더링이 제대로 됩니다.

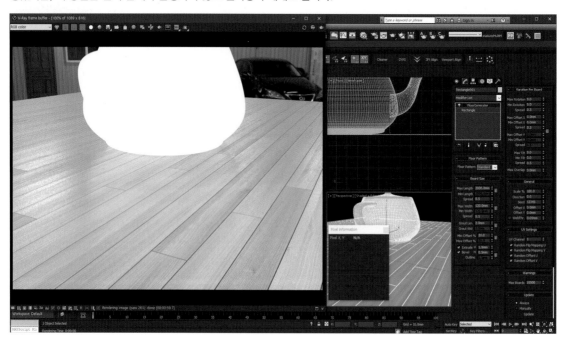

4. 한 장의 Texture와 BerconMapping을 사용하는 방법

01 3ds Max에서 WDF_BASIC 파일을 불러옵니다. 미리 적용된 WDF 01 재질의 Diffuse map에 MultiTexture를 적용합니다. 그리고 ppp_uvchecker를 적용합니다.

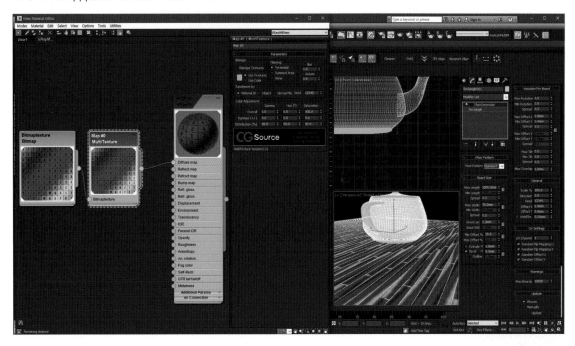

02 FloorGenerator가 적용된 물체에 UVW Map 모디파이어를 적용합니다. 매핑 형태는 Box로 설정합니다. 가로세로와 높이는 1000mm로 입력합니다.

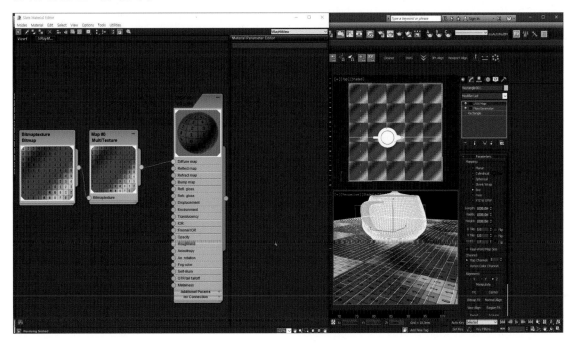

03 MultiTexture에 BerconMapping을 연결합니다. Tiling 옵션을 Stretch에서 Tile로 변경합니다. 그리고 IPR을 구동합니다.

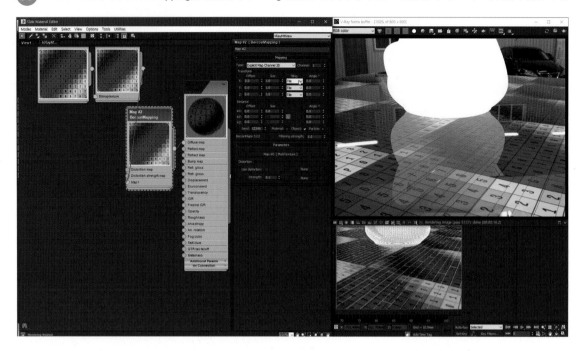

04 BerconMapping은 매우 강력하지만, 사소한 버그가 있습니다. variance 탭 아래의 Material 옵션을 활성화해도 적용이 되지 않습니다. 따라서 다음과 같은 방법을 사용하셔야 합니다. BerconMapping 노드를 선택 후 우클릭〉Show All Additional Params 선택합니다.

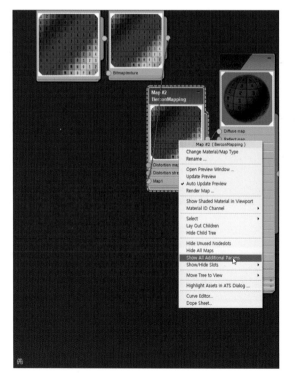

05 dditional Params의 우측에 있는 + 버튼을 클릭합니다. 숨겨져 있던 추가 변수들이 확장되어 보이게 됩니다.

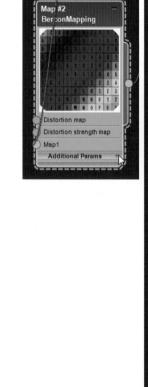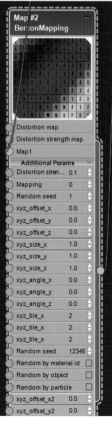

06 Random by material id를 활성화합니다. IPR을 구동시킨 상태에서 Variance 탭의 Offset과 Size에 적당한 수치를 입력하면 실시간으로 텍스처가 무작위로 이동하거나 크기가 변형됩니다. 참고로 Size에서 1이 의미하는 바는 100%입니다.

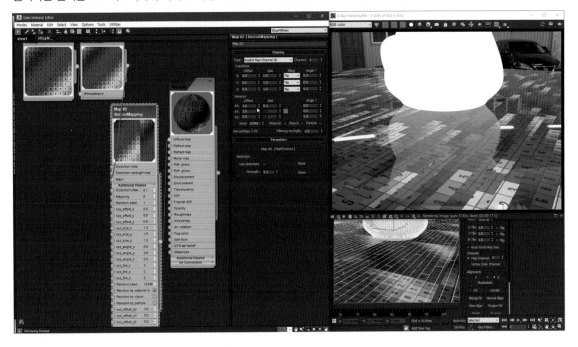

07 uvchecker 이미지 대신 무늬목 Texture로 변경 후 작업을 진행합니다. Glossiness와 Bump Map 과정은 상술한 방법과 같습니다. 독자분들이 나머지 과정은 직접 해보시기 바랍니다.

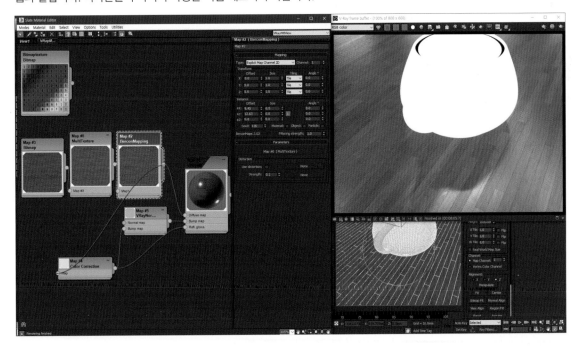

5. 한 장의 Texture와 VRayTriplanarTex를 사용하는 방법

01 3ds Max에서 WDF_BASIC 파일을 불러옵니다. 미리 적용된 WDF 01 재질의 Diffuse map에 VRayTriplanarTex를 적용합니다. 그리고 다시 MultiTexture를 연결합니다. 마지막으로 WD 3.png를 불러옵니다.

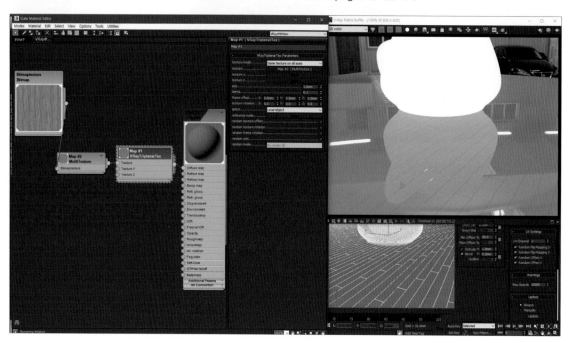

02 VRayTriplanarTex는 UVW map 모디파이어가 필요하지 않습니다. 따라서 적용하지 않습니다. 적용이 되어 있다고 해도 무시됩니다. WD 3.png의 실제 사이즈가 가로세로 약 2.5M입니다. 따라서 VRayTriplanarTex의 size를 2500mm를 입력합니다.

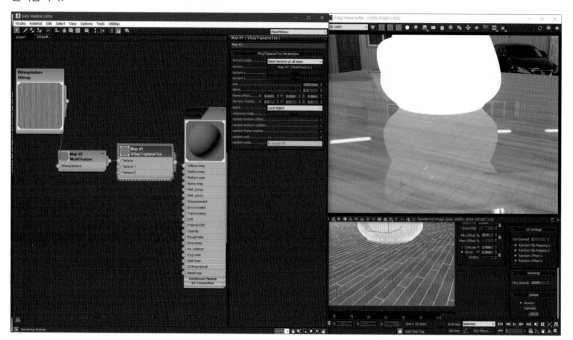

03 Texture의 방향을 90도 회전시키기 위해서, MultiTexture의 Rotate를 90으로 설정 합니다. 각 타일 간의 색상 차이를 위해서 Gamma Random을 0.2로 입력 합니다.

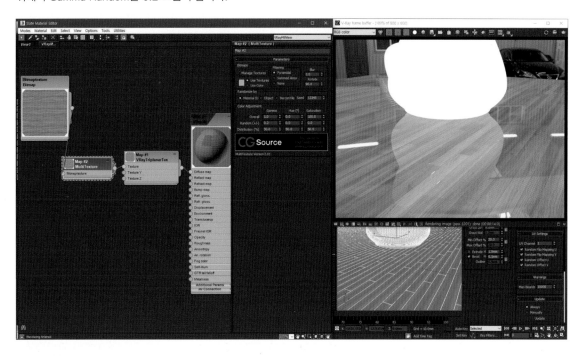

04 VRayTriplanarTex 노드에서 random texture offset을 활성화합니다. Radom mode는 By face ID로 변경합니다.

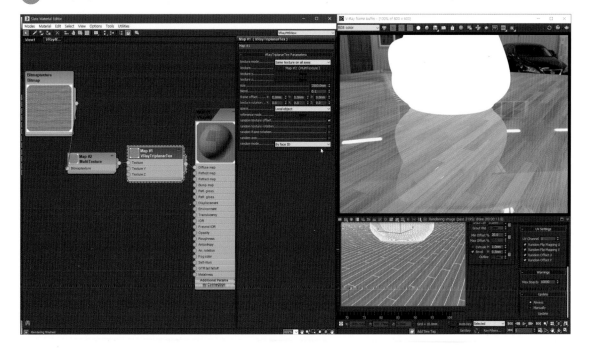

05 Glossiness와 Bump Map 과정은 상술한 방법과 같습니다. 독자분들이 나머지 과정은 직접 해보시기 바랍니다.

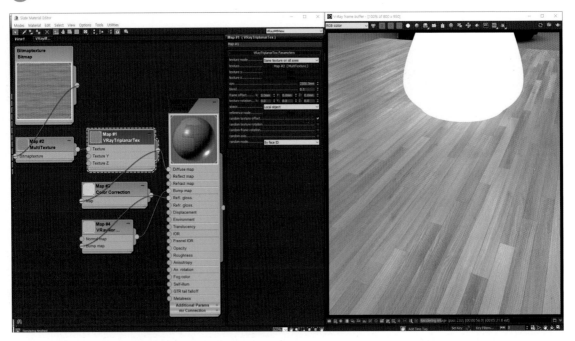

	장점	단점
Unwrap		수정 불가, 폴리곤 수 많으면 Unwrap 작업 시 부하 걸림
MultiTexture	FloorGenerator에서 모든 형태와 변수에 인터렉티브하게 수정 가능	여러 장의 Texture가 필요
BerconMapping	FloorGenerator에서 Box 형태의 UVW 좌표를 지원하는 형태와 변수에 인터렉티브하게 수정 가능 UVW map 모디파이어 필요 VRayTriplanarTex 적용 방식보다 조금 더 옵션이 다양	BerconMapping의 버그
VRayTriplanarTex	VRayTriplanarTex FloorGenerator에서 Box 형태의 UVW 좌표를 지원하는 형태와 변수에 인터렉티브하게 수정 가능 UVW map 모디파이어 불필요	

CHAPTER
12

Glass

물리적으로 올바른 재질을 작성하기 이전에 가장 기본이 되는 것은, 모델링 역시도 물리적으로 올바른 형태로 제작하셔야 한다는 점입니다. 물리적으로 올바르지 않은 모델링일 때 발생하는 다양한 문제점에 대해서 알아봅시다. 이번 장에서는 다양한 유리 재질을 공부할 것입니다.

1. Clear Glass 재질 만들기

01   Glass_Start.max 파일을 실행합니다. VRayDome Light에 필자가 적용한 HDRI는 https://hdrihaven.com/hdri/?c=clear&h=san_giuseppe_bridge에서 내려받기 하시면 됩니다. 필자가 특별히 언급하지 않더라도 재질 테스트는 항상 노출과 화이트밸런스를 맞추고 시작해야 합니다. IPR을 구동합니다.

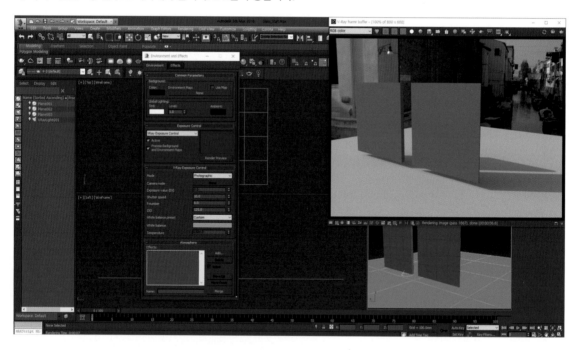

02 VRayMtl을 적용합니다. Diffuse는 검은색으로 지정합니다. Reflect와 Refract는 흰색으로 설정합니다.

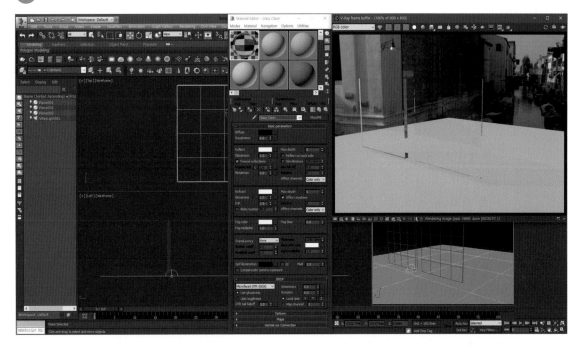

03 Refract 탭의 Affect channels를 All channel로 변경합니다. 이 설정을 적용하셔야지만 알파 채널과 Multimatte 엘레먼트 그리고 Z depth에서 투명도에 따른 올바른 채널이 생성됩니다.

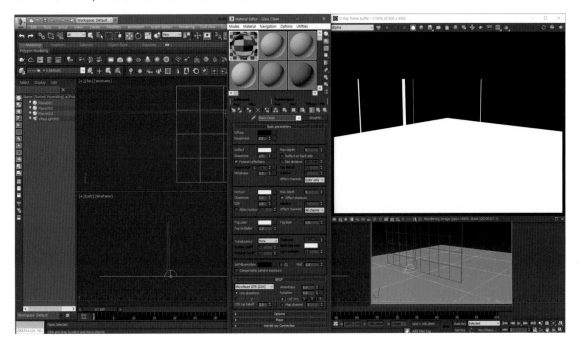

04 유리는 철분이 포함되어 있습니다. 따라서 약간의 청록색을 띠게 됩니다. 유리의 두께가 두꺼울수록 밀도가 증가하므로 훨씬 진한 청록색으로 보이게 됩니다. 이러한 현상을 표현하기 위해서 Fog color를 R, G, B(122, 14, 255)를 입력합니다. 좌측의 유리가 더 두꺼우므로, 그림자와 유리의 색조가 더 청록색을 띠게 됩니다.

05 샘플 슬롯의 구의 크기가 3000mm이기 때문에 청록색이 매우 진하게 보입니다. 작업하고 있는 유리 두께에 맞는 12mm로 설정합니다.

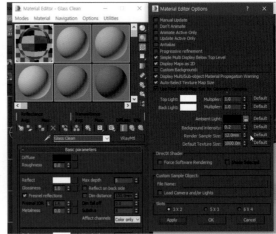

06 세상에 존재하는 모든 물체는 표면이 수학적으로 완벽하게 매끈한 재질은 없습니다. 따라서 Reflect Glossiness를 0.98로 입력 합니다.

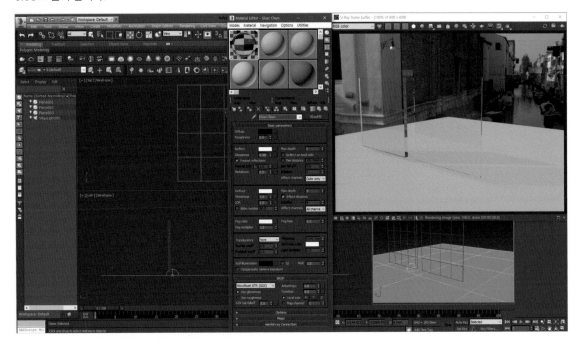

2. 유리 재질 작성 시 주의할 사항

01 물리적으로 정확한 재질을 만들기 위해서는 모델링 역시도 물리적으로 올바르게 모델링 하셔야 합니다. 유리는 두께를 가지고 있습니다. 두께를 정확하게 모델링 하셔야 합니다. 두께가 없는 경우는 잘못된 렌더링이 됩니다.

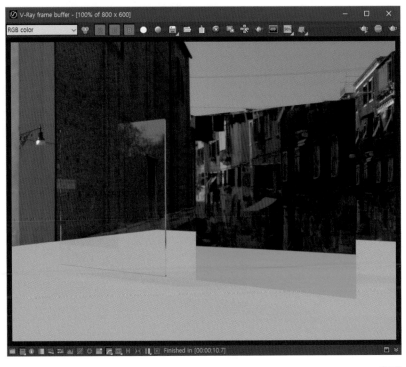

02 모델링의 면이 뒤집히지 말아야 합니다.

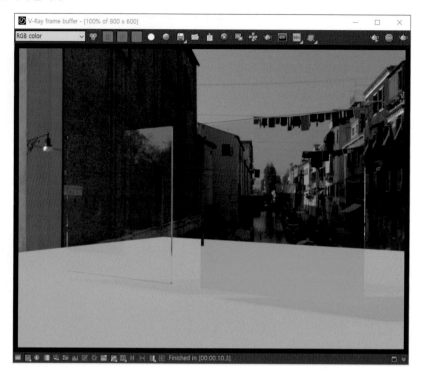

03 Smoothing Group이 올바르게 적용돼야 합니다.

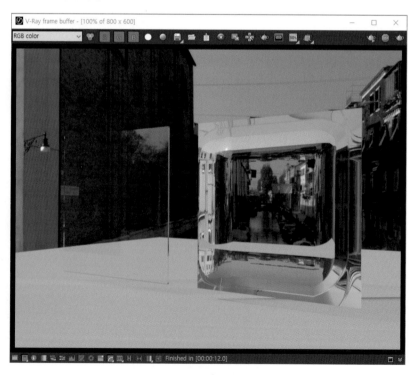

04 투명도를 갖는 재질은 원칙상 정확한 IOR(굴절률)를 입력해야 합니다. 그러나 판유리 경우는 VRay 기본값 1.6을 그대로 사용하셔도 무방합니다. 그러나 곡면인 경우는 IOR의 작은 차이에도 렌더링 결과물이 상당히 달라집니다. 따라서 인터넷에서 작성하고자 하는 재질의 정확한 IOR을 찾아서 입력하셔야 합니다.

▲ IOR 1.6

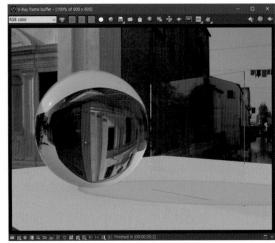
▲ IOR 1.4

3. Tinted Glass 재질 만들기

01 투명 유리 재질 만들기 과정에서 마지막 과정에서 계속 이어서 진행하셔도 됩니다. Glass_Final.max 파일을 불러옵니다. IPR을 구동합니다. Fog color를 선택합니다. 원하는 컬러를 입력하거나, 스포이드를 사용하여 컬러를 추출합니다.

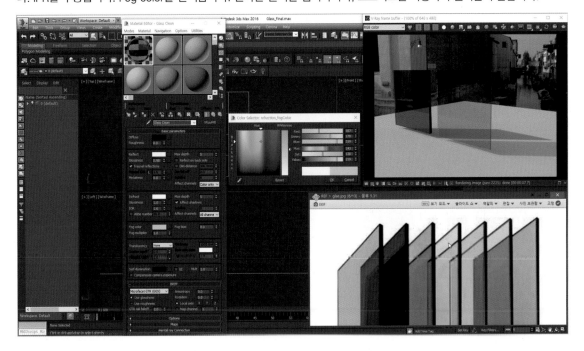

02 Fog color는 밀도에 영향을 받기 때문에 좌측 유리가 더 진하게 렌더링이 됩니다. 색상이 과도하게 진할 경우, Fog multiplier를 1보다 작은 수치를 입력하면 됩니다.

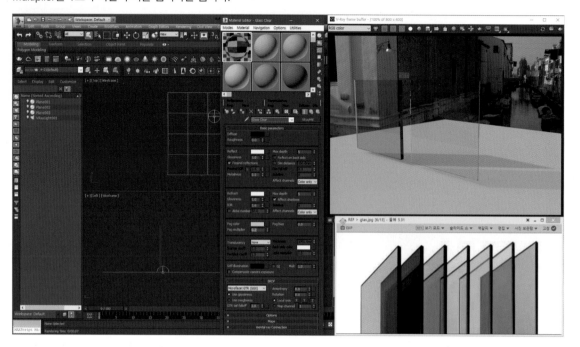

4. 간유리(Frosted Glass) 재질 만들기

01 Glass_Start.max 파일을 불러옵니다. 기본적으로 투명한 유리 재질 만들기까지 과정은 같습니다. IPR을 구동합니다. Reflect Glossiness와 Refract Glossiness에 각각 0.7을 입력 합니다. 원칙상 각각의 Glossiness는 동일하게 설정하는 것을 추천합니다. 다만 미학적 목적상 서로 다른 수치를 입력 하실 수도 있습니다.

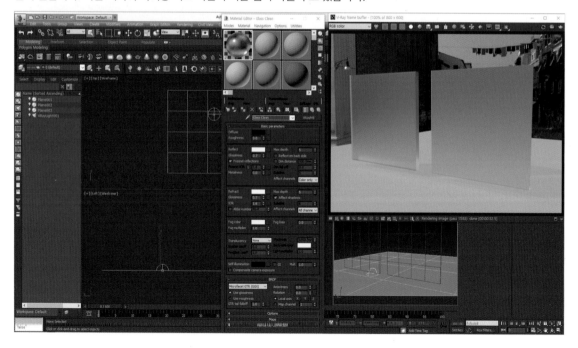

5. 간단한 형태의 간유리(Frosted Glass) 느낌 시트 재질 만들기

실내 공간의 유리에는 다양한 형태의 시트를 부착합니다. 디자인적인 목적과 안전상의 이유입니다. 이러한 표현을 위해서 맵으로 접근하는 방법과 모델링으로 접근하는 방법이 있습니다. 형태가 단순하다면, 모델링으로 접근하는 것을 추천합니다.

01 Glass_Sheet_Start.max 파일을 불러옵니다. 필자가 미리 투명 유리 재질과 간유리 재질을 모델링에 적용한 상태입니다. IPR을 구동합니다. 렌더 결과물이 올바르지 않습니다.

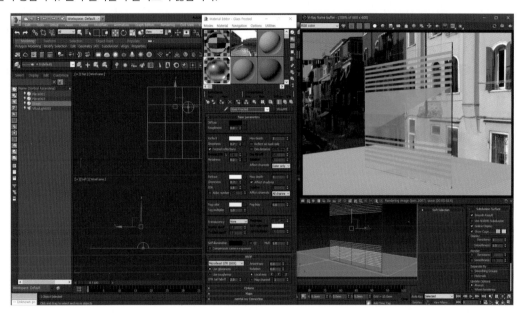

02 시트 오브제가 유리와 동일한 위치에 있어서 문제가 생겼습니다. Sheet 물체를 선택 후, Y축 방향으로 −0.1mm 이격 시킵니다. 면 겹침 현상은 제거되었지만, 아직도 시트 객체의 렌더링 결과물이 진한 녹색으로 렌더링 됩니다.

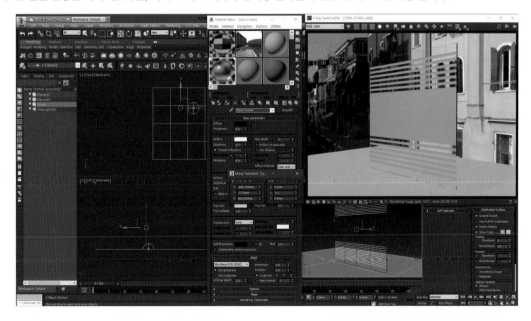

03 Fog color가 정확하게 계산되기 위해서는 물체의 두께가 있어야 합니다. Sheet 객체를 선택한 상태에서 Shell 모디파어를 적용합니다. 올바른 렌더링 결과물을 얻으실 수 있습니다.

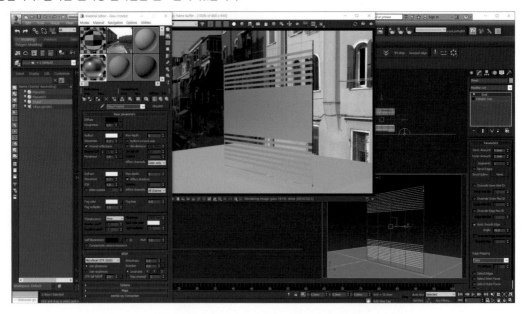

6. 복잡한 형태의 간유리(Frosted Glass) 느낌 시트 재질 만들기

시트지의 형태가 매우 복잡한 경우는 모델링으로 접근하시기보다는 맵의 형태로 접근하시는 것이 작업 효율성이 좋습니다. 이번 강좌에서는 복잡한 형태의 시트지를 맵으로 제작하는 방법에 대해서 알아보겠습니다.

01 Pattern_01.png 파일을 포토샵에서 불러 옵니다. 스포이드로 검은색 부분을 찍어 보시면, R,G,B가 25,25,25입니다. Info 윈도우에서도 확인이 가능합니다.

02 어두운 영역을 완벽한 검은색으로 만들기 위해서, 단축키 Ctrl + L을 사용하여 Level을 적용합니다. Black point 스포이드를 선택 후, 검은색이 될 부분을 클릭합니다. Input Levels의 Black point가 좌측 끝으로 이동합니다. 'OK'를 클릭하여 설정을 적용합니다.

03 순수 흰색 부분은 유리 영역, 검은색 영역은 시트 영역으로 사용할 것입니다. Ctrl + I를 사용하여 이미지를 반전시킵니다. 새 이름으로 저장하기를 사용하여 Pattern_02.png 파일로 저장합니다.

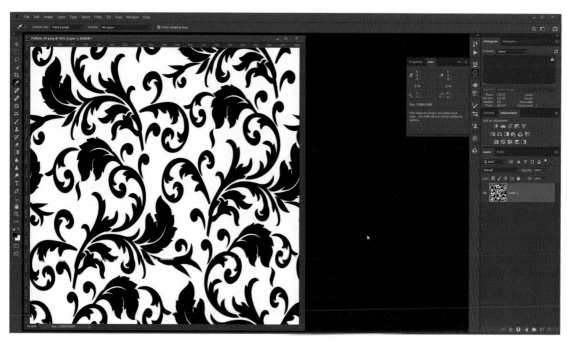

04 Glass_Pattern_Sheet.max 파일을 불러옵니다. IPR을 구동시킵니다. 포토샵에서 저장한 Pattern_02.png 맵을 Refl. gloss에 연결합니다.

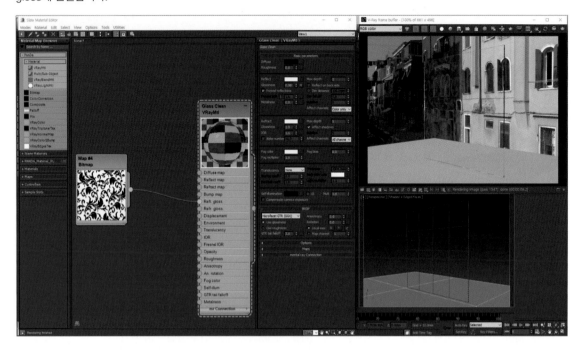

05 VFB에서 VRayMtlReflectGlossiness 모드로 변경합니다. 유리 영역의 Glossiness는 1.0입니다. 그리고 시트지 영역의 Glossiness는 0.0입니다.

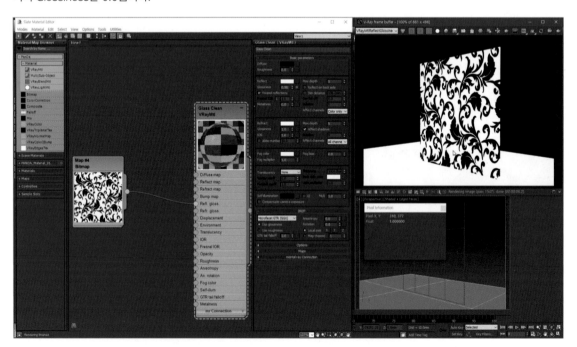

06 Reflect Glossiness 값을 미세 조종하기 위해서 Output 노드를 추가합니다.

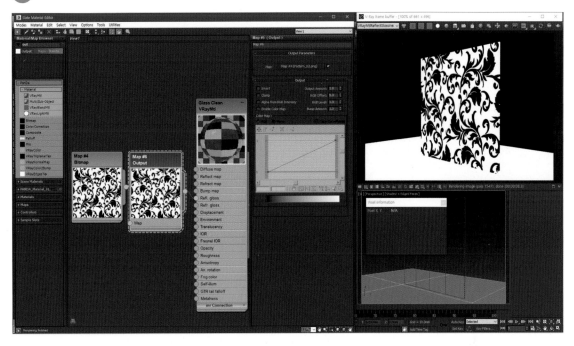

07 Enable Color Map을 활성화합니다. 그래프의 우측 점을 선택합니다. 아래 Y축 입력란에 0.98을 입력합니다. 마우스를 흰색 영역에 위치시키면 Pixel information에서 Glossiness가 0.98로 변경된 것을 알 수 있습니다.

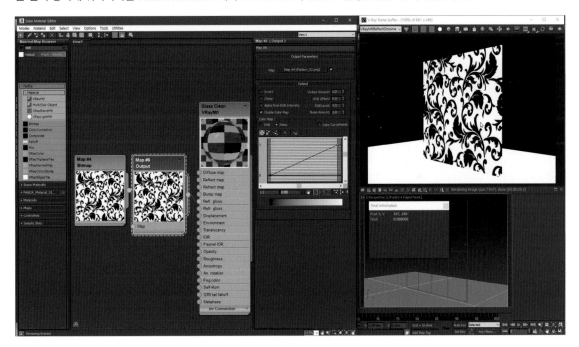

08 이번에는 시트지 영역인 검은색 영역을 조정하겠습니다. 그래프 좌측 점을 선택합니다. 아래 Y축 입력란에 0.7을 입력합니다. 마우스 포인터를 VFB의 시트지 영역으로 이동시키면 Pixel information에서 Glossiness가 0.7로 변경된 것을 알수 있습니다.

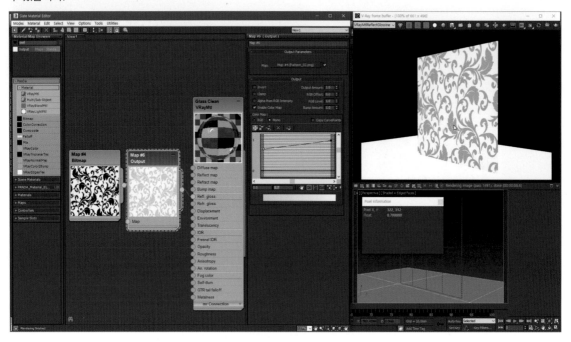

09 VFB에서 VRayMtlRefractGlossiness 모드로 변경합니다. 유리 영역과 시트지 두 영역의 Glossiness는 1.0으로 동일합니다.

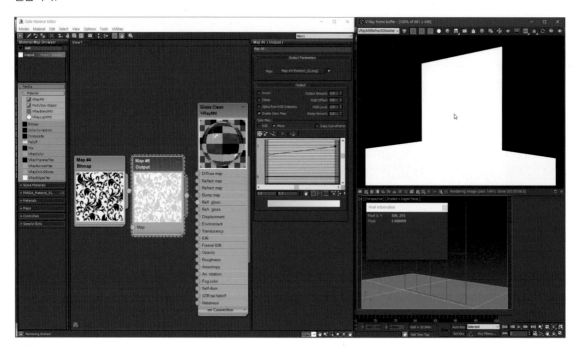

10 Pattern_02.png Map에 Output Map을 연결 후 재질의 Refr. gloos.에 연결합니다. 시트지의 Refract Glossiness가 검은색으로 변경이 됩니다.

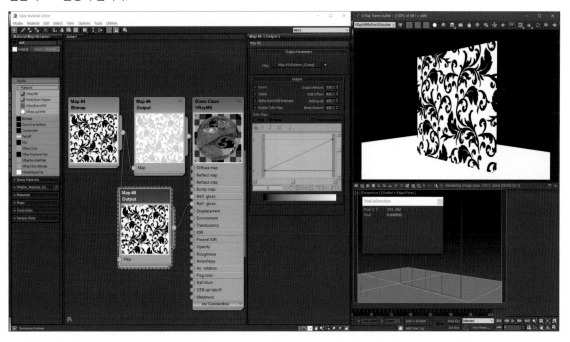

11 Enable Color Map을 활성화한 후, 그래프에서 좌측 점을 선택합니다. Y축 값을 0.7로 입력합니다. 시트지 영역의 Refract Glossiness가 0.7로 변경이 된 것을 Pixel information에서 볼 수가 있습니다.

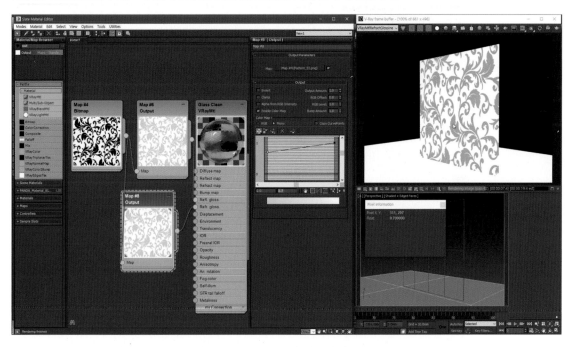

12 VFB 모드를 RGB color 모드로 변경합니다. 우클릭>Real Zoom으로 설정합니다. 휠 마우스로 VFB를 확대합니다. 시트지가 유리 뒷면에도 적용이 되어 있는 모습을 볼 수 있습니다.

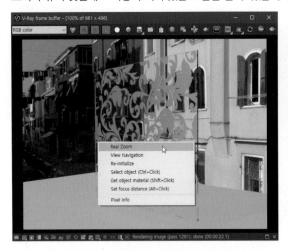 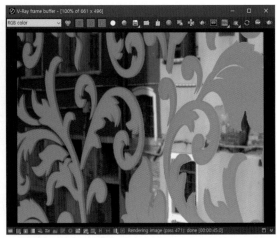

13 Plane의 세그 먼트를 각각 1로 설정 합니다. 그리고 Unwrap UVW 모디파이어를 적용 합니다.

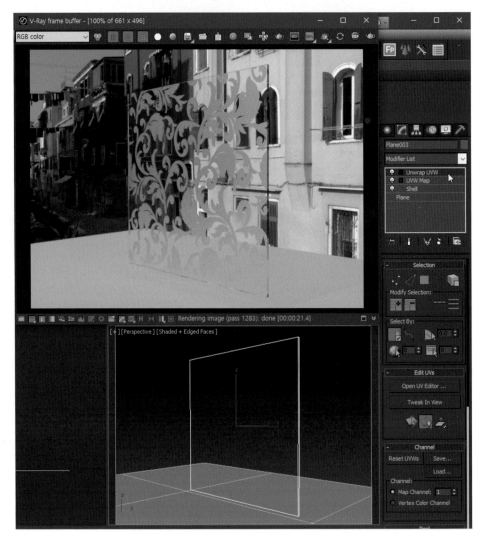

14 Selection 탭에서 Polygon 선택합니다. Ctrl + A를 실행하여 전체 Polygon을 선택합니다. 그리고 Open UV Editor 버튼을 클릭합니다.

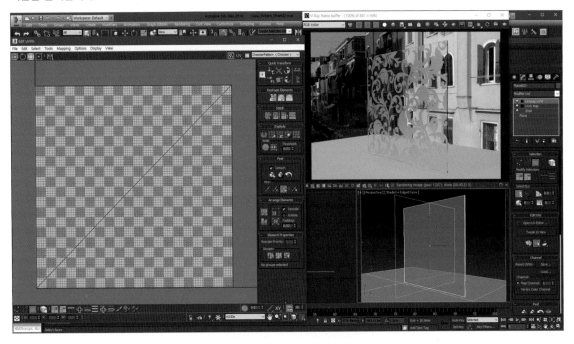

15 Flatten Mapping을 실행합니다.

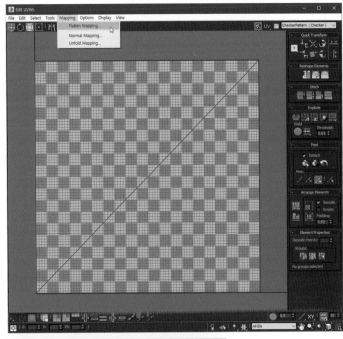

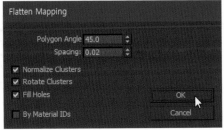

16 FCheckerPattern을 Map#8(Output)으로 변경합니다.

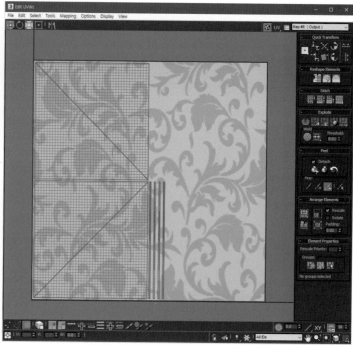

17 유리의 전면 부위를 제외한 Polygon은 작게 변형 후 패턴이 없는 곳에 위치시킵니다.

18 유리 전면부 Polygon을 선택합니다. 이동 툴과 스케일 툴로 자신이 원하는 크기와 위치로 이동합니다. IPR을 구동하면 실시간으로 렌더링 결과물이 보이게 됩니다.

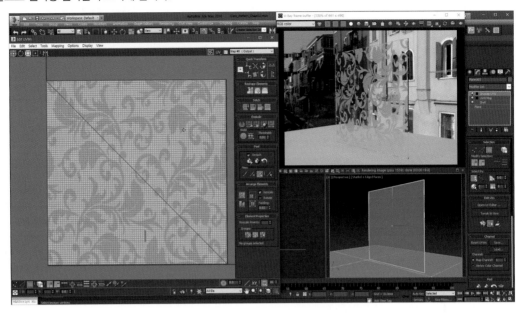

7. 복잡한 형태의 불투명한 시트 재질 만들기

이전 과정에서는 투명도가 있는 시트지 재질을 만들어 보았습니다. 이번 편에서는 불투명한 시트지 재질을 두 가지 방식으로 제작해 보겠습니다. 지금까지 계속해서 작업하시던 독자분들은 이어서 작업을 진행하시면 되겠습니다.

01 Glass_Pattern_Sheet_Final.max 파일을 불러옵니다. IPR을 구동합니다. 불투명한 시트지를 표현할 것이기 때문에, Refr. gloss에 연결된 노드를 삭제합니다.

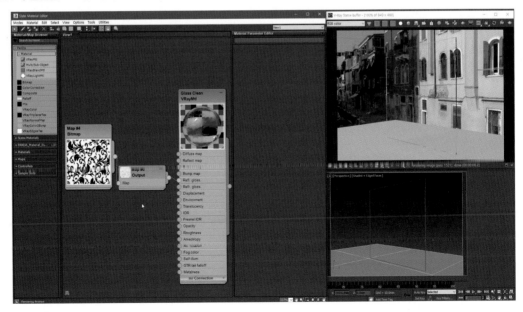

02 Pattern_02.png 노드를 Refract map에 연결합니다. 시트지 부위가 불투명하게 렌더링 됩니다.

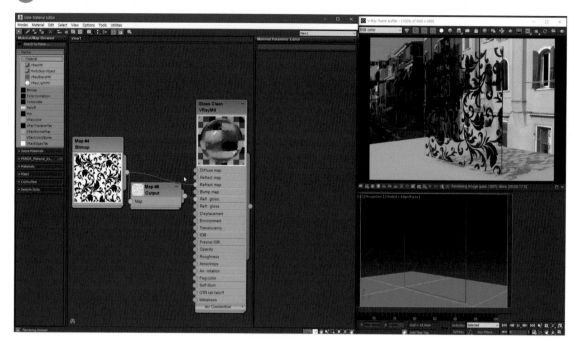

03 Pattern_02.png 노드에 Output 노드를 연결합니다. Invert를 활성화하여 이미지를 반전합니다.

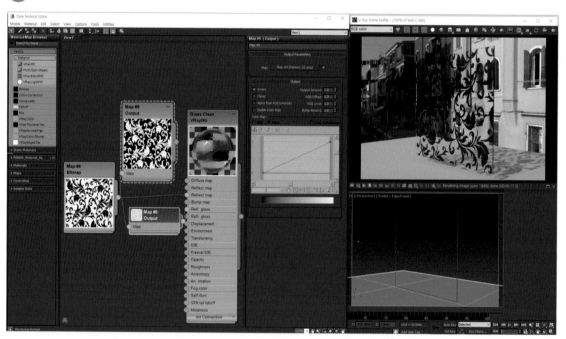

04 반전된 Output 노드를 Composite 노드의 Layer 1에 연결합니다. Composite 노드에서 Layer 타입을 Multiply로 변경합니다.

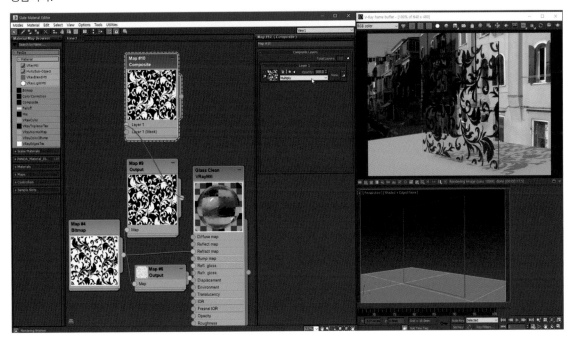

05 Composite 노드에서 새로운 Layer를 추가합니다. 새 Layer에 VRayColor 노드를 연결합니다. 마지막으로 Composite 노드를 Diffuse map에 연결합니다.

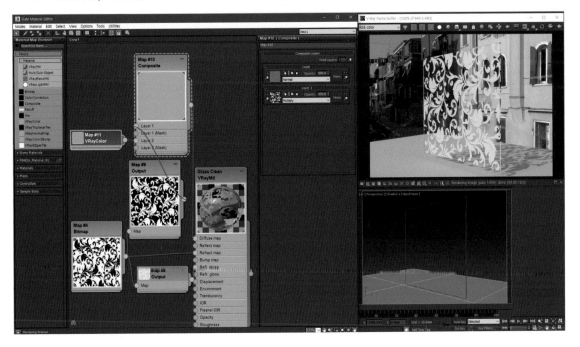

06 VRayColor 맵에서 원하시는 색상을 실시간으로 선택하거나 수정하실 수 있습니다.

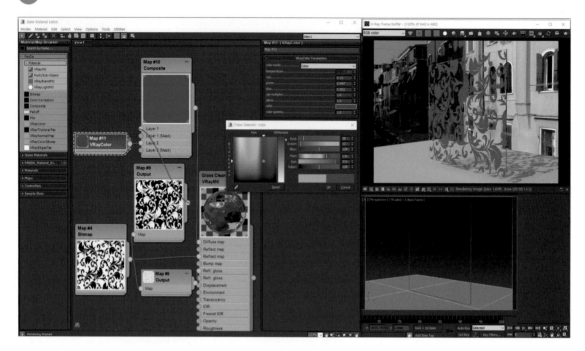

8. VRayBlendMtl을 활용한 복잡한 형태의 불투명한 시트 재질 만들기

01 이전 과정에서 계속해서 이어서 작업을 합니다. 오브젝트에 VRayBlendMrl을 적용합니다. Base material에 Clear Glass 재질 강좌에서 제작한 투명한 유리 재질을 적용합니다.

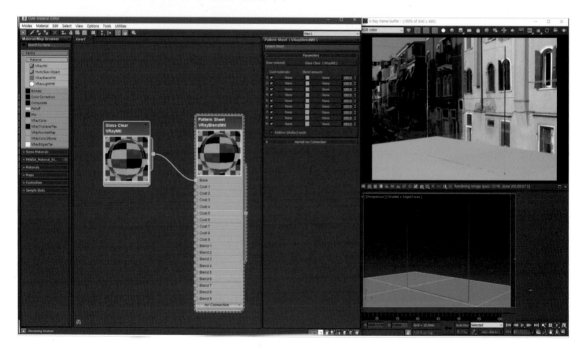

02 Coat material에 기본 VRaymtl을 적용합니다.

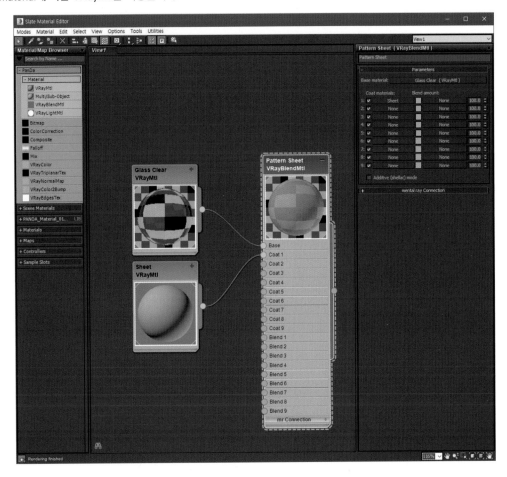

03 VRayMtl은 시트 재질로 사용할 것입니다. Diffuse 색상은 원하시는 임의의 컬러로 지정합니다. Reflect는 흰색으로 설정합니다. Reflect Glossiness는 약 0.7 정도를 입력합니다.

04 Pattern_02.png 이미지를 불러옵니다. Output 탭의 Invert를 활성화해 이미지를 반전시킵니다. 그리고 VRayBlendMtl 의 Coat 1에 연결합니다.

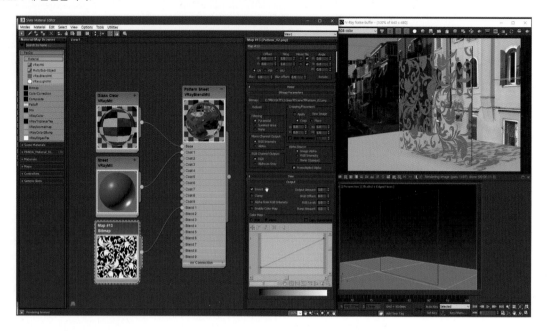

9. 빗물 젖은 유리 재질

운치 있는 렌더링 작업을 위해서 빗물 젖은 유리를 표현해야 하는 경우가 있습니다. 기본적인 Texture는 상용 Texture를 구매하실 것을 추천해 드립니다. 비교적 저렴한 가격으로 다양한 사이트에서 구매 가능합니다. 이번 강좌에서는 cgtexture.com에서 512픽셀로 제공하는 무료 Texture를 사용하여 강좌를 진행합니다.

01 https://www.textures.com/download/overlays0031/136949?q=rain에서 Texture를 내려받기 합니다. 512 픽셀 보다 큰 이미지는 유료입니다. 필요한 Texture는 Normal map과 Mask Map입니다.

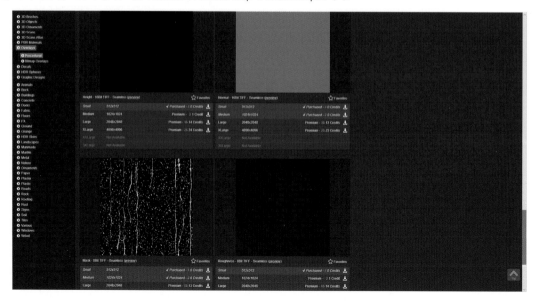

02 Glass_Rain_Start.max 파일을 열어서 시작합니다. VRayBlendMtl의 Base material에 Glass Clear 재질을 연결합니다. 그리고 VRayBlendMtl의 이름을 Glass_Rain이라고 써넣습니다. 이 재질을 유리 물체에 적용합니다.

03 VRayBlendMtl의 Coat 1에 VRayMtl을 적용합니다. 이름은 Rain이라고 써넣습니다. Diffuse는 검은색, Reflect 색상은 흰색으로 설정합니다. Refract 색상은 R,G,B(230,230,30)으로 설정합니다. Reflect Glossiness와 Refract Glossiness에 0.98을 입력합니다.

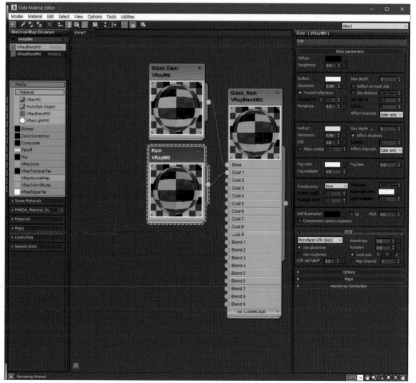

04 Rain 재질에 Bump map에 VRayNormalMap을 적용합니다.

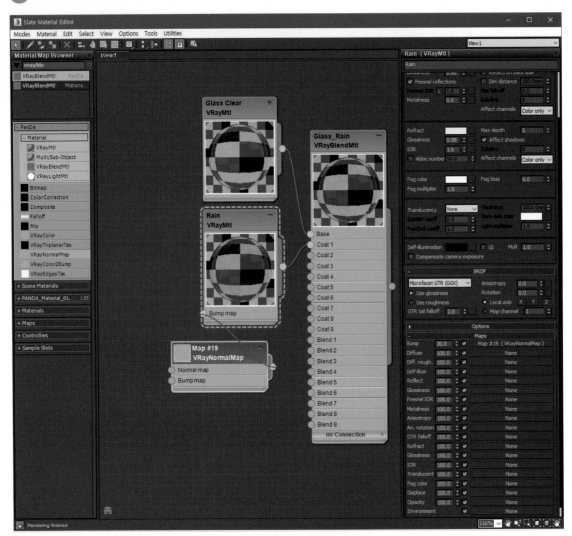

05 VRayNormalMap에 내려받은 normal Texture를 Gamma Override 1.0으로 적용합니다.

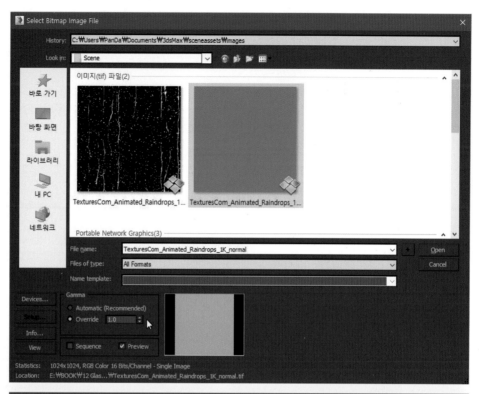

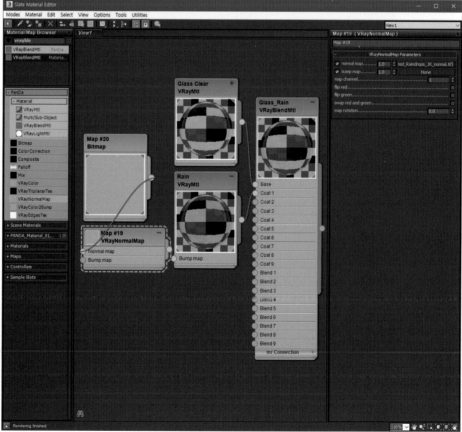

06 내려받은 Mask Texture를 Coat 1에 적용합니다. VRayBlendMtl의 Bump 값은 100으로 설정합니다.

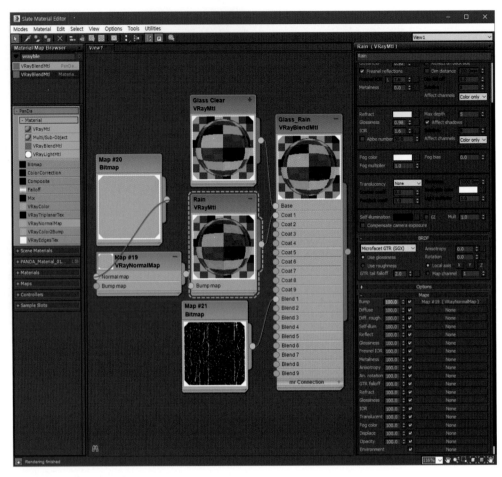

07 Unwrap UVW 모디파이어를 적용합니다. 패턴 시트에서 작업한 과정과 같습니다. 유리 전면 부위에만 빗물이 적용되도록 하고 측면과 뒷면은 Texture의 검은색 부위로 폴리곤의 크기를 매우 작게 조정하여 이동합니다.

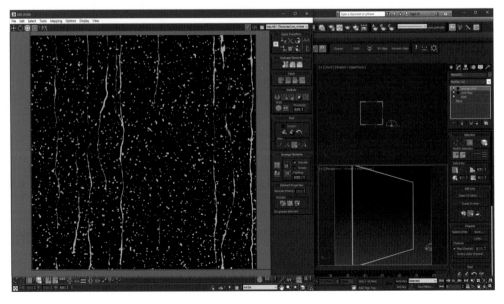

08 IPR을 사용하여 렌더링합니다.

09 유리에 김 서림 효과를 표현해 보도록 하겠습니다. Coat 2에 VRayMtl을 적용합니다. Diffuse는 검은색, Reflect와 Refract는 흰색, 그리고 Reflect Glossiness와 Refract Glossiness는 0.7로 설정합니다.

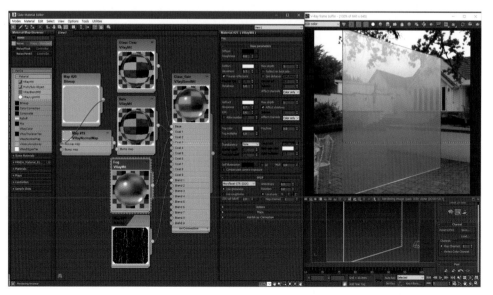

10 김 서림에 사용할 마스크 맵을 만들도록 하겠습니다. 시각적 확인의 용이성을 위해서 VRayLightMtl을 유리 물체에 적용합니다. Compensate camera exposure를 활성화하여 노출을 보정합니다.

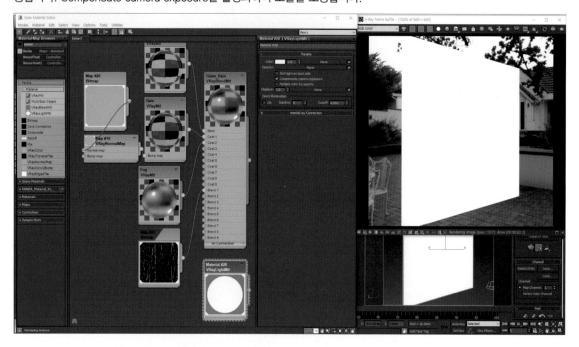

11 Light color에 Noise Map을 적용합니다. Noise Type은 Fractal로 설정합니다. Size는 100으로 설정합니다.

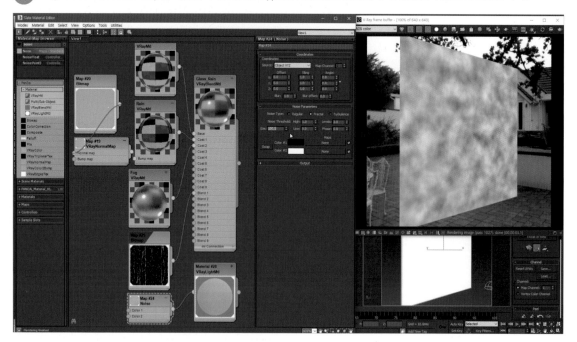

12 다시 유리 물체에 VRayBlendMtl을 적용합니다. 그리고 Noise Map을 Blend 2에 적용합니다. 김 서림 효과가 균일하지 않게 적용이 됩니다.

13 김 서림의 정도를 조정하기 위해서 Noise Map의 Output탭에서 Enable Color Map을 활성화합니다. 커브를 다음과 같이 조정합니다.

meMo

CHAPTER

13

사실적인 고광택 도장

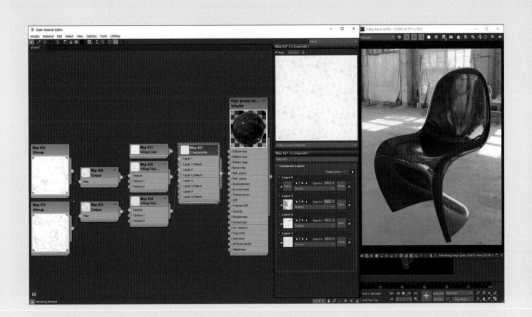

13 사실적인 고광택 도장

고광택 도장은 오염에 매우 취약합니다. 현실의 고광택 도장 제품들의 경우 지문, 얼룩, 스크래치 등이 필연적으로 발생합니다. 컴퓨터로 만든 이미지들은 공장에서 바로 출시된 상태의 매우 깨끗한 재질을 만드는 경향이 있습니다. 따라서 이러한 다양한 오염을 재질에서 표현할 때 사실적인 렌더링이 가능합니다.

1. Panton Chair Classic을 활용한 사실적인 고광택 도장

01 Panton Chair_01.max를 실행합니다. Diffuse 색상은 RGB(111,2,4)로 입력합니다. Reflect 색상은 비금속 재질의 경우 흰색으로 설정합니다. Reflect Glossiness는 0.96으로 입력합니다. 아무리 고광택인 재질이라도 Glossiness를 1.0보다 작은 수치로 입력해야 합니다.

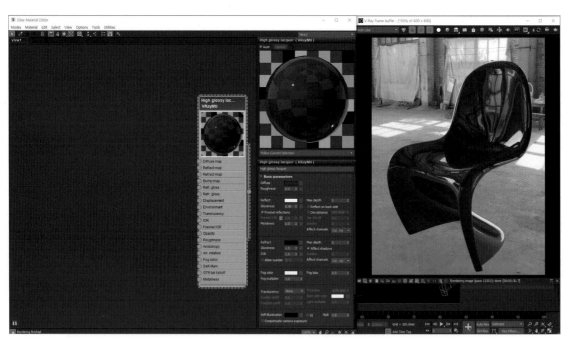

02 수치를 통해서 Glossiness를 정의할 수도 있지만, Texture의 밝기를 이용하여 Glossiness를 제어할 수도 있습니다. Refl. gloss에 VRayColor Map을 적용합니다. 색상은 흰색으로 설정합니다. rgb multiplier는 0.96을 입력합니다. 동일한 렌더링 결과가 도출됩니다.

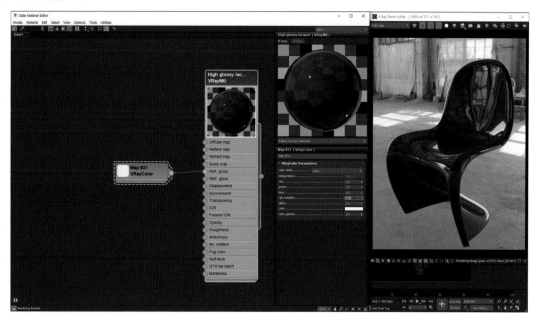

03 얼룩과 지문을 표현하기 위해 https://www.cgbookcase.com/textures/fingerprints-06에서 지문 Texture를 내려받습니다. 그리고 https://www.cgbookcase.com/textures/smudges-01에서 얼룩을 표현할 Texture를 내려받습니다. 필자는 2K 해상도로 작업을 진행하겠습니다.

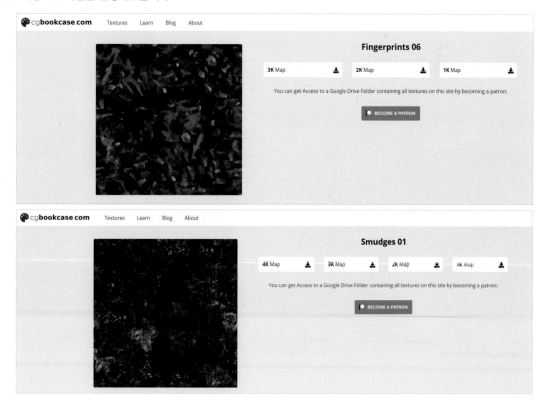

04 추가적인 Texture를 통하여 오염과 지문을 표현할 것입니다. VRayColor Map에 Composite Map을 연결합니다. 그리고 레이어를 3개 추가합니다.

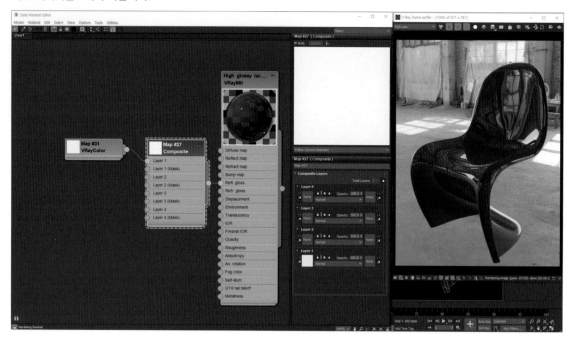

05 내려받은 Smudges_01_2k Texture를 3ds Max의 슬레이트 재질 편집기로 드래그 앤드 드랍 합니다. 그리고 Smudges_01_2k Texture의 Output 탭의 Invert를 활성화하여 이미지를 반전시킵니다.

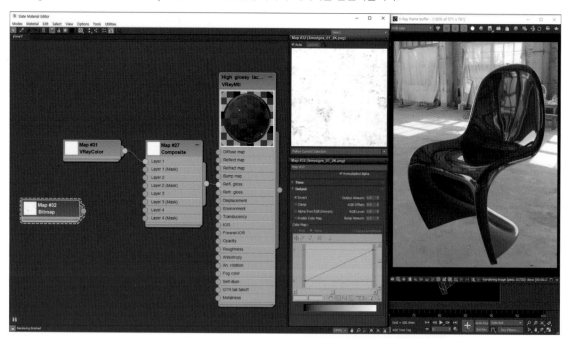

06 반전시킨 Smudges_01_2k Texture 노드에 Output Map을 연결합니다. 그리고 Output Map을 VRayTriplanarTex 에 연결합니다. 그리고 VRayTriplanarTex 노드는 VRayMtl의 Refl. gloss에 최종적으로 연결합니다. IPR을 통하여 실시간 렌더링을 하면서 적정한 size를 입력합니다. 필자는 600mm로 설정했습니다. random texture offset과 random texture rotation을 활성화합니다.

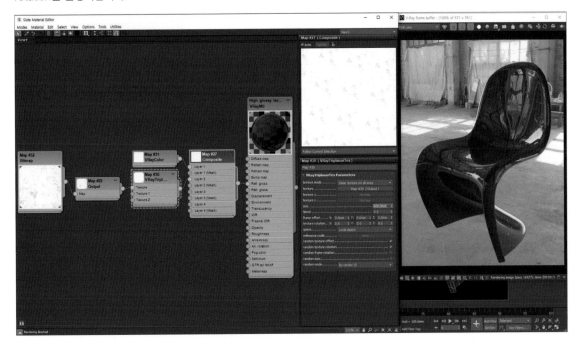

07 VFB에서 VRayReflectGlossiness 모드로 변경합니다. Pixel information 창을 연 후, 마우스를 가장 밝은 부위로 이 동하여 Glossiness 값을 측정합니다. 1.0이 측정됩니다.

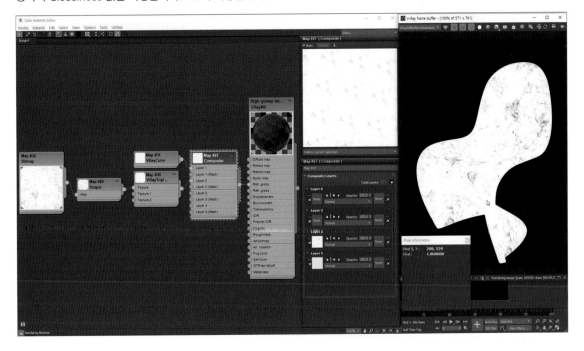

08 Layer 2 모드를 Multiply로 변경합니다. Multiply는 곱셈이기 때문에 Layer 2에서 1.0으로 측정된 영역은 Layer 1의 0.96과 곱하여 1.0 * 0.96 = 0.96으로 변경이 됩니다.

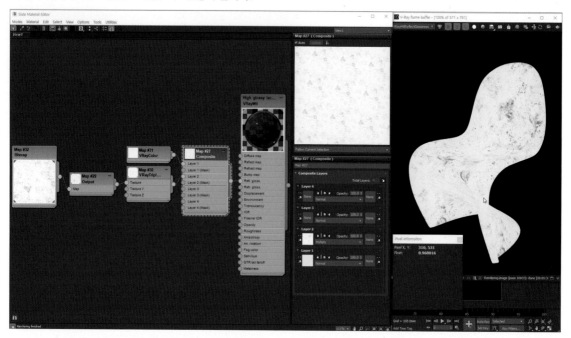

09 Output Map의 Enable Color Map을 활성화합니다. 커브의 버텍스를 베지어로 변경하여, 오염의 정도를 사용자가 조절할 수 있습니다. 이번 사진은 예시로 보여드린 것이며, 사용자가 적정한 정도로 조정하시기 바랍니다.

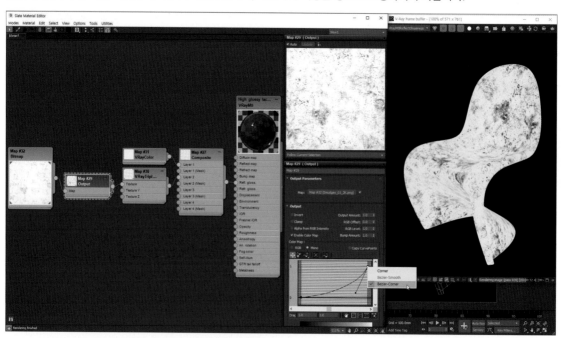

10 Composite Map의 Layer 2의 농도를 40으로 설정합니다.

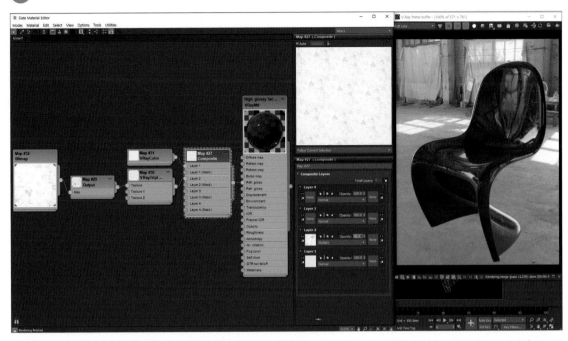

11 Fingerprints_06_2k Texture도 위의 과정과 동일하게 노드를 구성 후, Composite Map의 Layer 3에 연결합니다. 단 차이점은 지문은 Human Scale에 맞게 VRayTriplanarTex에서 size를 입력해야 합니다. VFB를 VRayReflectGlossiness 모드로 변경하시면 size 조정할 때 더욱 명확하게 볼 수 있습니다.

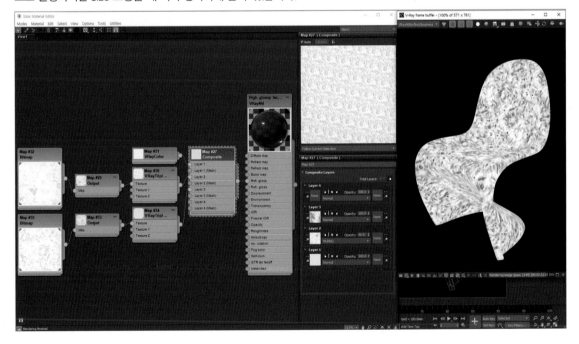

12 Composite Map의 Layer 3을 Multiply 모드로 변경합니다. Opacity는 20으로 조정합니다. Layer 2도 기존의 40에서 30으로 Opacity를 조정합니다. IPR을 통하여 자신이 원하는 적정 수치로 입력하시면 됩니다.

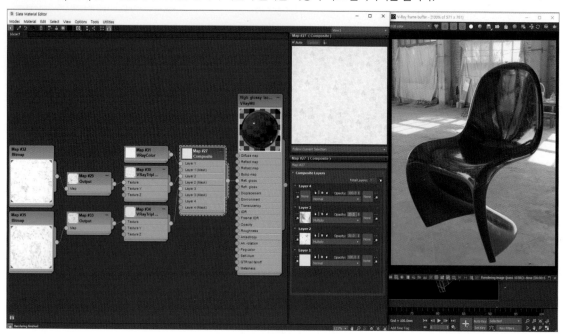

13 https://cc0textures.com/view?tex=Scratches03에서 SBSAR | Scratches 01-05를 내려받습니다.

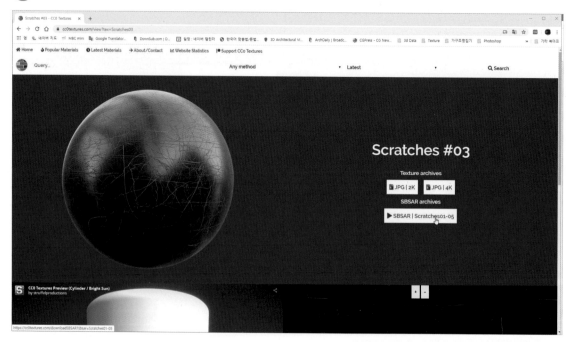

14 sbsar 파일을 사용하기 위해서는 Substance Player가 필요합니다. https://www.substance3d.com/substance-player/에서 사용자 환경에 맞는 파일을 내려받은 후 설치합니다.

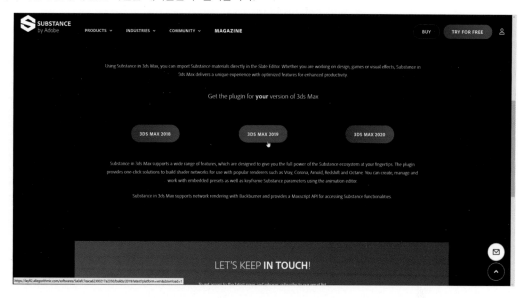

15 Scratches 01-05를 실행합니다. Output Size를 2048로 설정합니다. 각각 Directional, RandomRound, RandomRough의 Spline Number 슬라이더를 좌측으로 이동하여 Scratches의 수를 적정하게 줄입니다. Randomize 버튼을 클릭할 때마다 3가지 종류의 Scratch의 배열이 변경됩니다. Other 탭의 Background Opacity는 0으로 설정합니다.

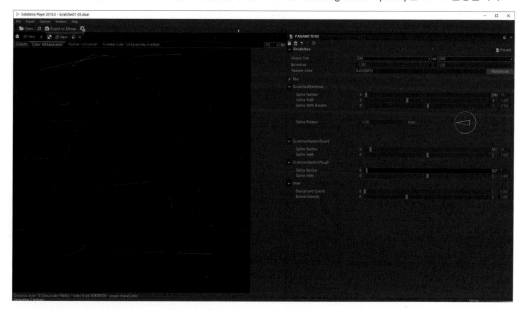

PanDa's Tip

sbsar 파일이라고 전부 다 품질이 좋은 것은 아닙니다. 제작자의 능력과 목적에 따라서 다릅니다. 필자가 강좌에서 사용한 sbsar 파일의 경우 직선 방향의 Scratch의 회전 방향을 무작위하게 변경할 수 없는 단점이 있습니다. 그리고 전체 인테리어 집기에 사용하기에는 Scale이 작아서 반복 현상이 눈에 띄기 쉽습니다. 독자분들이 무료로 구하기 쉽기 때문에 사용한 것입니다.

16 Export as Bitmap 버튼을 클릭합니다. Browse 버튼을 클릭하여 저장할 위치를 선택합니다. Format은 png로 설정합니다. 채널당 16bit의 더 많은 데이터가 저장됩니다. Base name pattern은 Scrache_로 입력합니다. 접미사는 Pattern을 클릭 후 %Output name을 선택합니다. Output에서 Color는 해제합니다. Export 버튼을 클릭합니다.

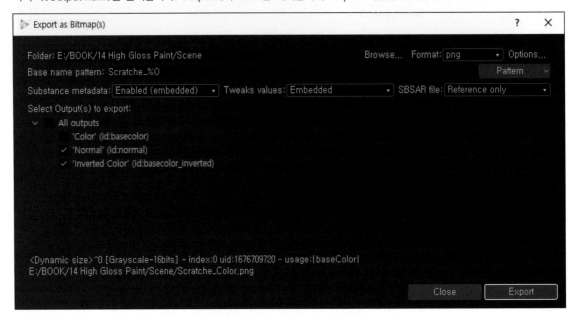

17 Scratche_Inverted_Color Texture도 위의 과정과 동일하게 노드를 구성 후, Composite Map의 Layer 4에 연결합니다. VFB를 VRayReflectGlossiness 모드로 변경하시면 size 조정할 때 더욱 편리합니다.

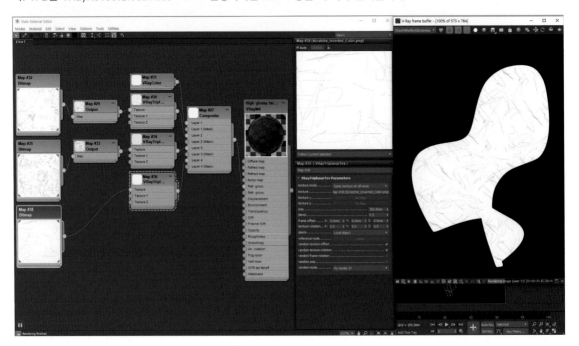

18 Composite Map의 Layer 4의 모드를 Multiply로 변경합니다. Opacity를 조정하여 Scratche의 농도를 조정할 수 있습니다.

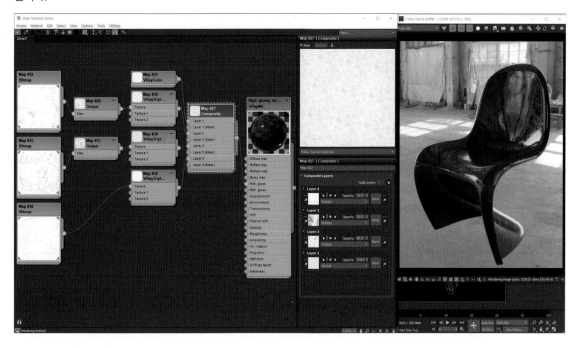

19 VRayNormalMap을 새로 생성합니다. Scratche_Normal Texture를 Gamma Override 1.0으로 불러옵니다.

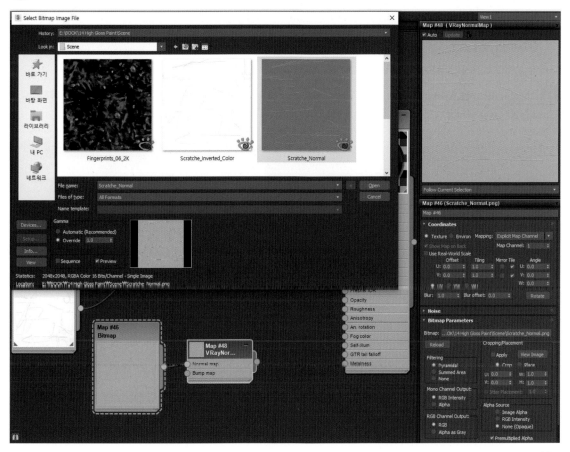

20 Map #36의 VRayTriplanarTex 노드를 선택하고 Shift 드래그하여 복사합니다.

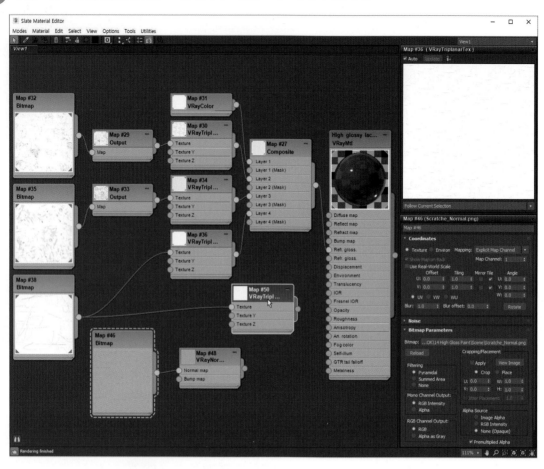

21 Map #48 VRayNormalMap 노드를 복사한 Map #50 VRayTriplanarTex 노드에 연결합니다. 그리고 마지막으로 VRayMtl의 Bump map에 연결합니다.

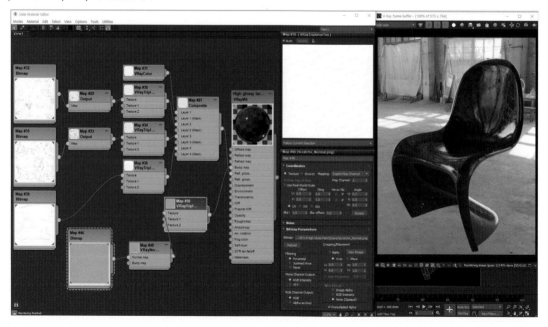

22 슬레이트 재질 편집기의 빈 여백에서 마우스 우클릭 메뉴를 실행하여 Linear Float Controller를 생성합니다.

23 생성된 Controller에서 와이어를 뽑아 Map #36, Map #50 VRayTriplanarTex 노드의 상단 글자로 드래그 한 후 마우스를 버튼을 놓아서 size에 연결합니다.

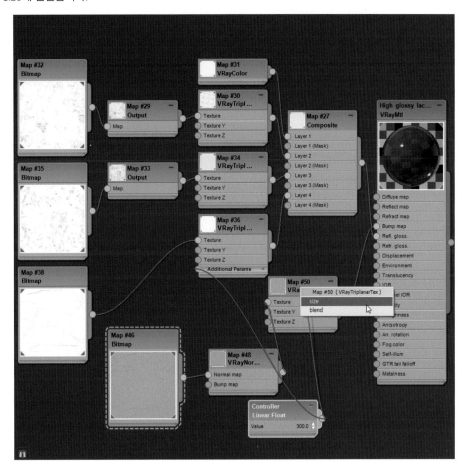

24 Linear Float의 Value를 조정하시면 동시에 Glossiness와 Normal Map에 연결된 VRayTriplanarTex의 size를 조정할 수 있습니다.

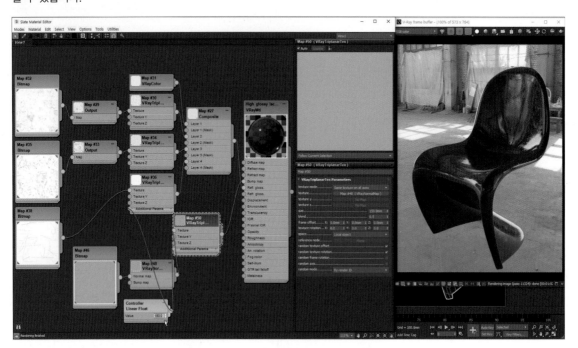

Shabby Chic 스타일 가구

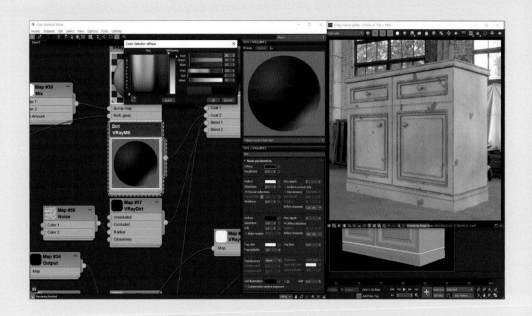

Shabby Chic 스타일 가구

쉐비시크 스타일이란 초라한(shabby)과 세련됨(chic)의 합성어입니다. 오래되고 낡은 가구를 리폼하여 세련된 스타일로 바꾼다는 의미를 지닙니다. 오래된 가구를 칠하고 다시 문지르거나 사포질하여 원래 가구의 목재가 드러나도록 하는 기법들을 자주 사용합니다.

1. 기본 Wood 재질

01 Shabby_01.max 파일을 실행합니다. 가구를 구성하는 물체에 필자가 미리 UVWmap 모디파이어를 적용했습니다. WD Base VRayMtl의 Diffuse에 WD Base.jpg를 적용합니다. 그리고 Reflect 색상은 흰색으로 설정합니다. Glossiness는 0.7로 입력합니다.

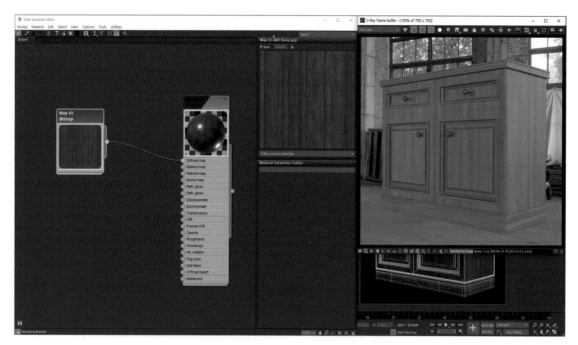

02 Map #3 노드에서 와이어를 뽑아서 Color Correction Map에 연결 후, WD Base VRayMtl의 Glossiness에 연결합니다. Color Correction Map에서 Monochrome을 선택하여 이미지를 흑백으로 변경합니다.

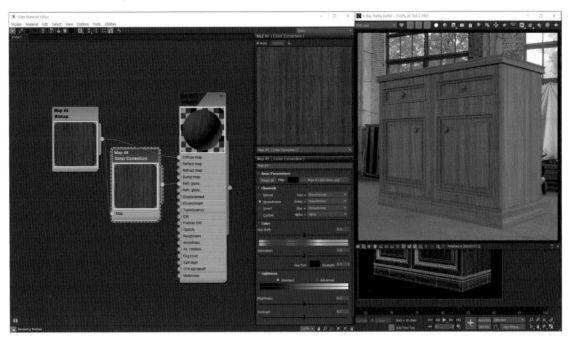

03 VFB에서 VRayMtlReflectGlossiness 모드로 변경합니다. Pixel information 창을 열고 마우스를 렌더링 된 이미지로 이동시키면 Glossiness가 측정됩니다. 약 0.096으로 측정됩니다. 약 10% 밝기입니다.

04 1번 과정에서 우리가 원하는 Glossiness는 0.7 즉 70%입니다. 따라서 Color Correction의 Brightness를 60으로 증가시킵니다. Pixel information의 측정치가 약 0.7로 변경이 됩니다.

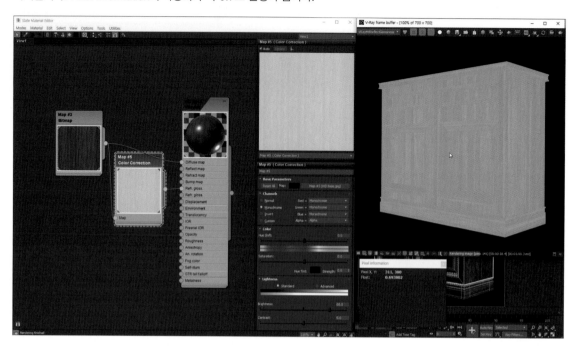

05 Color Correction 노드에서 와이어를 뽑은 후 VRayColor2Bump Map에 연결합니다. 그리고 이 노드에서 와이어를 뽑은 후 Mix Map의 Color 1에 연결합니다. 최종적으로 VRayMtl의 BumpMap에 연결합니다. Mix Amount는 50으로 설정합니다.

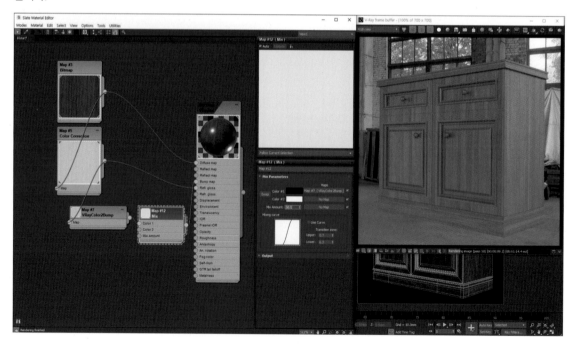

06 Bump Map의 세기를 명확하게 보기 위해서, VRayMtl의 Glossiness를 1로 변경 후, Glossiness Map을 비활성화
합니다.

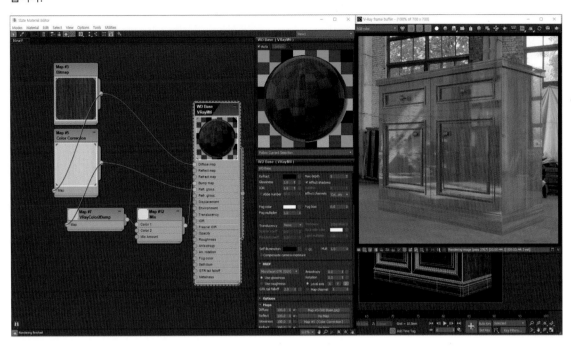

07 VRayColor2Bump의 Height를 3.0mm로 증가시킵니다. 그리고 다시 Glossiness Map을 활성화합니다.

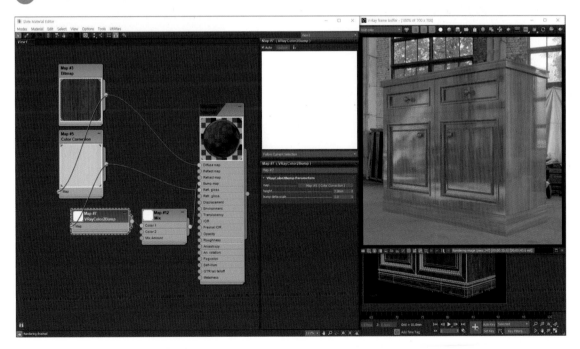

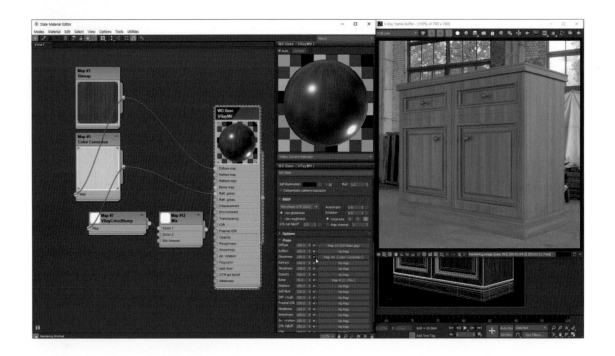

08 모서리의 굴림 효과를 명확하게 보기 위해서 VFB를 VRaySpecular 모드로 변경합니다. Mix Map의 Color 2에 VRayEdgesTex를 적용합니다. Radius에 2.0mm를 입력합니다.

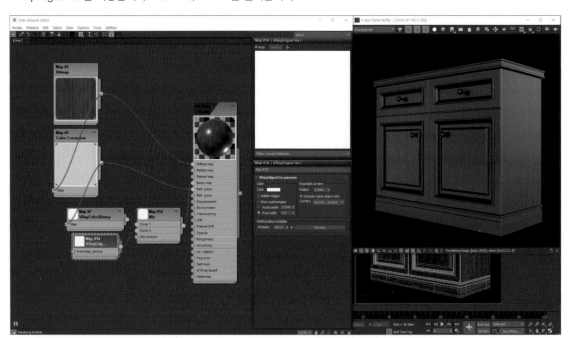

09 모서리 굴림에 불규칙한 효과를 주기 위해서 VRayEdgesTex의 thickness_texture에 Dent Map을 적용합니다. Size
는 1000을 입력합니다.

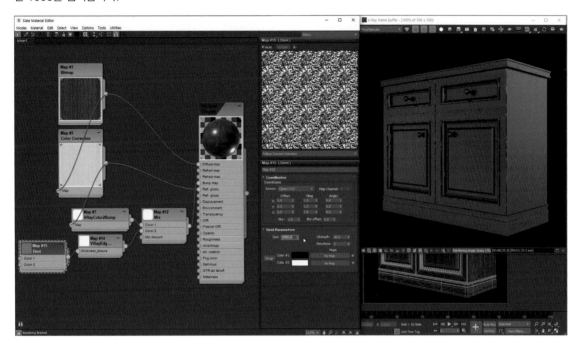

2. 기본 Paint 재질

01 이전 과정에 이어서 계속 진행합니다. 새로운 VRayMtl을 생성하여 가구 물체 전체에 적용합니다. 이름은 PT BLUE
라고 써넣습니다. Reflect 색상은 흰색으로 설정합니다. Diffuse 색상은 컬러 픽커를 사용하여 참고 이미지를 클릭합니다.

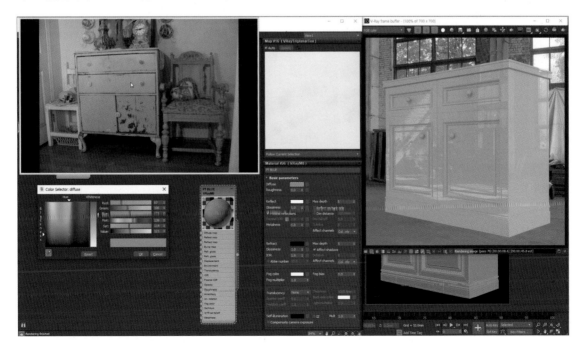

02 Brush Stroke.png 파일을 불러와서 VRayTriplanarTex에 연결합니다. size는 500mm로 입력합니다.

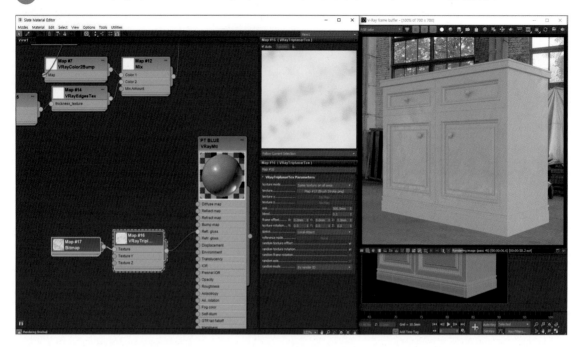

03 Glossiness Texture의 Output 탭에서 Enable Color Map을 활성화합니다. Texture의 대비를 커브를 사용하여 조정합니다.

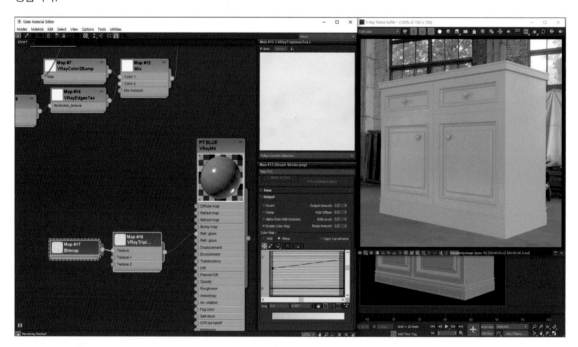

04 기존의 WD Base 재질의 VRayColor2Bump, VRayEdgeTex, Mix Map 3개 노드를 동시에 선택하고 Shift 드래그하여 복사합니다. Map #16 VRayTriplanarTex에서 와이어를 뽑아서 Map #28 VRayColor2Bump에 연결합니다. Map #30 Mix 노드를 PT BLUE VRayMtl의 Bump Map에 연결합니다. 페인트칠하면서 생긴 미세한 범프와 모서리의 손상이 표현됩니다.

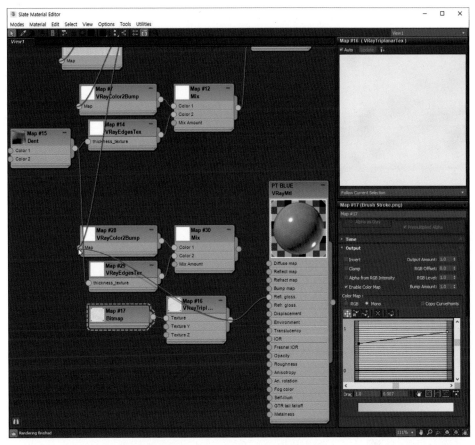

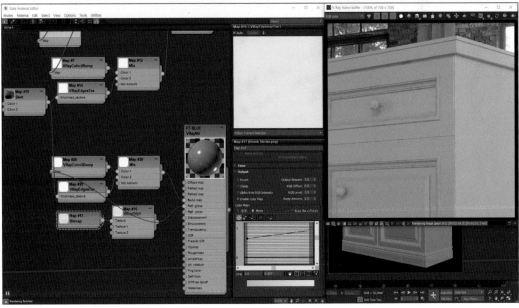

05 새로운 VRayBlendMtl을 생성합니다. Base에 기존에 작성한 WD Base 재질을 적용합니다. 그리고 Coat 1에 PT BLUE 재질을 적용합니다.

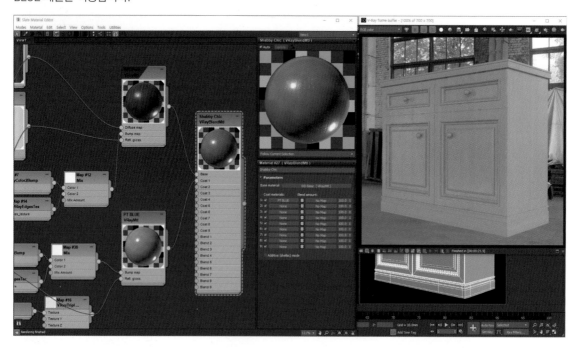

06 VRayBlendMtl에 적용할 마스크를 만들기 위해서 VRayLightMtl을 생성하고 전체 물체에 적용합니다. Lightcolor에 VRayDirt Map을 적용합니다. radius는 30mm를 입력합니다. invert normal을 활성화해서 볼록한 부위에 검은색이 렌더링 되도록 합니다.

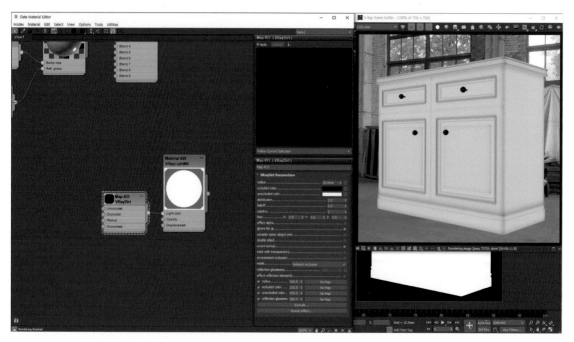

07 RayLightMtl의 Compensate camera exposure를 활성화합니다. 그리고 VFB의 Exposer를 비활성화합니다. 검은색과 흰색으로 렌더링 되는 영역을 더욱 정확하게 보실 수 있습니다. 검은색 영역이 VRayBlend에서 나무 재질이 보일 영역입니다.

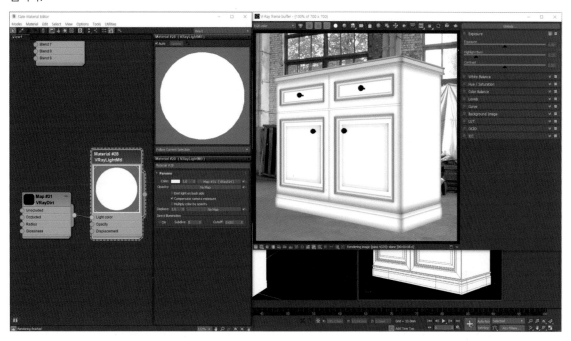

08 VRayDirt Map의 Radius에 Noise Map을 적용합니다. Noise Type은 Turbulence로 설정합니다. Size는 100을 적용합니다.

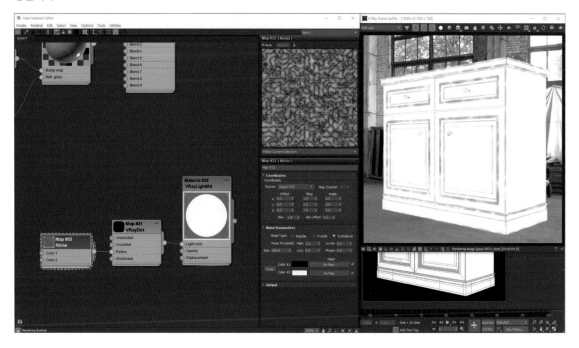

09 VRayDirt Map을 BlendMtl의 Blend 1에 연결 합니다. 그리고 다시 VRayBlendMtl을 가구에 적용합니다. VFB의 Exposure를 활성화합니다.

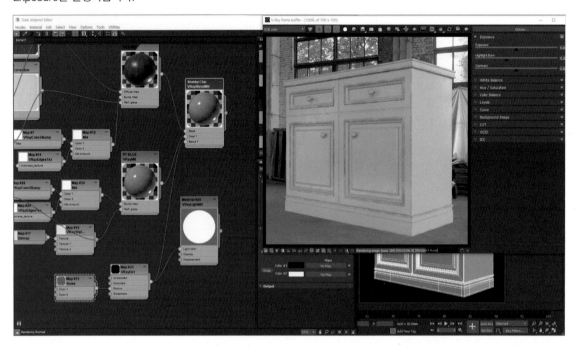

10 VRayDirt Map에 Output을 연결합니다. 커브를 조정하여 WD Base 재질이 조금 더 명확하게 노출되도록 조정합니다.

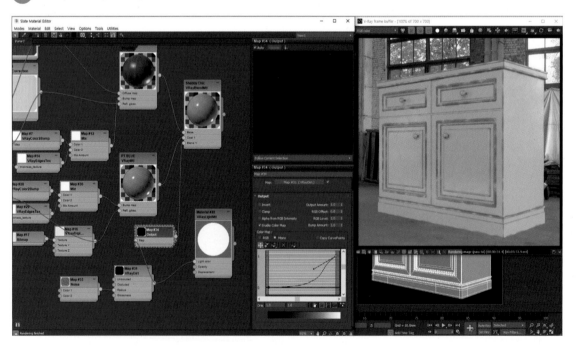

11　추가적인 페인트가 벗겨짐을 표현하기 위해서, Map #34 Output 노드에 Composite Map을 추가하고 레이어 2개를 추가합니다.

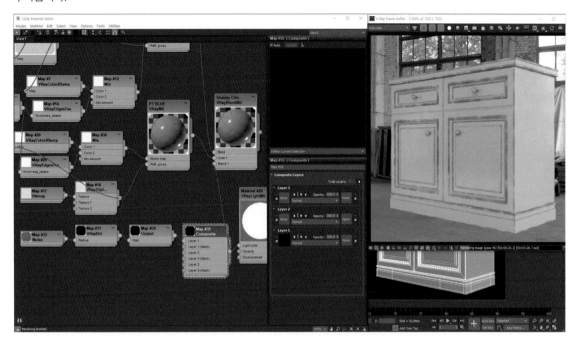

12　Noise Map을 생성합니다. Coordinate 탭의 Source를 Explicit Map Channel로 변경합니다. Noise Type은 Fractal로 변경합니다. Size는 1.0으로 설정합니다.

13 Noise Map에서 VRayTriplanarTex로 와이어를 연결합니다. size는 200mm로 설정합니다. random texture offset 과 random texture rotation을 활성화합니다. 그리고 Layer 2에 연결합니다.

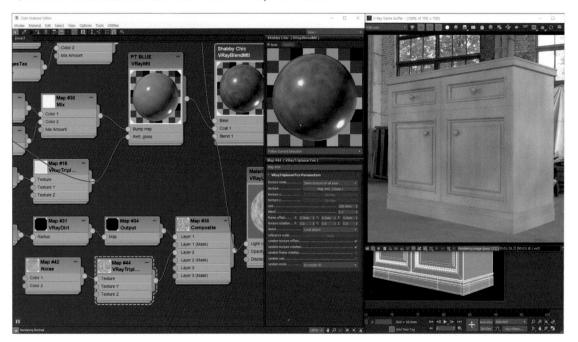

14 Layer 2를 Multiply 모드로 변경합니다. Opacity 농도를 조정하여 Noise의 정도를 조정 가능합니다.

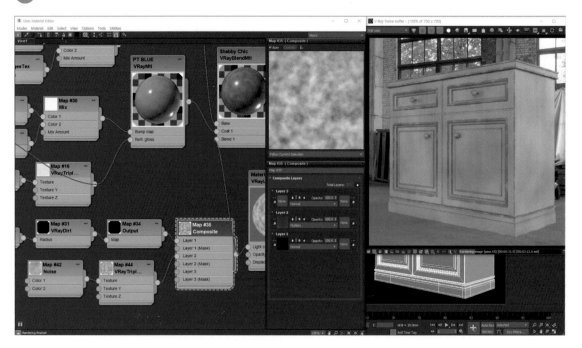

15 Speckle Map을 생성합니다. Coordinate 탭의 Source를 Explicit Map Channel로 변경합니다. Size는 1.0으로 설정합니다.

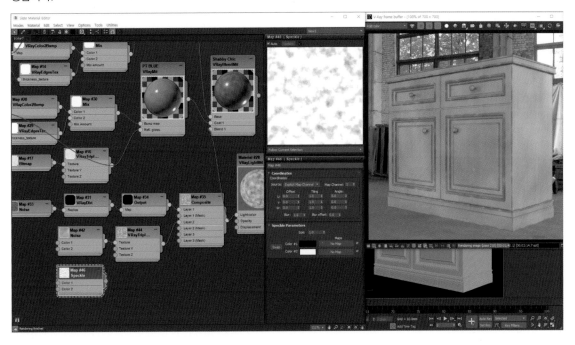

16 Speckle Map에 Output Map을 연결합니다. 커브를 다음과 같이 변경합니다.

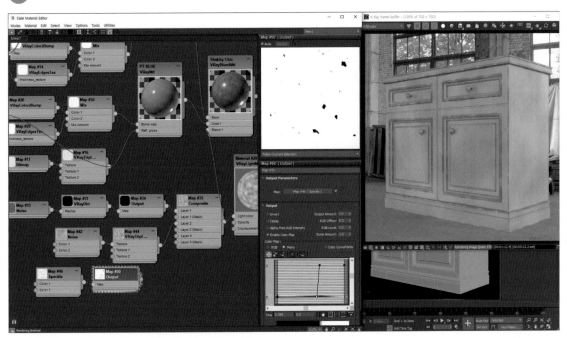

17 Map #50 Output 노드를 VRayTriplanarTex에 연결합니다. 그리고 최종적으로 Composite Map의 Layer 3에 연결 후, Layer 모드를 Multiply로 변경합니다. IPR을 구동하면서 적정 사이즈를 입력합니다. 필자는 800mm로 입력했습니다.

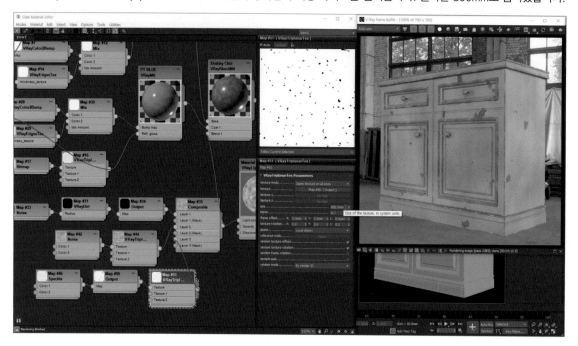

18 VRayBumpMtl을 생성 후 가구 물체 전체에 적용합니다. 이름을 '페인트 손상'으로 변경합니다. 기존 Shabby Chic 재질을 Base mtl에 연결합니다. Map #51 VRayTriplanarTex 노드를 VRayColor2Bump를 생성 후 연결합니다. 그리고 다시 이 노드를 Bump에 연결합니다. 두껍게 칠해진 페인트가 떨어져 나간 면의 두께감이 렌더링 됩니다.

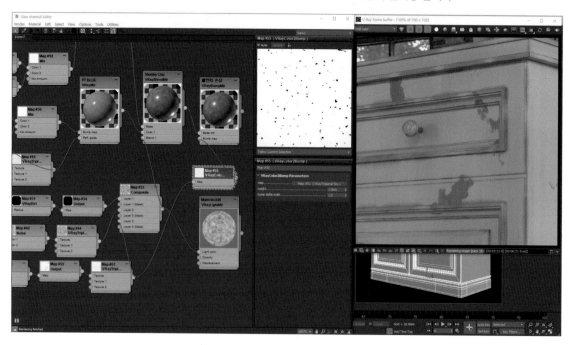

19 몰딩의 오목한 부분에 때를 표현해 보겠습니다. Shabby Chic 재질의 Coat 2에 VRayMtl을 생성하고 적용합니다. 시각적으로 명확하게 보기 위해서 Diffuse는 붉은색을 적용했습니다.

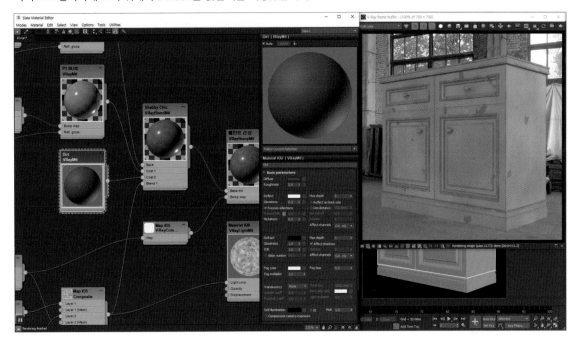

20 Blend 2에 마스킹으로 사용할 VRayDirt Map을 적용합니다. radius는 20mm로 입력합니다. 그리고 occluded color와 unoccluded color를 교체합니다.

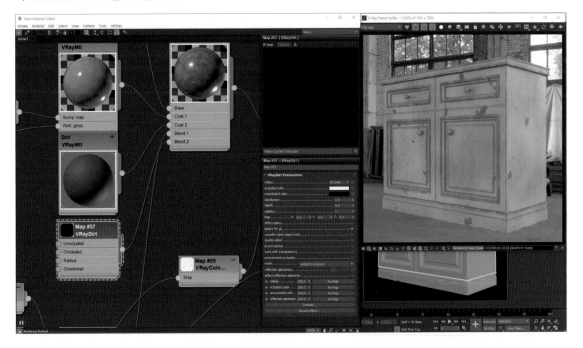

21 VRayDirt의 Radius에 Noise Map을 적용합니다. Noise Type은 Fractal로 설정합니다. Size는 300을 입력합니다.

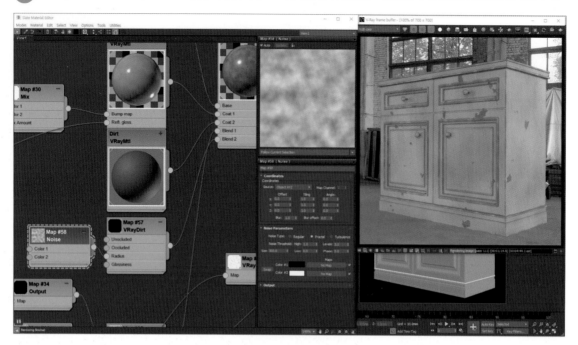

22 Dirt VRayMtl의 Diffuse 색상을 R,G,B(10,10,10)으로 변경합니다.

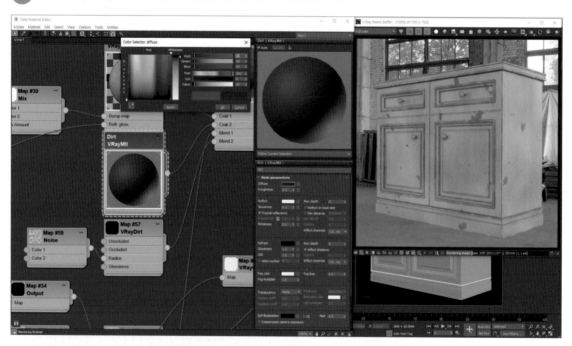

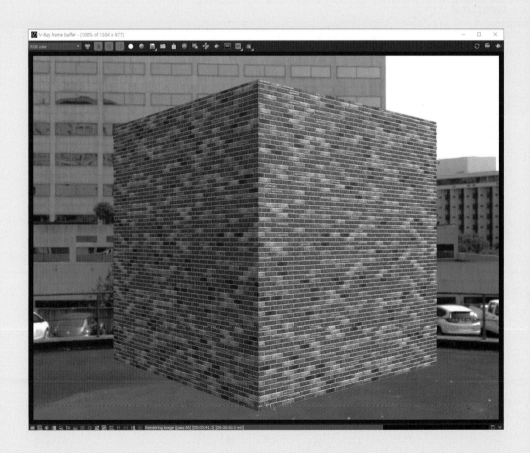

벽돌 재질은 상당히 넓은 면적에 적용이 됩니다. 따라서 아무리 좋은 상용 PBR 재질이라도, 촬영된 면적이 좁아서 반복적인 패턴이 생기기 쉽습니다. 따라서 이번 강좌에서는 넓은 면적에 적용되어 반복적인 패턴이 생기지 않도록 벽돌 재질을 작성하는 방법을 주제로 공부하겠습니다.

1. MASONRY DESIGNER를 활용한 기본 벽돌 재질

01 "https://brick.com/onlinetools" 에 접속합니다. MASONRY DESIGNER를 내려받아서 설치합니다.

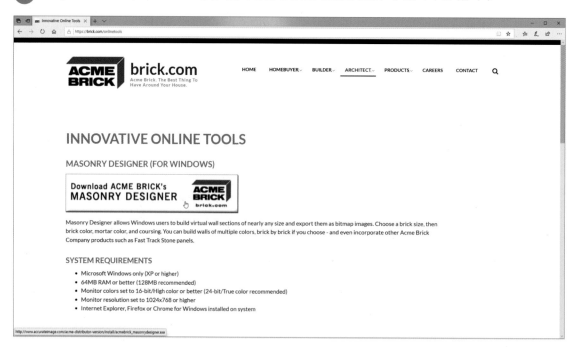

02 MASONRY DESIGNER를 실행합니다. 좌측은 벽돌 브랜드들입니다. ACME BRICK을 클릭합니다.

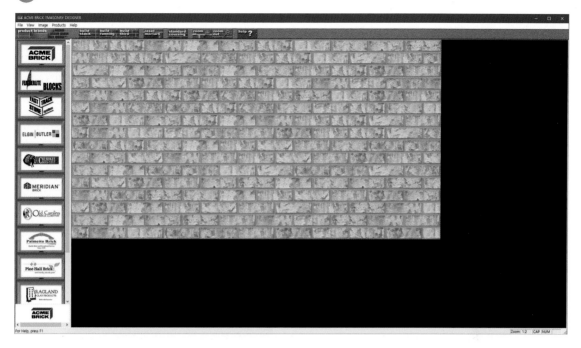

03 ACME BRICK에서 판매하는 벽돌의 하부 분류가 표기됩니다. Modular Brick을 클릭합니다.

04 Merchants Mill을 선택합니다. Custom size를 실행합니다. 가로 10개 세로 34줄의 벽돌을 만들기 위해서 다음과 같이 입력합니다.

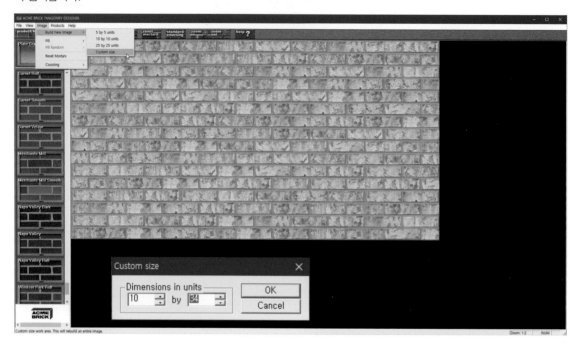

05 Zoom out 버튼을 클릭해서 전체 이미지가 보이도록 설정합니다. 특별히 반복되는 벽돌이 없는지 관찰 후, 반복되는 벽돌이 보이면 클릭합니다. 클릭할 때마다 다른 벽돌 이미지로 교체가 됩니다.

06 원하는 위치에 이미지를 저장합니다.

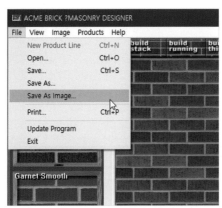 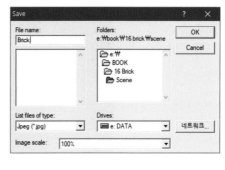

07 PlxPlant를 실행합니다. 방금 저장한 Brick.jpg 이미지를 Texture Synth 창으로 드래그 앤 드랍합니다.

08 Generate 버튼을 클릭합니다. 가로세로 픽셀은 2,048픽셀을 입력합니다.

09 생성된 Texture에서 어색한 부위가 있으면, 드래그로 선택 후 Generate 버튼을 클릭합니다.

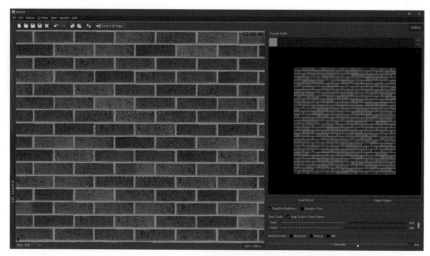

10 Send to 3D Maps를 클릭합니다. 다시 Send 버튼을 클릭합니다.

11 Displacement Map 생성 창에서 Surface Scale 과 Fine Detail 슬라이더를 적정하게 조정합니다. 튀어나오는 방향에 유의해야 합니다. 반대로 튀어 나오는 경우는 Invert Surface 버튼으로 반전시킵니다. 적정한 설정이 완료되면, Done-Use This Displacement 버튼을 클릭합니다.

12 Specular 생성 창에서 Metallicness는 Unsaturated로 설정합니다. 이미지를 반전시키기 위해서 Source Mapping을 Dark Areas in Source Are More Reflective로 설정합니다. OK 버튼을 클릭합니다.

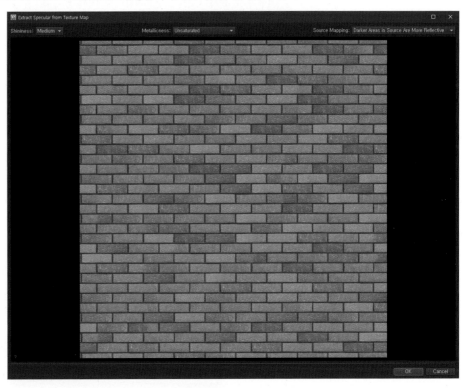

13 Ambient Occlusion Map을 생성합니다. Planar Bias와 Ray Distance 슬라이더를 적절하게 조정하여 돌출된 부위는 흰색, 들어간 부위는 검은색이 나타나도록 합니다. 적정한 이미지가 완료되면 OK 버튼을 클릭합니다.

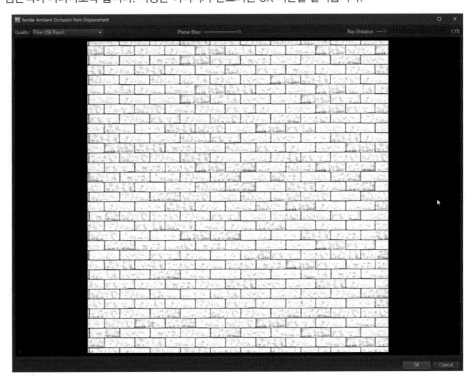

14 Normal 탭으로 이동합니다. Equalization Presets 슬라이더를 Smooth 방향으로 이동합니다.

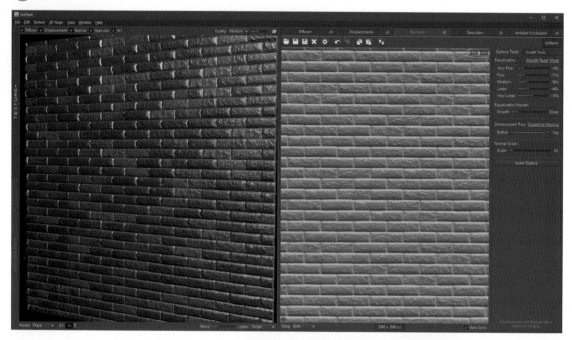

15 Save All with Automatic Names를 사용하여 원하는 디렉토리에 Texture를 저장합니다.

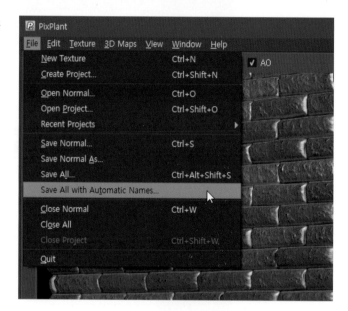

16 Brick_Start.max 파일을 실행합니다. 필자가 미리 넓게 보이는 Box 우측면을 기준으로 노출과 화이트밸런스를 설정한 파일입니다. IPR을 구동합니다.

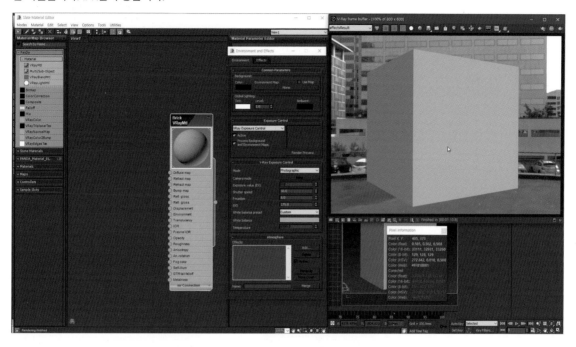

17 Diffuse Map에 Composite Map을 적용합니다. Layer 1에 PixPlant에서 작성한 Brick_Diffuse.png를 적용합니다.

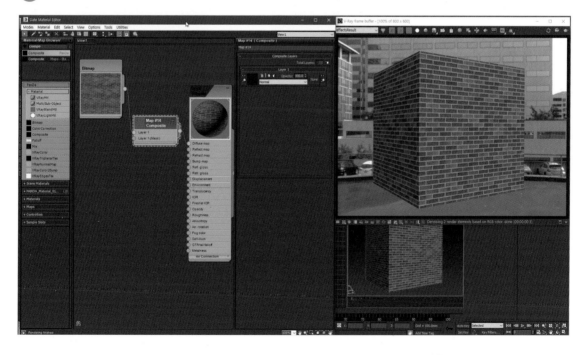

18 Composite Map에서 Layer 2를 추가합니다. Layer 2는 Multiply 모드로 변경합니다.

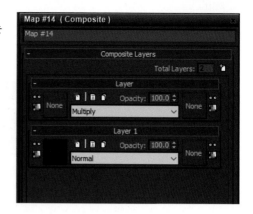

19 Layer 2에 Brick_ao.png를 Gamma Override 1.0으로 적용합니다.

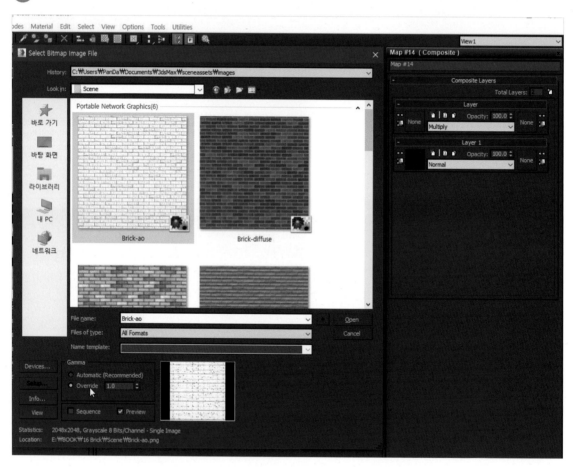

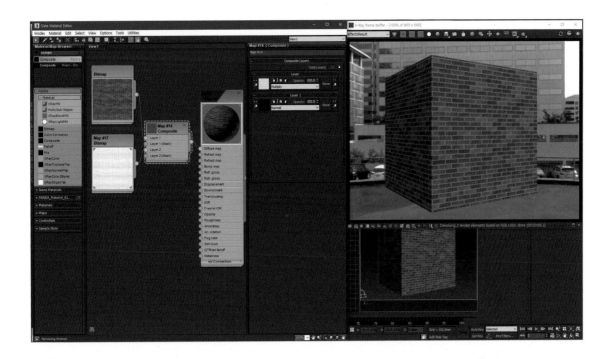

20 Reflect 색상을 흰색으로 설정합니다. Refl. gloss 슬롯에 Color Correction 노드를 추가한 후 Brick_specular.png 파일을 Gamma Override 1.0으로 불러옵니다.

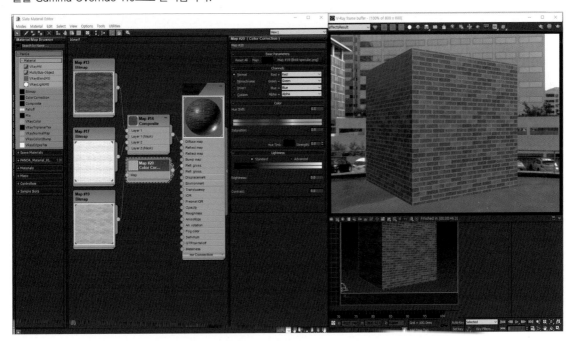

21 VFB에서 VRayMtlReflectGlossiness 모드로 변경합니다. Pixel information 창을 열고 마우스를 렌더링 된 벽돌로 이동합니다. 약 Glossiness가 0.6 정도가 나옵니다.

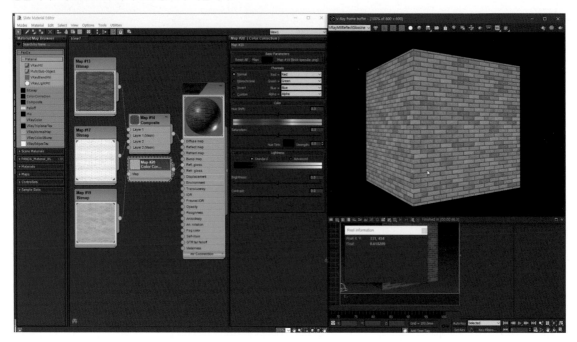

22 원하는 Glossiness 수치가 약 0.4라면 Color Correction에서 Brightness를 -20을 입력합니다.

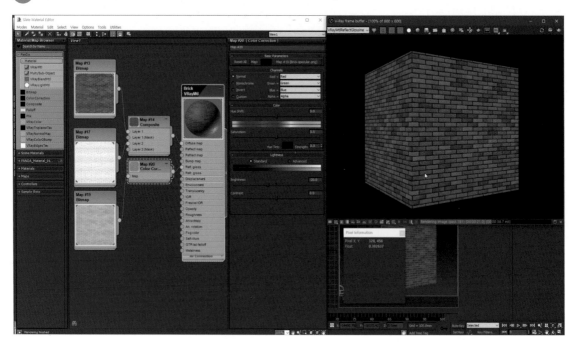

23 Bump Map에 VRayNormalMap을 적용하고 Brick_Normal.png 파일을 Gamma Override 1.0으로 불러옵니다.

24 Brick 재질의 Bump 수치를 100으로 설정합니다.

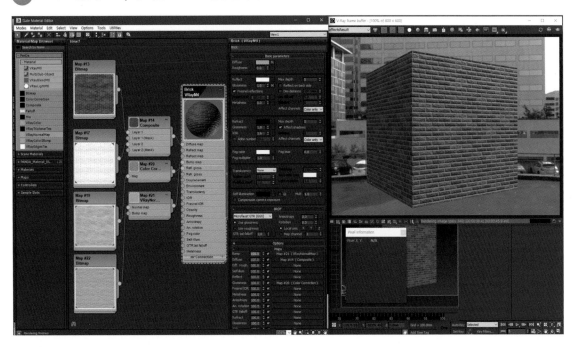

25 박스 오브젝트에 UVW Map 모디파이어를 적용합니다. Mapping 형태는 Box를 선택합니다. 가로, 세로, 높이에 각각 2,000mm를 적용합니다. UVW Map 모디파이어의 위치를 좌측 하단 모서리로 이동합니다.

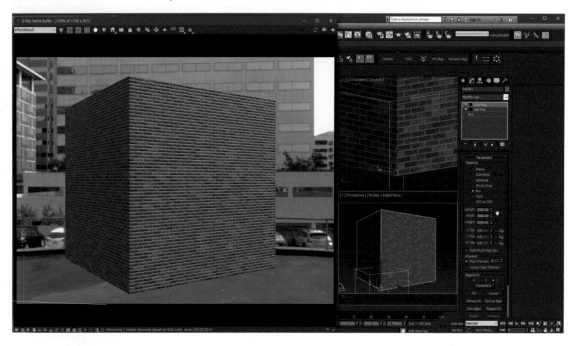

26 박스 오브젝트에 VRayDisplacementMod 모디파이어를 적용합니다. Texmap에 Gamma Override 1.0으로 Brick-displacement.png를 적용합니다. 그리고 모서리의 틈 벌어짐 문제를 방지하기 위해서 Keep continuity를 활성화합니다.

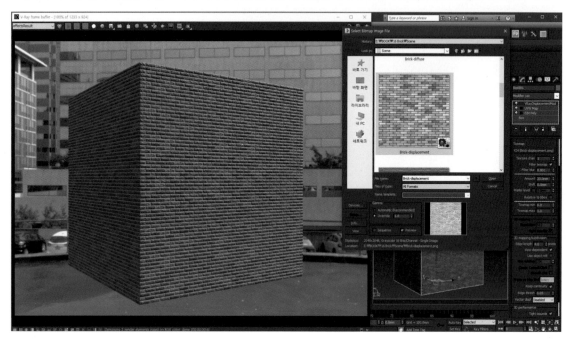

2. 반복되지 않는 벽돌 재질

MASONRY DESIGNER는 기본적으로 라이브러리를 포함하고 있지 않습니다. 사용자가 특정 벽돌 재질을 생성하게 되면, 온라인을 통해서 기본 이미지 파일이 특정 폴더에 저장이 되게 됩니다. 이 이미지 파일과 Bercon Tile을 활용하여 반복 패턴이 생기지 않는 벽돌 재질을 만들어 봅시다.

01 MASONRY DESIGNER를 실행합니다. Palmetto Brick 브랜드를 클릭합니다. Engineer Size를 클릭합니다. Savannah River를 클릭합니다.

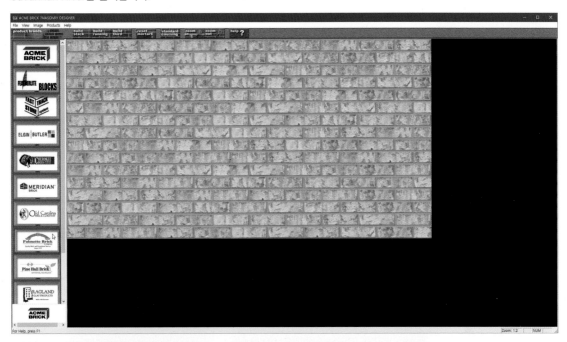

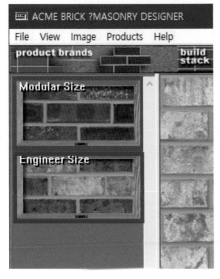

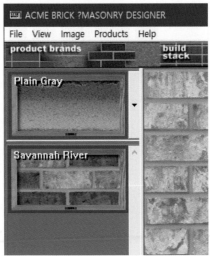

02 build running 버튼을 클릭합니다.

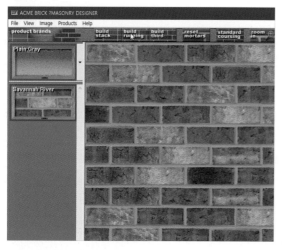

03 MASONRY DESIGNER는 설치된 위치의 하위 폴더에 사용자가 선택한 벽돌 브랜드별 폴더가 생성되며, 이 폴더에 기본 Texture가 저장되어 있습니다. C:\Program Files (x86)\Accurate Image\Masonry Designer – Acme Brick\palmettobrickco_data\siding

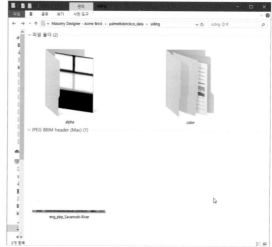

04 포토샵에서 eng_pbp_Savannah-River.jpg를 불러옵니다. Slice tool을 선택합니다. 이미지에서 오른쪽 클릭 후, Divide Slice를 선택합니다.

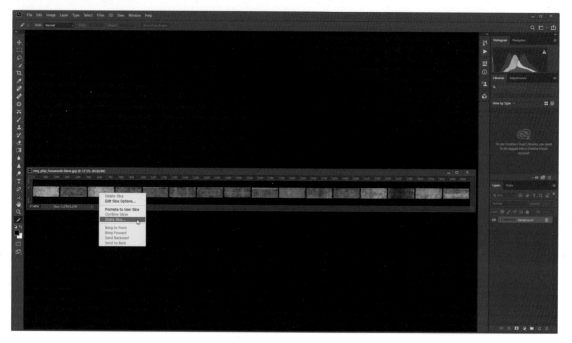

05 Divide Vertically Into를 활성화합니다. 16개로 등분합니다.

06 전체 영역을 선택합니다. 포맷은 PNG-24로 설정합니다. 우측 하단의 Save 버튼을 누릅니다.

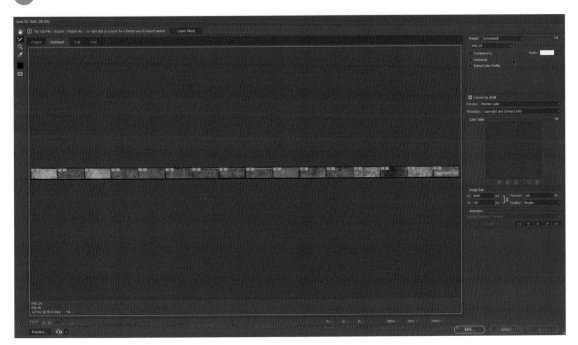

07 원하시는 디렉토리에 저장합니다.

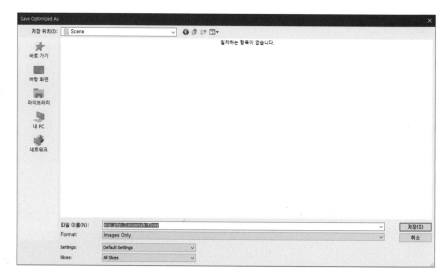

08 포토샵에서 방금 분할 저장한 이미지들을 불러옵니다. Load Layer 창에서 Use를 Folder로 설정하고 Browse 버튼을 이용하여 방금 저장한 이미지 폴더를 지정하시면 폴더 안의 모든 이미지가 로딩됩니다.

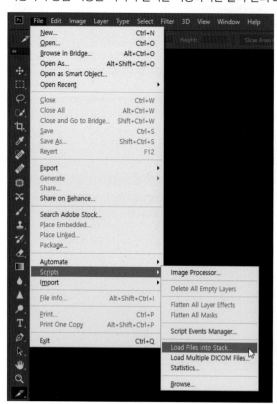

09 Crop Tool을 사용하여 검정색 부분을 잘라 줍니다.

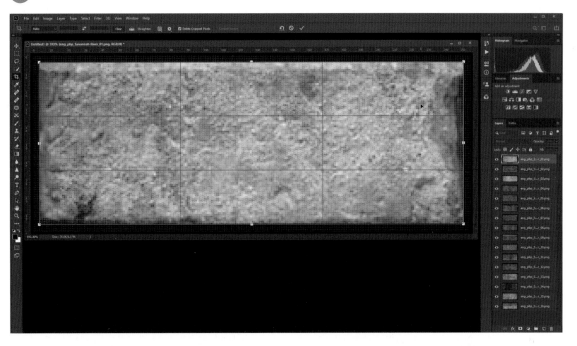

10 'Layers to Files'를 사용하여 모든 레이어를 개별 이미지로 저장합니다.

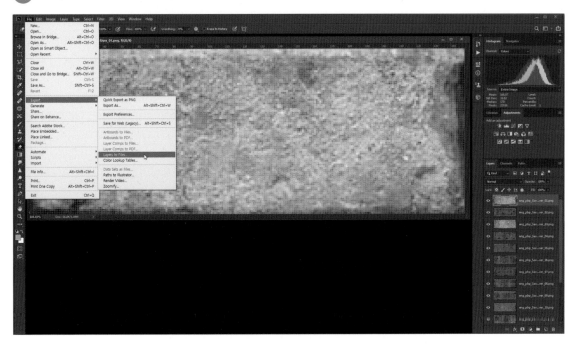

11 Brick_Start_Bercon.max 파일을 실행합니다. Diffuse에 BerconTile Map을 적용합니다. Mapping Type을 'Explicit Map Channel 2D'로 변경합니다.

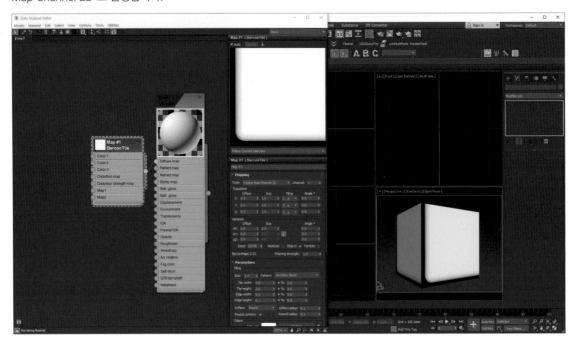

12 가로 200mm 높이 60mm의 벽돌을 가정하여 작업을 진행하겠습니다. Size는 0.1로 입력합니다. 그리고 Tile width 는 1.0으로 입력합니다. Tile height는 0.3(60mm / 200mm)으로 입력합니다. 추후 수정 작업의 용이성을 위해서 'Linear Float' 컨트롤러를 생성합니다. 그리고 'Tile edge width, Tile edge height, Tile Soften radius, Tile round radius'에 연결 합니다. Value는 0.03을 입력합니다.

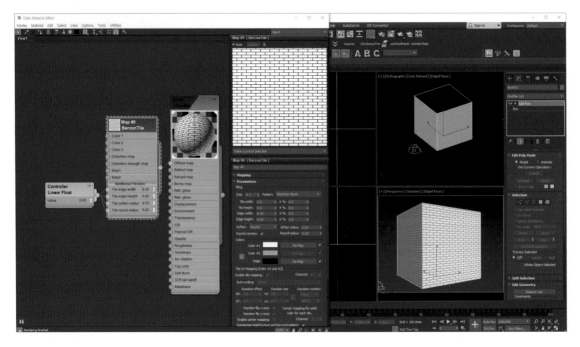

13 물체를 선택하고 UVW Map 모디파이어를 적용합니다. Box 타입에 Length, Width, Height는 2,000mm로 입력합니다.

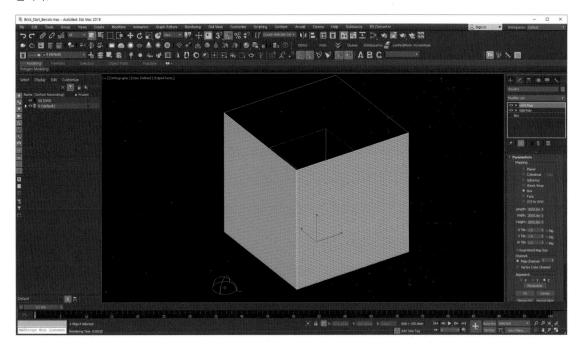

14 UVW Map 모디파이어의 Gizmo를 활성화합니다. Align 명령어를 사용하여 UVW Map 모디파이어를 박스 좌측 하단으로 이동합니다.

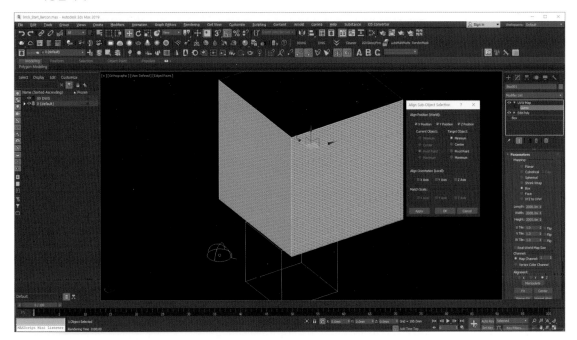

15 Move Transform Type에서 Offset:World의 X, Y, Z에 각각 1,000mm를 입력하여 UVW Map 모디파이어를 이동합니다. 이동 후, UVW Map 모디파이어의 Gizmo를 비활성화합니다.

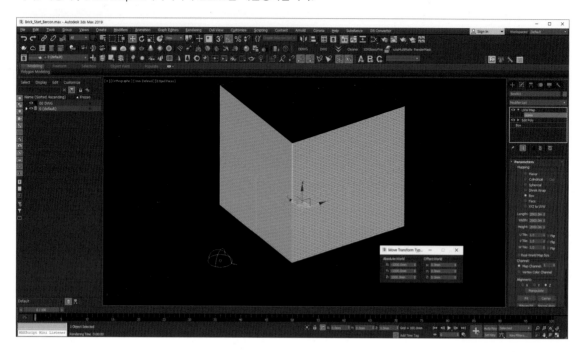

16 BerconTile의 Color 1에 MultiTexture를 적용하고 포토샵에서 작업한 Texture를 불러옵니다. Randomize By는 BerconTile로 변경합니다.

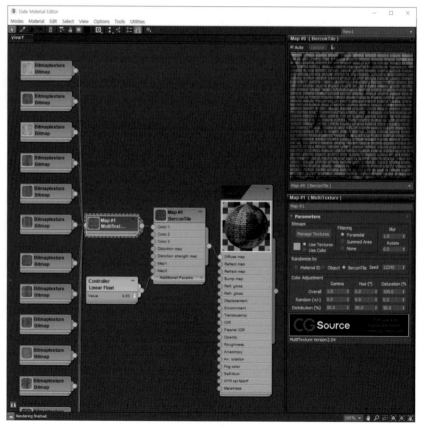

17 BerconTile에서 Enable tile mapping을 활성화합니다.

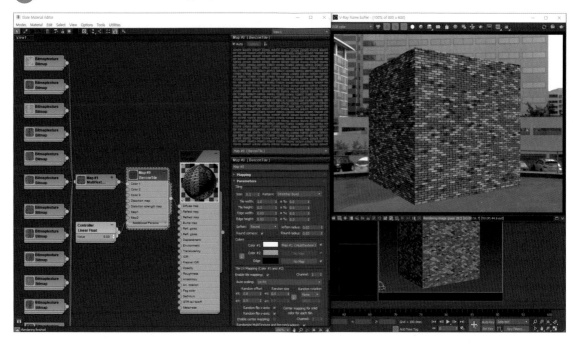

18 MultiTexture의 Seed를 임의로 변경하면, 벽돌 Texture의 배열을 무작위하게 변경 가능합니다.

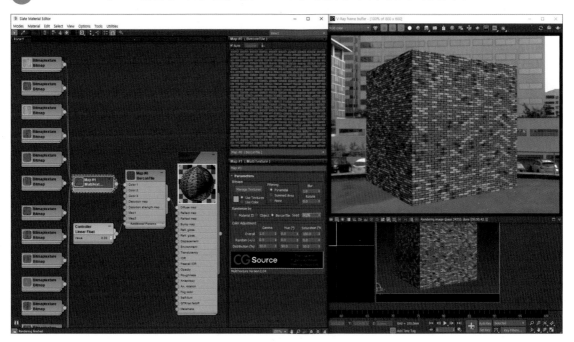

19 BerconTile의 Edge(Color 2)에 BerconNoise를 적용합니다.

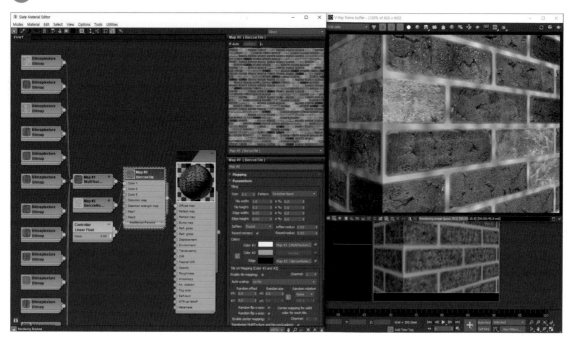

20 BerconNoise의 Size는 2.0으로 입력합니다. 그리고 Fractal Type을 'fBm'으로 변경합니다.

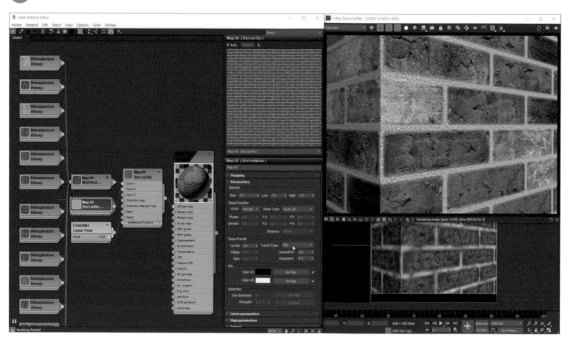

21 BerconNoise의 Color #1은 Value 150으로 변경합니다. Color #2는 Value 220으로 변경합니다.

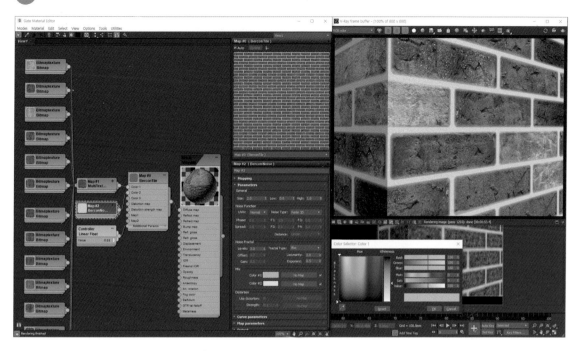

22 Linear Float 컨트롤러에서 Tile soften radius에 연결된 와이어를 해제합니다. 그리고 Tile soften radius의 수치를 0.0으로 변경합니다.

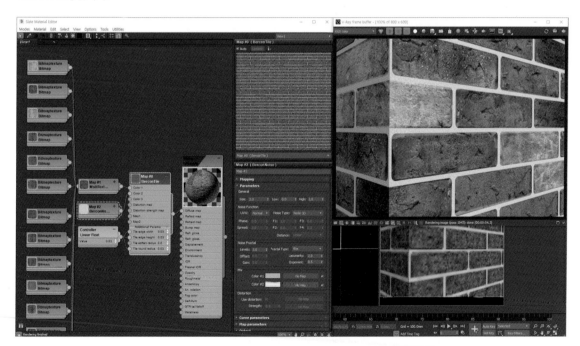

23 BerconTile의 Distortion Map에 BerconNoise를 적용합니다. Color #1은 Value 253으로 설정합니다.

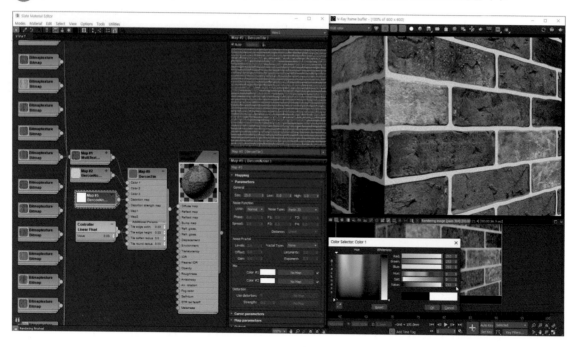

24 Map #0 BerconTile 노드를 복사합니다. 복사한 BerconTile 노드를 VRayMtl의 Refl. gloss.에 연결합니다.

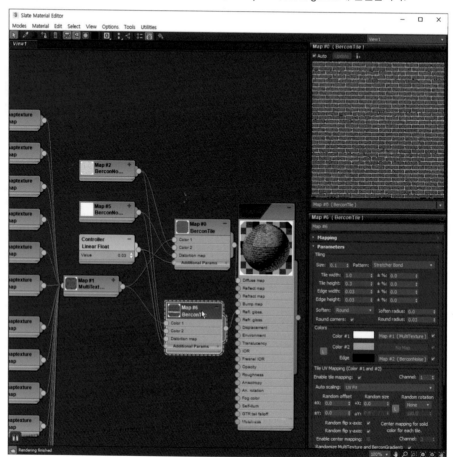

25 VRayMtl의 Reflect 색상을 white로 변경합니다. 그리고 Map #1 MultiTexture 노드와 Map #6 BerconTile 노드 사이에 Color correction 노드를 삽입합니다. Monochrome 모드로 변경합니다. Contrast 슬라이더를 좌측으로 이동하여 대비를 줄여줍니다. 그리고 Brightness 슬라이더를 우측으로 이동합니다.

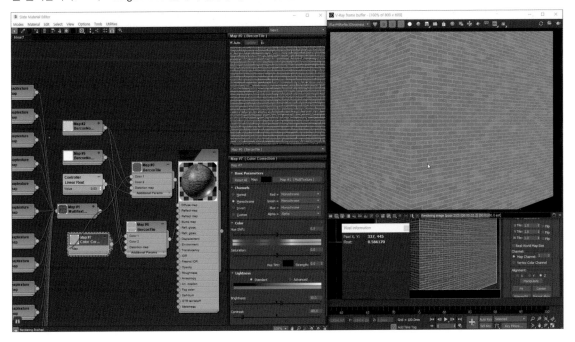

26 Map #5 BerconNoise 노드와 Map #6 BerconTile 노드 사이에 Color Correction 노드를 삽입합니다. Brightness를 낮춰줍니다.

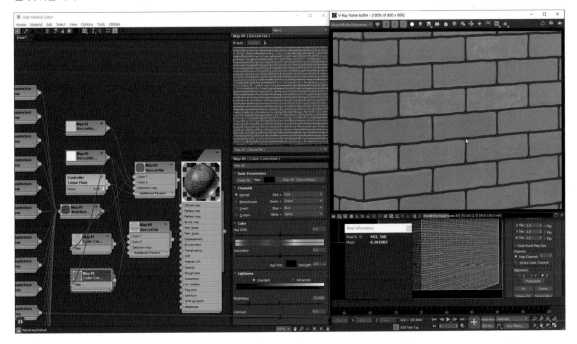

27 Map #6 BerconTile 노드에서 와이어를 뽑은 후, VRayColor2Bump에 연결합니다. 그리고 VRayMtl의 Bump map에 연결합니다. height를 10mm로 입력합니다.

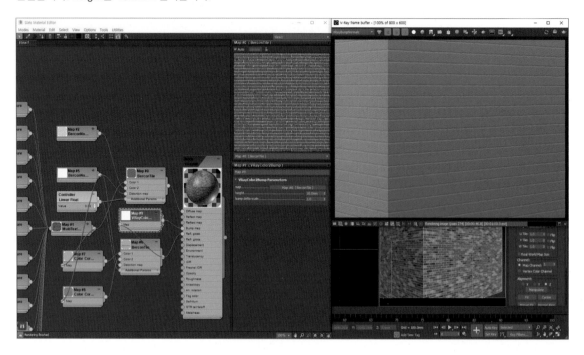

28 물체에 VRayDisplacementMod를 적용합니다. 그리고 Map #6 BerconTile을 Texmap에 인스턴스 카피합니다. Amount는 40mm를 입력합니다. Keep continuity를 활성화합니다.

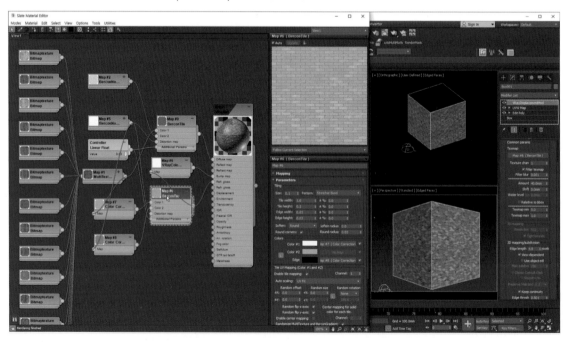

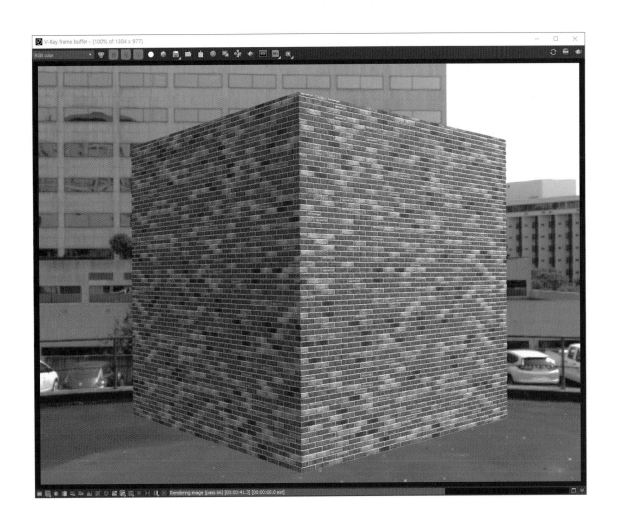

memo

고광택 대리석 바닥

고광택 대리석 바닥

고광택 대리석 타일의 경우라도 평활도가 완벽하지는 않습니다. 따라서 반사된 이미지가 타일 모듈마다 연속되지 않고, 끊어지며 어느 정도는 일렁거림이 있습니다. 반사에 이러한 왜곡 현상을 추가하여 사실적인 고광택 타일 마감을 표현해 봅시다.

1. 기본 Statuario Texture 준비

01 https://admira.sg/products/jag-5658-g에서 사용할 Statuario Texture를 내려받습니다.

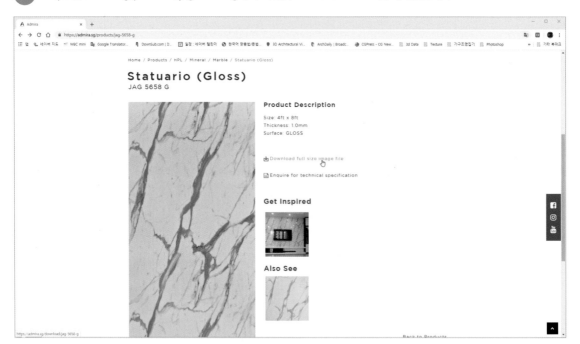

02 포토샵에서 내려받은 jag-5658-g 이미지에 Offset 필터를 적용합니다. 좌우 상하 이미지 밝기가 있는가 확인하고, Offset 필터에서 Cancel을 클릭합니다.

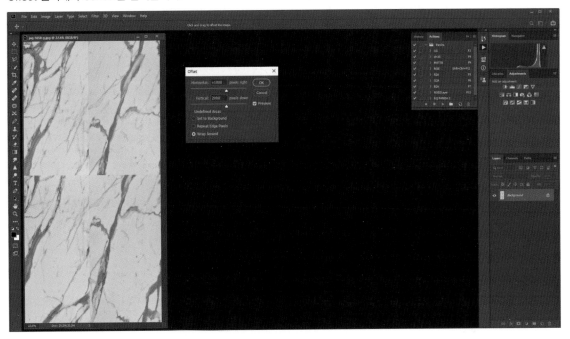

03 명암 평준화를 위해서 EQ PANDA 2 액션을 실행합니다.

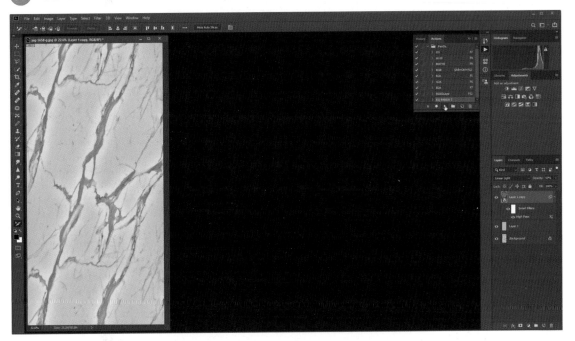

04 Smart Filter의 High Pass를 더블 클릭 합니다. High Pass에서 Radius를 300 Pixels로 변경합니다. 그리고 OK버튼을 클릭합니다.

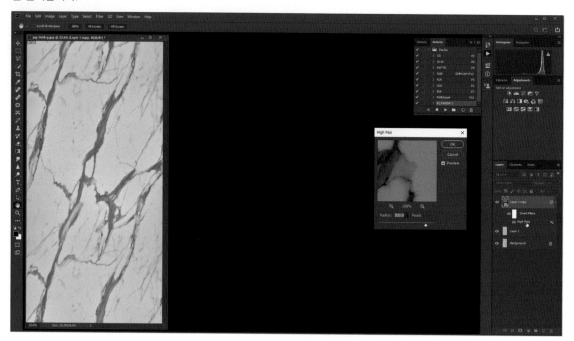

05 Offset 필터를 실행 합니다. 이미지의 상하 좌우 명암의 차이가 있는지 살펴 봅니다. 만일 명암 차이가 발생한다면, 4번 과정으로 되돌아가 Radius 값을 증가 시킵니다. 명암 차이가 없으므로, Cancel 버튼을 클릭합니다.

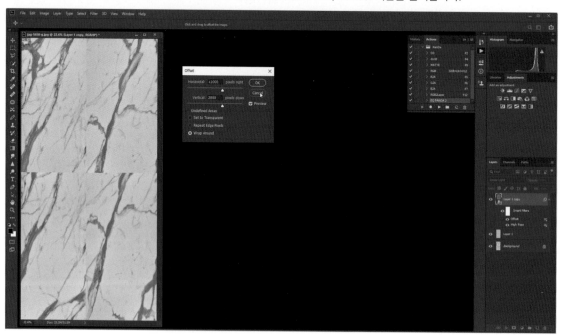

06 단축키 Ctrl + Shift + Alt + E로 하위 레이어를 머지하여 새로운 레이어를 생성합니다.

07 Slice Tool을 선택한 상태에서 우클릭〉Divide Slice를 실행합니다. 가로 세로 각각 3등분씩 나눠줍니다.

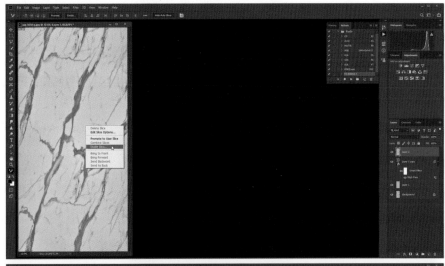

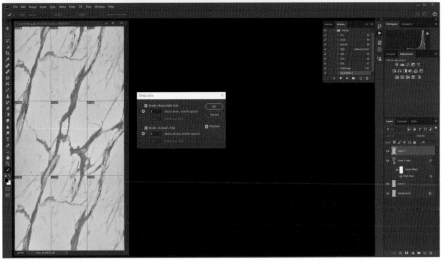

08 Save for web명령어를 실행합니다. 슬라이스된 조각을 전체 선택하고 PNG-24 형식으로 저장합니다.

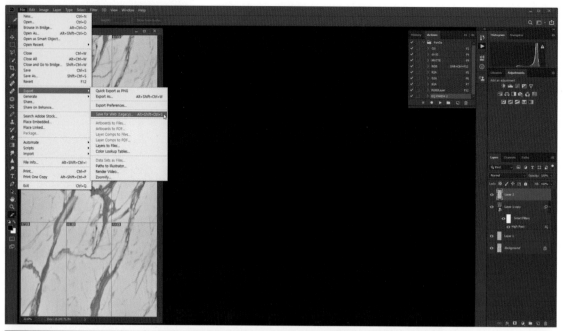

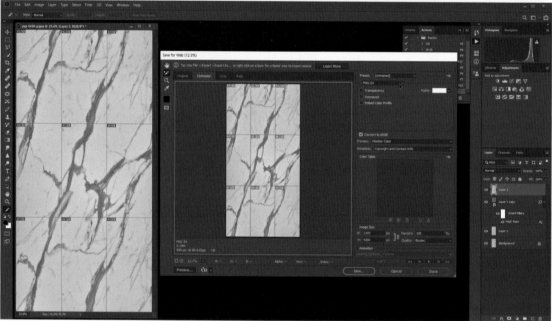

2. Bercon Tile Map을 기본 대리석 재질

MultiTexture는 매우 강력한 무료 플러그인입니다. 그러나 3ds Max 2016 이상 버전의 경우 매우 심각한 버그가 있습니다. 따라서 강좌는 3ds Max 2016으로 진행 합니다. 2017 이상 버전 사용자분들은 아쉽지만, 최적화와는 조금 멀지만 사용 가능한 방법을 필자의 카페와 책 초반에 소개했으니 참고하시어 작업을 진행하시면 됩니다.

01 Marble Tile_01.max를 실행합니다. Plane 물체에 UVW Map 모디파이어를 적용합니다. Planar를 타입에 가로 세로 6000mm로 입력합니다. Diffuse에 Bercon Tile Map을 적용합니다. Mapping Type은 Explicit Map Channel 2d로 변경합니다. 재질 편집기와 뷰포트에서 타일의 형태가 제대로 보입니다.

02 Tiling 탭의 Size는 0.1로 입력합니다. Tile width는 2.0을 입력합니다. 실제 타일의 폭은 1,200mm입니다. (UVW Map의 한 변의 길이 6,000mm X Size 0.1 X Tile width 2.0) Tile height는 1.0을 입력합니다. 실제 타일의 높이는 600mm입니다.(UVW Map의 한 변의 길이 6,000mm X Size 0.1 X Tile width 1.0) Edge width와 Edge height 그리고 Soften radius에 동일한 0.003을 입력합니다. Round corners는 비활성화합니다.

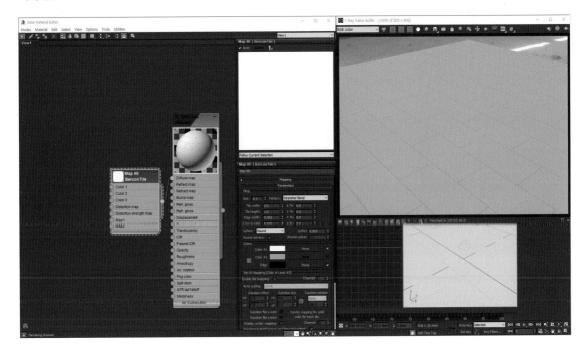

03 Slate Material Editor의 빈 여백에서 우클릭 하여 Linear Float 컨트롤러를 생성합니다. 생성된 컨트롤러에서 와이어를 뽑아 BerconTile의 Edge width와 Edge height 그리고 Soften radius에 연결합니다.

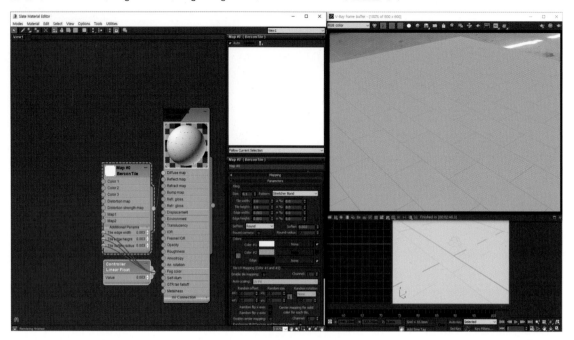

04 Colors 탭의 Edge 색상을 R,G,B(10,10,10)으로 변경합니다.

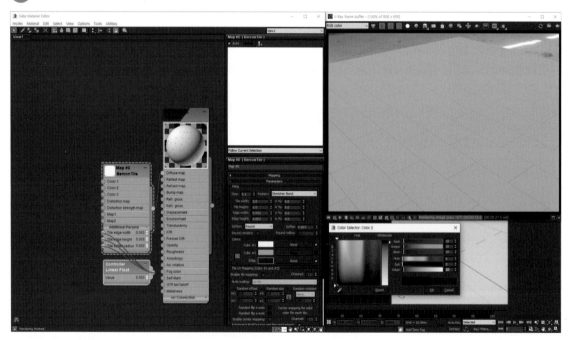

05 BerconTile의 Color 1에 MultiTexture Map을 적용합니다. Manage Texture 버튼을 클릭 합니다. Add Bitmap 버튼을 클릭하여 포토샵에서 제작한 Texture들을 불러 옵니다.

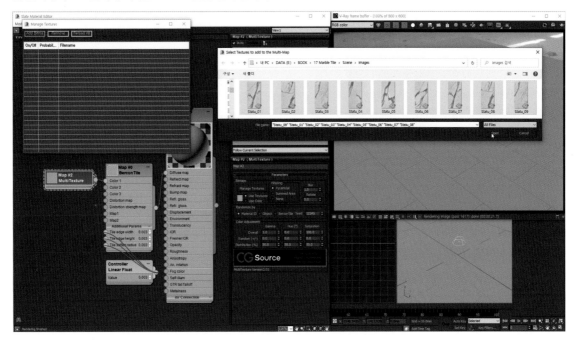

06 MultiTexture의 Randomize by 옵션을 BerconTile로 변경합니다. Color Adjustment 탭의 Gamma Random에 0.1을 입력합니다.

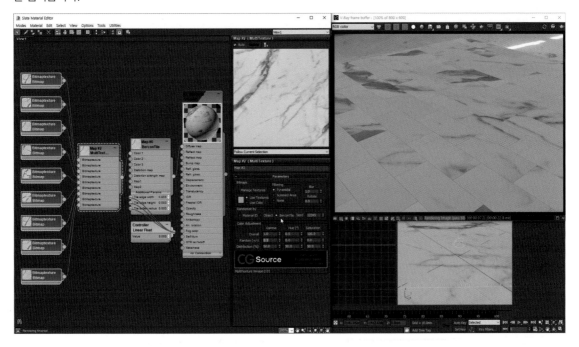

07 BerconTile Map의 Enable tile mapping을 활성화합니다.

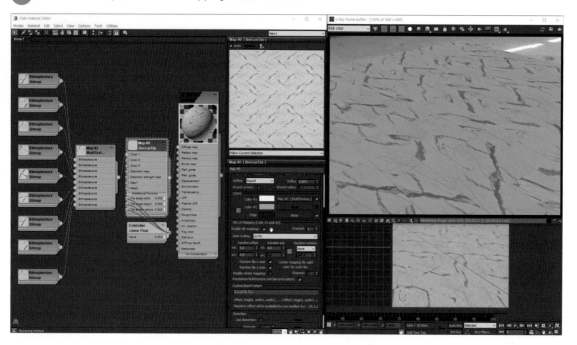

08 MultiTexture Map의 Seed 값을 변경시키면 Tile에 적용된 Texture의 배열이 재배열 됩니다. 임의의 수를 입력하여 원하는 배열을 생성합니다.

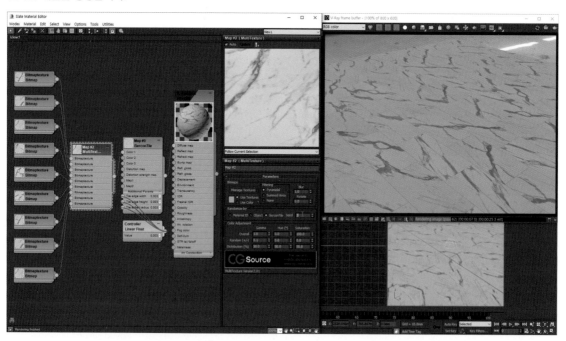

09 VRayMtl의 Reflect 색상을 흰색으로 설정합니다.

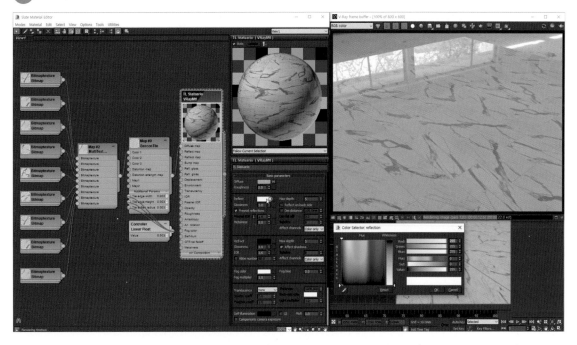

10 MultiTexture와 BerconTile 노드를 선택합니다. Shift 키를 누른채 드래그 하여 복사합니다.

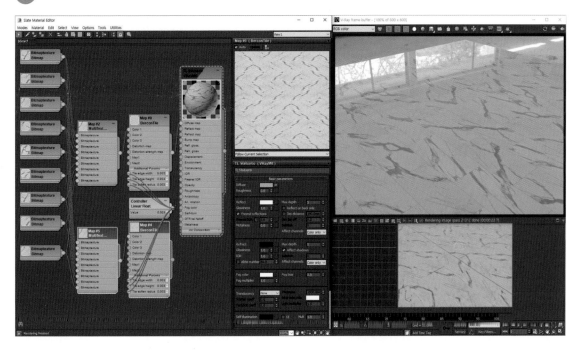

11 새로 복사한 MultiTexture의 Saturation을 0.0으로 입력하여 이미지를 흑백으로 변경합니다. 그리고 BerconTile을 VRayMtl의 Refl. gloss에 연결합니다.

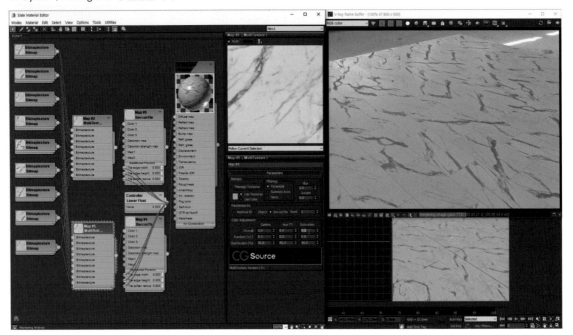

12 MultiTexture와 BerconTile 사이에 Output Map을 삽입합니다. Enable Color Map을 활성화 하고, 커브의 좌측 하단의 버텍스를 선택하고 0.9를 입력합니다. VRayMtlReflectGlossiness에서 대리석의 어두운 Vein의 Glossiness가 약 0.92로 측정이 됩니다. 가장 밝은 영역이 1.0에 도달하지 않도록 주의하세요.

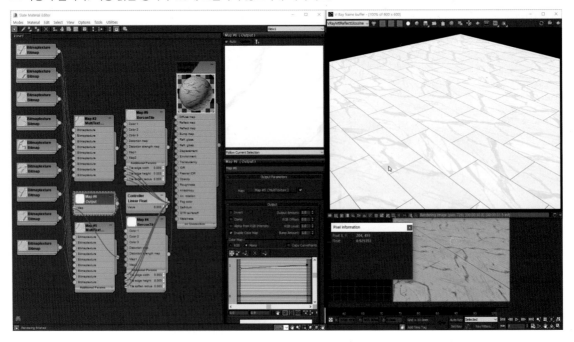

13 Map #0 BerconTile를 Shift 드래그로 복사합니다. Color 1에 연결된 와이어를 해제합니다. 그리고 VRay Color2Bump Map에 연결부 VRayMtl의 Bump Map에 연결합니다. height는 2.0 mm로 입력합니다.

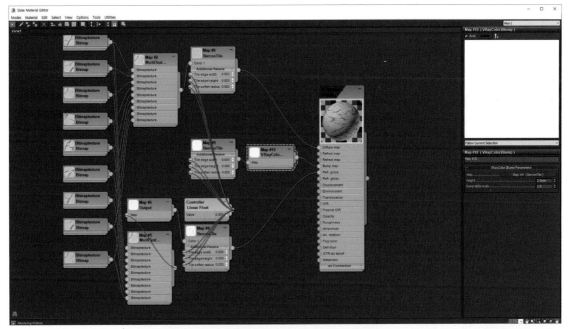

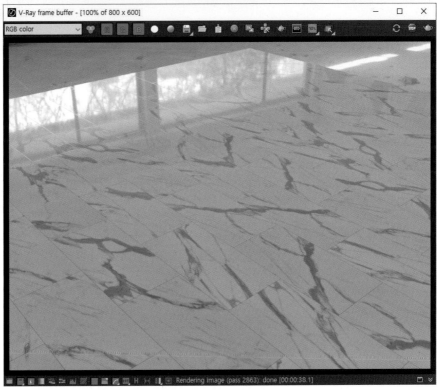

3. 사실적인 반사 왜곡 추가

01 이전 과정에서 이어서 작업을 진행합니다. Map #9 BerconTile에 BerconGradient Map을 적용합니다. Color를 R,G,B(20,20,20)으로 변경합니다.

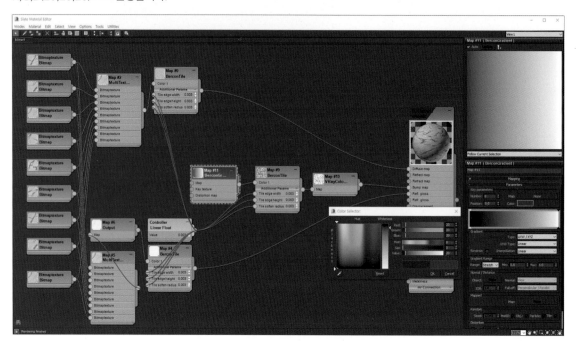

02 BerconTile의 Random ratation을 Random으로 변경합니다.

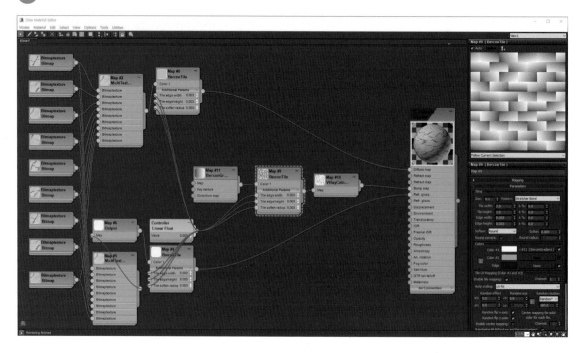

03 IPR을 화면을 보면서, VRayColor2Bump의 height 값을 조금씩 증가시키면서 각각의 타일에 반사된 이미지가 분절되도록 합니다. 필자는 약 10mm로 입력했습니다.

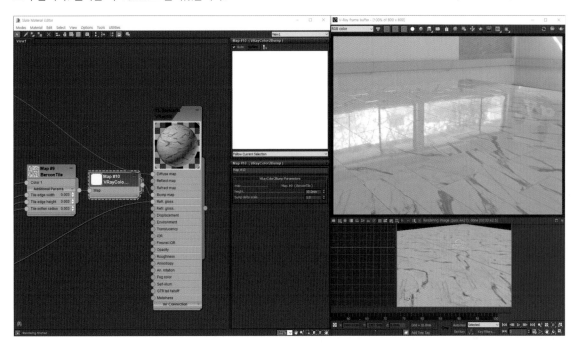

04 Bump Map의 정도를 관찰하기 위해서 VRaySpecular 모드로 보시면 더욱 명확하게 관찰할 수 있습니다.

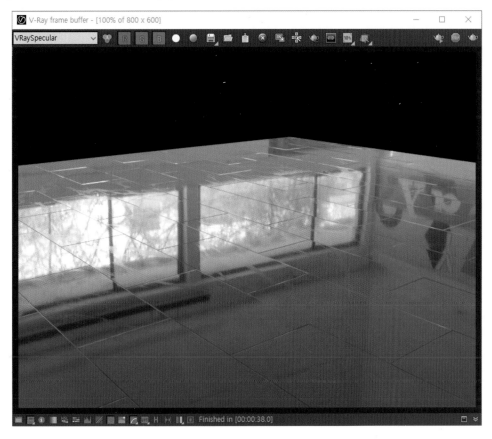

memo

CHAPTER
17

일정하지 않은 크기의
대리석 벽체

17 일정하지 않은 크기의 대리석 벽체

일반적으로 작업자들은 수정을 위한 대비를 염두에 두지 않고 작업을 하는 경향이 있습니다. 일정하지 않은 크기의 대리석 타일 벽체를 Full 모델링 하고 Unwrap을 적용합니다. 그러나 지금과 같은 공간에서 포인트가 될 디자인 요소는 타일 벽체이기 때문에, 대부분 수정이 발생합니다. 따라서 실무 작업자들은 수정이 발생할 경우를 대비하여 작업을 진행해야 합니다.

1. BerconMapping을 활용한 방법

BerconMapping을 활용하여 Seamless Texture 한 장으로 무작위하게 위치와 회전 그리고 크기를 변경할 것입니다. 사소한 버그가 있기 때문에, 이러한 문제점을 극복할 수 있는 방법도 고려해 봅시다.

01 Random TL_01.max를 실행합니다. VRayMtl의 Diffuse에 Composite Map을 적용합니다. Layer를 1개 추가합니다. Layer 1에 BerconMapping 노드를 연결합니다. 그리고 Map 1에 st gray.jpg를 연결합니다.

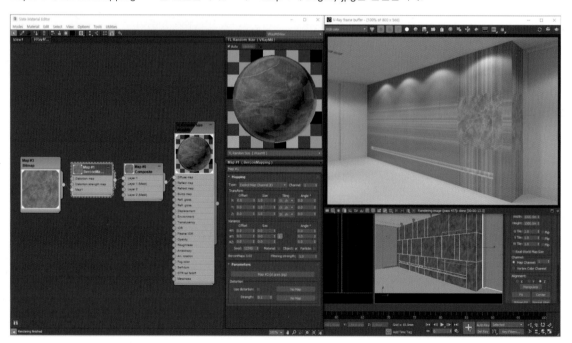

02 BerconMapping의 Transform의 모든 X, Y, X의 Strech를 Tile로 변경합니다.

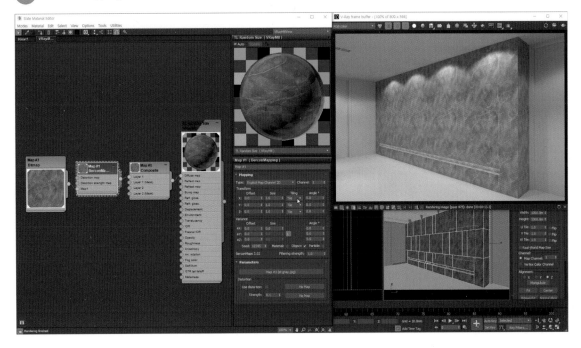

03 재질 ID를 랜덤화 시키기 위해서 'Randommatid_0' 스크립트를 실행합니다. 대리석이 적용된 벽체를 선택합니다. 스택에서 EdiablePoly 단계를 선택합니다. to '100'을 입력하고 'Go Random' 버튼을 클릭합니다. 인근 폴리곤의 색이 동일하다면, 'Go Random'버튼을 다시 클릭합니다.

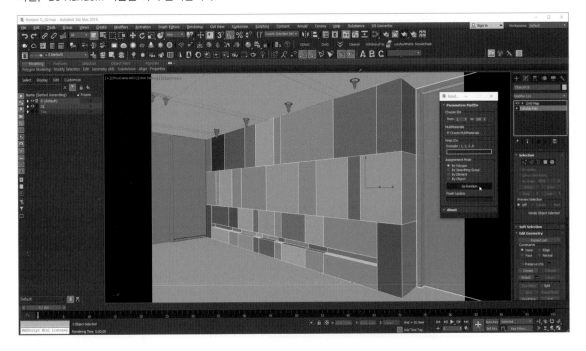

04 재질 편집기에서 VRayMtl을 다시 적용합니다.

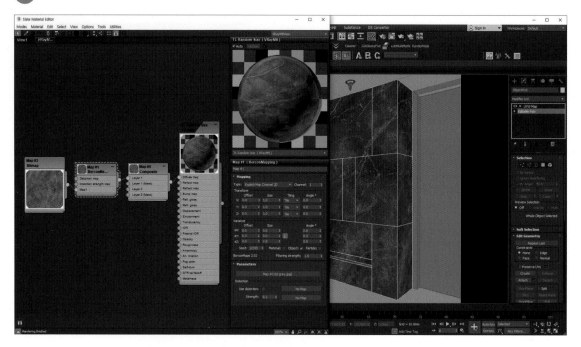

05 BerconMapping 노드를 선택하고, 우클릭〉Additional Params를 선택합니다.

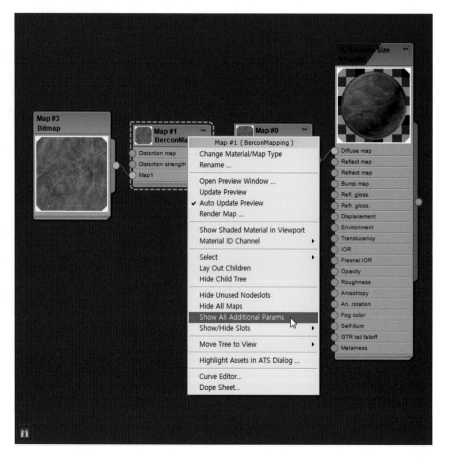

06 BerconMapping 하단의 'Additional Params' 우측의 '+' 버튼을 클릭하여 메뉴를 확장합니다. 그리고 'Random by material id'를 활성화합니다.

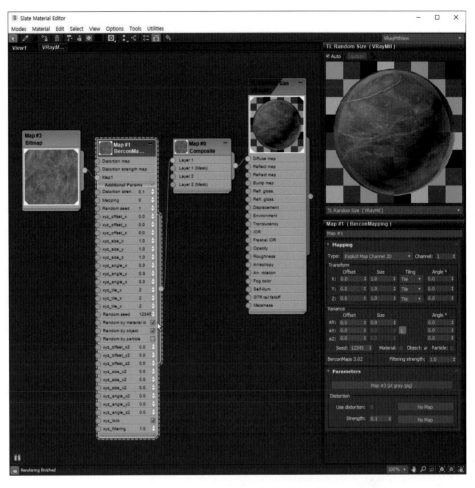

PanDa's **Tip**

우측 재질 편집기의 Material을 활성화하는 것과 동일한 기능입니다. 그러나 버그로 인해서 슬레이트 재질 편집기에서만 작동합니다.

07 IPR을 통하여 실시간으로 렌더링 결과물을 보면서, Variance의 X,Y 축으로 Offset에 적정한 수치를 입력합니다. 그리고 Z축으로 무작위하게 회전할 각도를 입력합니다.

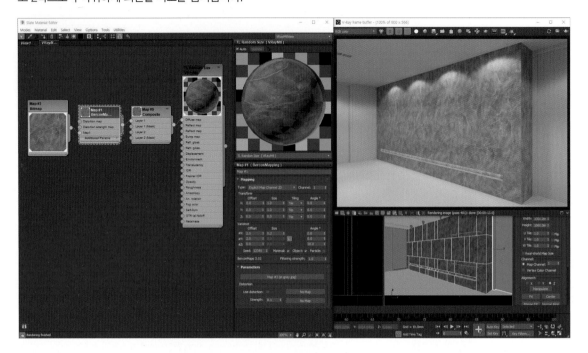

08 줄눈 표현을 위해서 Composite 노드의 Layer 2에 VRayEdgeTex를 연결합니다. 색상은 10% 회색을 입력합니다. 그리고 Word width 1.0mm로 입력합니다.

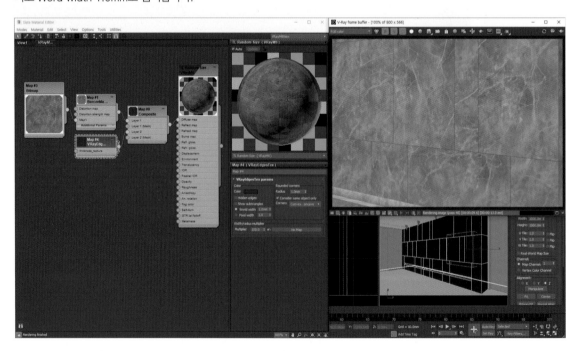

09 타일간의 이색진 표현을 위해서 기존 Bitmap 대신에 MultiTexture를 적용하고 st gray.jpg를 불러옵니다. Gamma Random에 0.1을 입력합니다. 랜덤한 위치를 변경하고자 하는 경우 Seed 값을 변경해 봅니다.

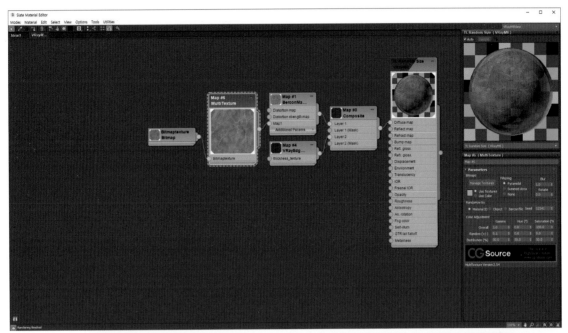

10 BerconMapping 노드와 Compostie 노드를 선택하고, Shift 드래그 하여 복사합니다. 그리고 새롭게 복사한 Composite노드를 VRayMtl의 Refl. gloss에 연결합니다.

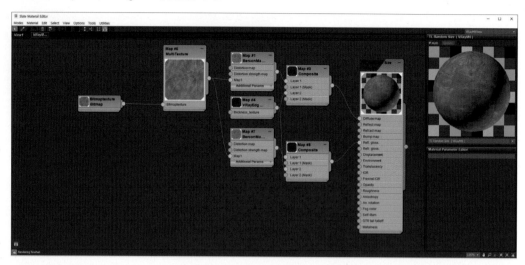

11 MultiTexture와 BerconMapping 사이의 와이어를 선택하고 우클릭하여 MultiTexture 노드를 복사합니다.

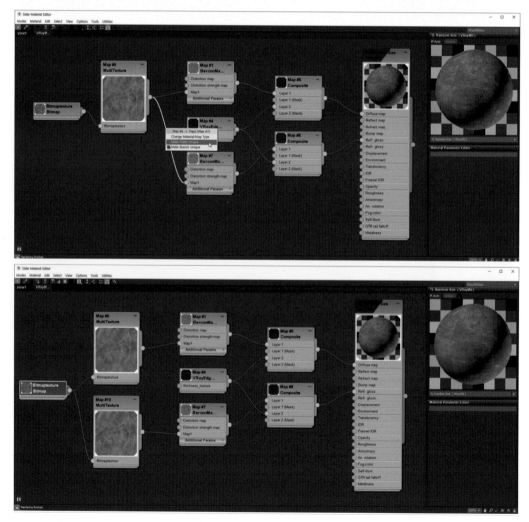

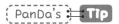

12 MultiTexture의 Random Gamma를 0.0으로 변경합니다.

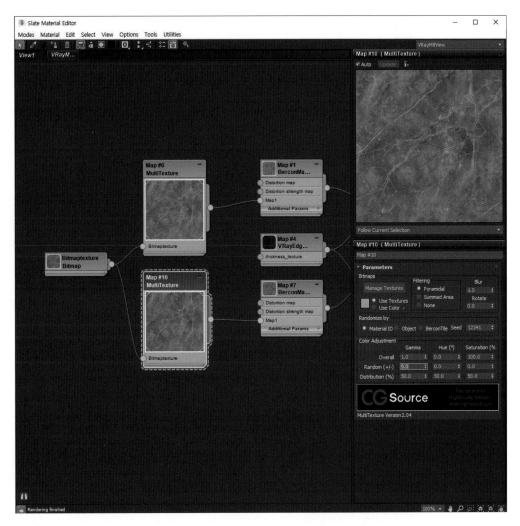

13 BerconMapping 과 Composite 노드 사이에 Color Correction 노드를 삽입합니다. 그리고 Monochrome으로 설정합니다.

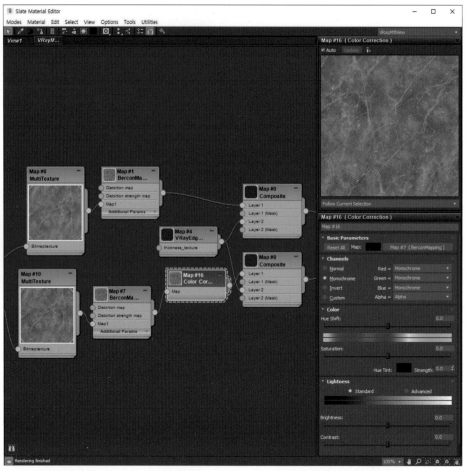

14 반사의 정도를 시각적으로 보기 위해서 벽체에 주전자를 생성합니다. 또는 Tea 레이어를 활성화합니다. 주전자에 VRayLightMtl을 적용합니다. 그리고 주전자를 선택하고 우클릭하여 V-Ray properties 창을 불러옵니다. Generate GI를 비활성화합니다.

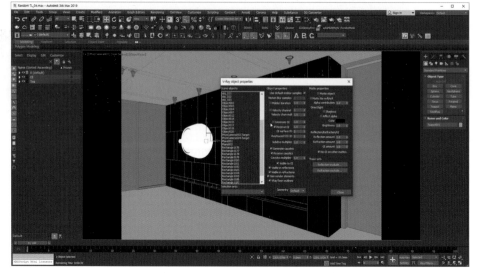

15 VFB를 VRayMtlReflectGlossiness로 변경합니다. Pixel Information을 통하여 자신이 원하는 Glossiness를 측정하면서 Color Correction의 Contrast와 Brightness를 조정합니다. 필자는 Glossiness가 약 0.9 정도 나오도록 설정했습니다.

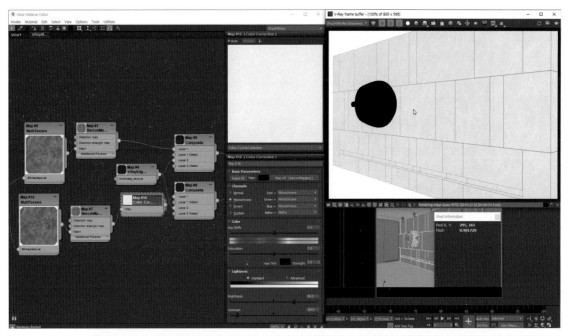

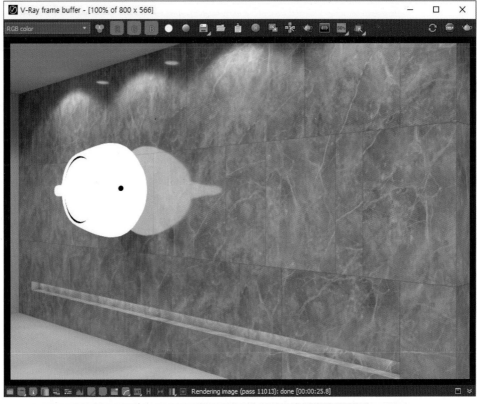

16 Map #16 Color Correction과 Map #8 Composite 노드를 복사합니다. 그리고 VRayColor2Bump에 연결한 후, VRayMtl의 Bump map에 연결합니다.

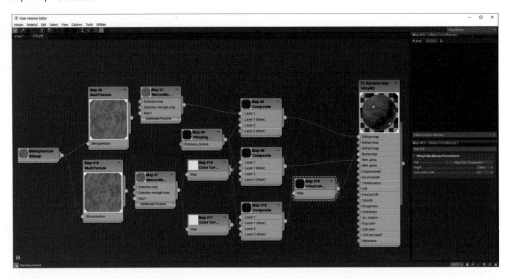

17 VRayMtl의 Diffuse와 Glossiness를 비활성화합니다.

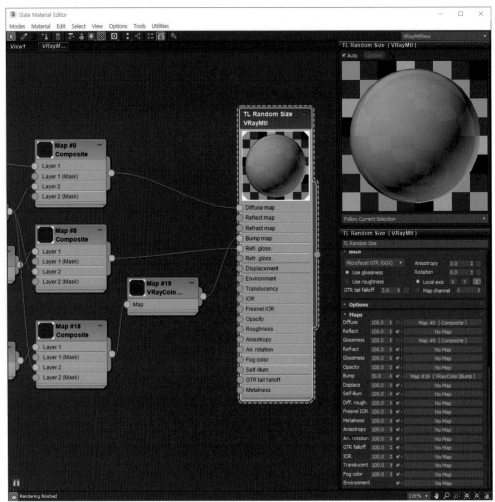

18 주전자와 벽체를 Isolate 합니다. IPR을 활용하여 실시간 렌더링합니다. 다양한 관점에서 Bump의 정도를 관찰하면서 VRayColor2Bump의 height의 적정값을 찾습니다. 필자는 3mm로 입력했습니다.

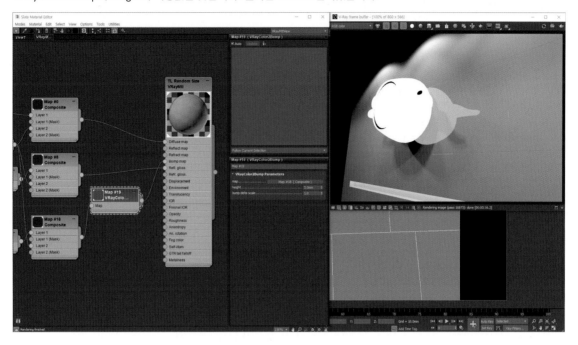

19 다시 VRayMtl의 Diffuse와 Glossiness를 활성화합니다. 벽체의 가운데 열의 에지를 우측으로 이동시키고 상하로 면을 분할합니다. 새로 분할된 면을 선택하고 기존 Material ID 96과 다른 95를 입력합니다.

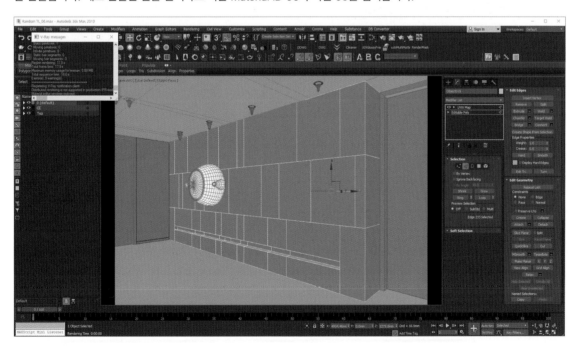

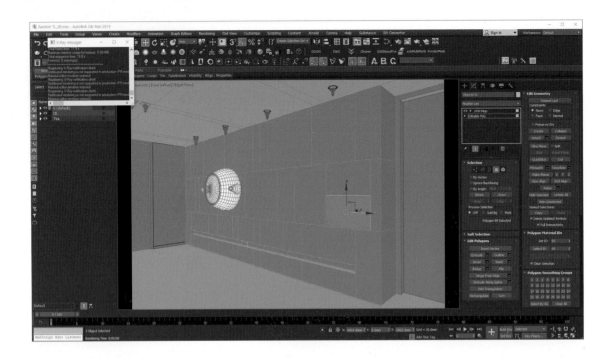

20 IPR을 이용하여 렌더링하면서, VRayEdgeTex의 width를 2mm로 변경해 봅시다.

CHAPTER
18

카펫 타일

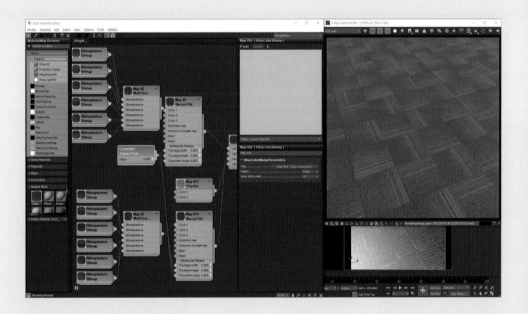

사무실 바닥 마감재로 주로 사용하는 카펫 타일의 경우 Open office 같은 공간에서는 상당히 넓은 면적을 차지합니다. 그리고 다양한 인스톨 방법이 존재합니다. 따라서 포토샵에서 Map을 만들 경우 반복되는 구간이 보이거나, 수정이 발생하게 되면 처음부터 제작을 해야 하는 번거로움이 있습니다. 이러한 단점을 극복하고 넓은 면적에서 반복이 되지 않으며, 다양한 인스톨 방법으로 쉽게 수정이 가능한 방법을 공부해 봅시다.

1. 기본 Texture 준비

해외의 다양한 카펫 제조사들(Mohawk Group, Interface, Milliken, ShawContract)은 자사의 홈페이지에서 고해상도 Texture를 제공하고 있습니다. 필자가 언급한 회사 홈페이지에 접속하셔서 다양한 Texture들을 살펴보시길 권합니다. 이번 강좌는 ShawContract 사의 제품을 사용하도록 하겠습니다.

01 https://www.shawcontract.com/ko-kr/productspec/show/5T085/84407에 접속합니다. 우측 상단의 '스와치 보기'를 클릭합니다. 그리고 팝업 창에서 '멀티 타일 보기'를 클릭합니다. 'HI-REZ 다운로드' 버튼을 클릭하시면 Zip 파일을 내려받을 수 있습니다.

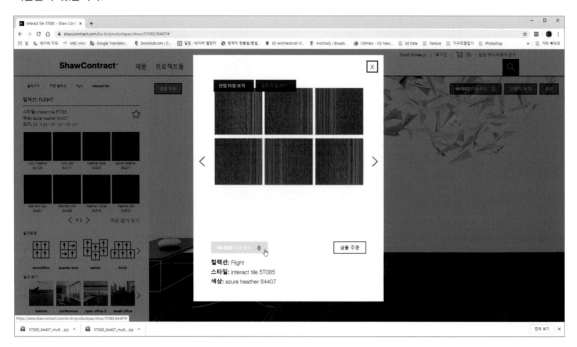

02 내려받은 파일의 압축을 풉니다. 고해상도 Texture를 일괄적으로 Resizing 하도록 하겠습니다. Photoshop을 실행합니다. 'Load Files into Stack' 명령어를 활용하여 총 6장의 Texture를 불러옵니다.

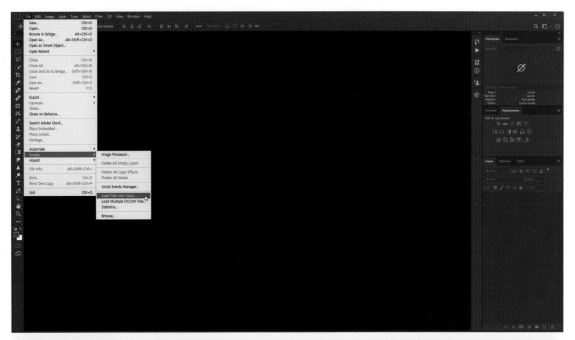

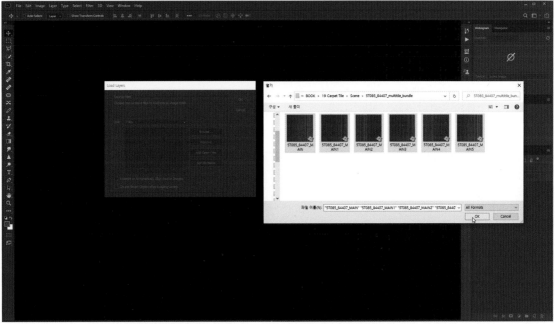

03 Image Size 명령어를 사용하여, 가로와 세로를 1024 Pixel로 이미지 사이즈를 줄여줍니다.

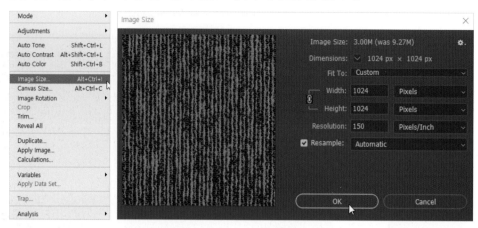

04 Photoshop에서 작게 만든 이미지의 각각의 Layer를 별도의 파일로 저장합니다.

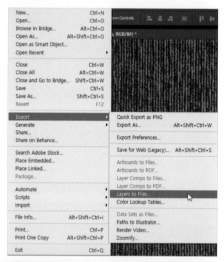

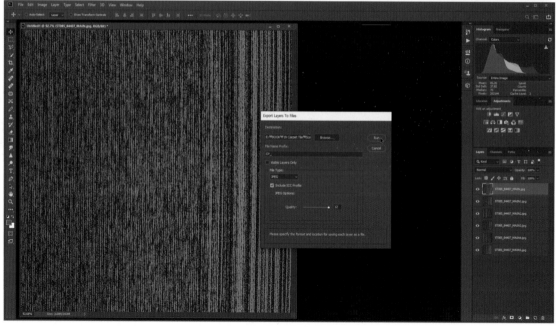

2. BerconTile을 사용한 카펫의 다양한 인스톨 방법

동일한 카펫이라도 인스톨 방법에 따라서 다양한 표현이 가능합니다. BerconTile Map을 사용하여 다양한 인스톨 방법을 설정해 봅시다. 그리고 마지막에는 가장 표현하기 어려운 Quarter turn 방식으로 강좌를 진행하겠습니다.

01 CP_01.max 파일을 실행합니다. Diffuse map에 BerconTile을 적용합니다. Mapping Type은 Explicit Map Channel 2D로 변경합니다. Tiling Size는 0.1을 입력합니다. Tile width와 Tile height는 각각 1.0을 입력합니다. Round corrners는 비활성화합니다.

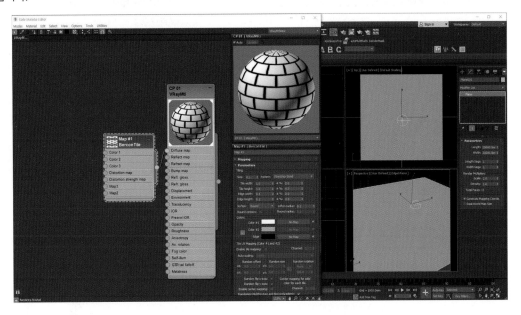

02 VRayMtl을 선택합니다. 우클릭 하여 'Show Shaded Material in Viewport'를 선택하여 뷰포트에서 재질이 보이도록 설정합니다.

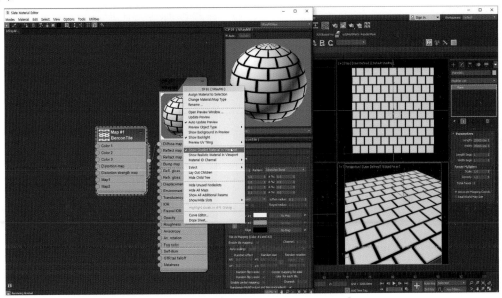

03 Plane 오브젝트를 선택하고, UVW Map 모디파이어를 적용합니다. Mapping 타입은 Planer를 선택합니다. Length 와 Width는 6000mm를 입력합니다.

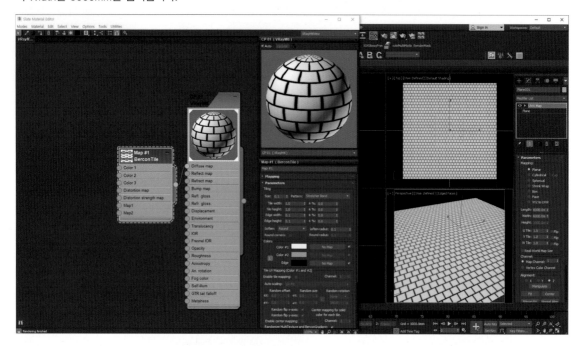

04 슬레이트 머티리얼 에디터의 빈 여백에서 우클릭 하여 Linear Float 콘트롤러를 생성합니다. 와이어를 BerconTile의 Tile edge width와 Tile edge height, Tile soften radius에 연결합니다. 그리고 콘트롤러에 0.01을 입력합니다. 실제로는 훨 씬 더 작은 수치를 입력해야 하나 강좌 진행 목적상 독자 분들 보시기 편하라고 조금 큰 수치를 입력했습니다.

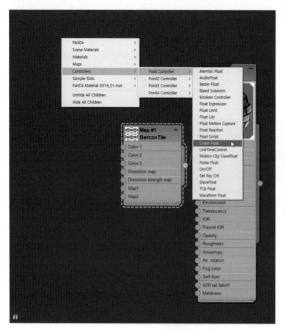
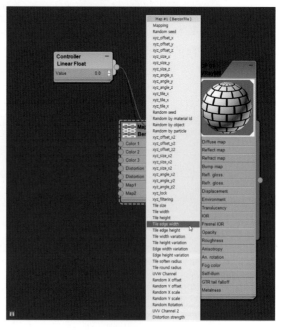

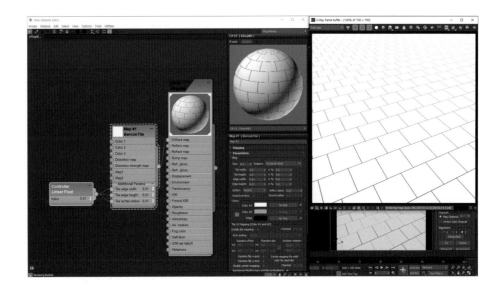

05 BerconTile의 Color 1에 MultiTexture를 적용합니다. 그리고 'Manage Texture' 버튼을 클릭하여 포토샵에서 리사이징한 Texture 6장을 불러옵니다.

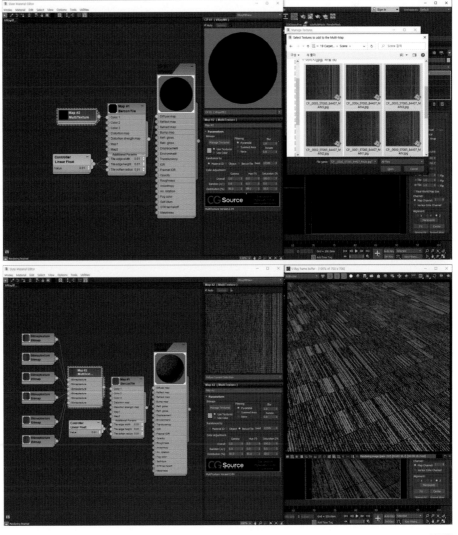

06 MultiTexture의 BerconTile을 선택합니다. 그리고 BerconTile 노드에서 Enable tile mapping을 활성화합니다.

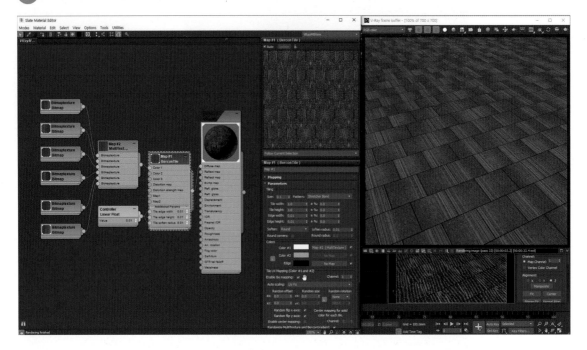

07 렌더링 뷰포트를 Top 뷰포트로 변경한 모습입니다. 현재 인스톨 방식은 brick 타입입니다.

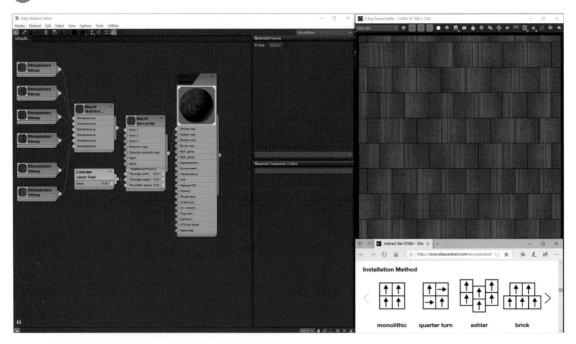

08 인스톨 방식을 ashlar 타입으로 변경시키기 위해서 UVW Map 모디파이어를 90도 회전합니다. 그리고 MultiTexture 의 Rotate에 90도를 입력합니다.

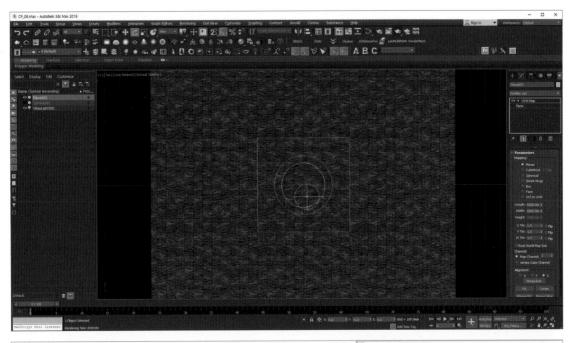

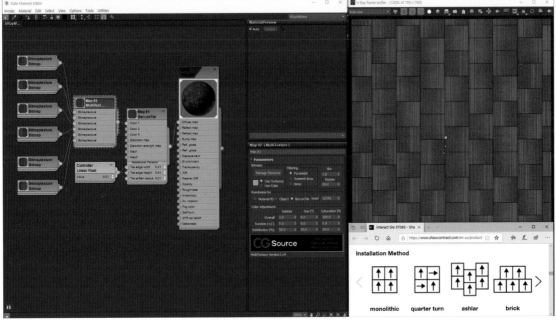

09 Monolithic 인스톨 방법은 BerconTile Map의 Pattern을 'stack Bond'로 변경하시면 됩니다.

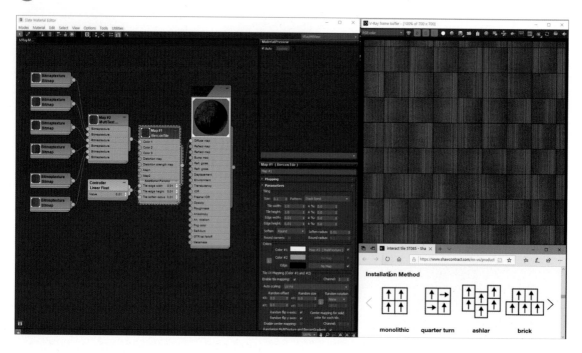

10 Random 인스톨 방식은 BerconTile Map의 Random rotation을 '90 Degrees'로 변경하시면 됩니다.

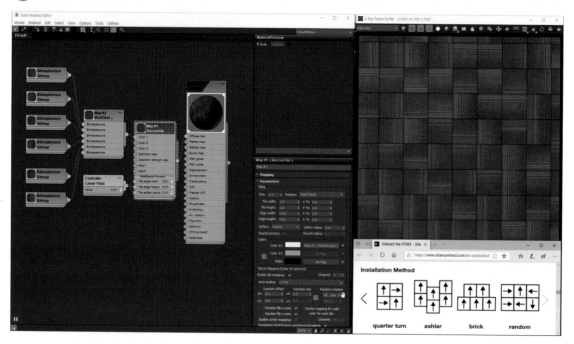

3. Quarter turn 카펫 인스톨 표현

3ds Max 2017 이상의 상위 버전용 MultiTexture는 슬레이트 재질 편집기에서 사용하면 심각한 오류가 있습니다. 심지어 3ds Max가 다운되기도 합니다. 이번 강좌는 3ds Max 2017이상 버전의 작업자 분들도 작업 가능한 방법을 소개하고 있습니다.

01 이전 과정에서 계속 이어서 작업을 진행합니다. Random 인스톨 방식은 BerconTile Map의 Random rotation을 'None'로 변경하여 monolithic 인스톨 방식으로 되돌립니다. BerconTile의 Edge 색상을 R,G,B(10,10,10)으로 변경합니다. VRayMtl의 Reflect 색상을 흰색으로 설정합니다. Glossiness는 0.2로 입력합니다.

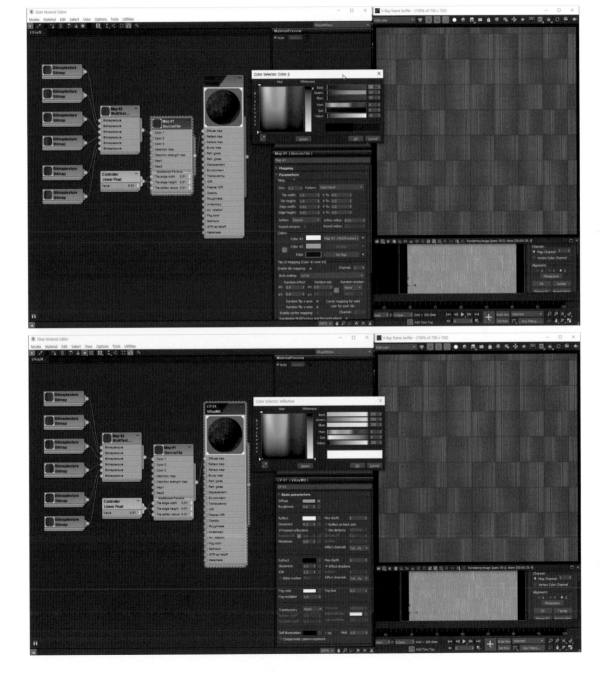

02 MultiTexture노드에서 와이어를 뽑아서 Sample Slots으로 연결합니다. 팝업창에서 'Instance'를 선택합니다.

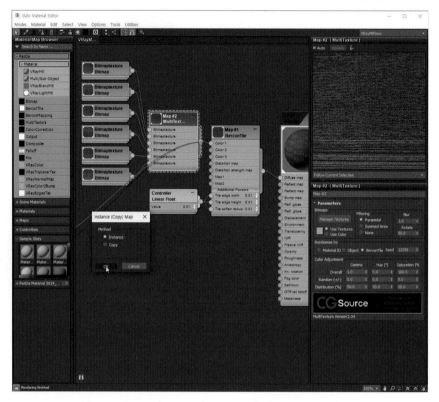

03 Sample Slots에서 방금 Instance 복사한 MultiTexture를 슬레이트 재질 편집기로 드래그 하여 'Copy'합니다. 복사한 MultiTexture의 Rotate를 0으로 입력합니다.

04 BerconTile을 Shift 드래그하여 복사합니다.

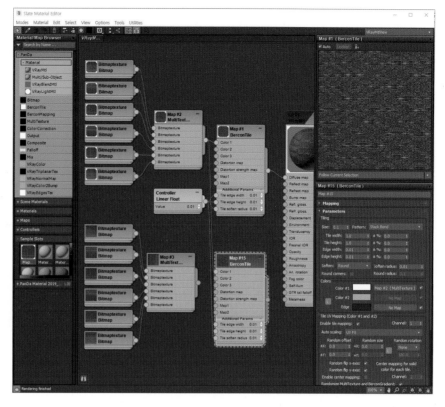

05 복사한 MultiTexture를 복사한 BerconTile의 Color 1에 연결합니다.

06 기존 BerconTile에 Composite Map을 삽입합니다. Layer 2를 추가하고 복사한 BerconTile을 Layer 2에 연결합니다.

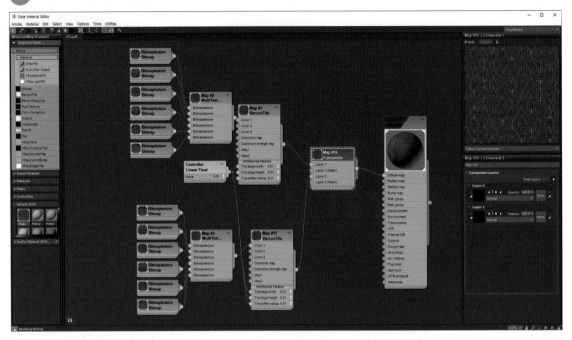

07 Layer 2(Mask)에 Checker Map을 연결합니다. 그리고 U V Tiling에 5를 입력합니다.

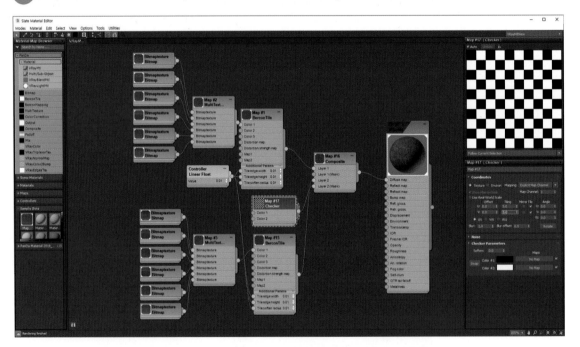

08 Composite 노드에서 Color Correction에 연결 후, Refl. gloss에 입력합니다. Monochrome을 선택하여 흑백 이미지로 변경합니다.

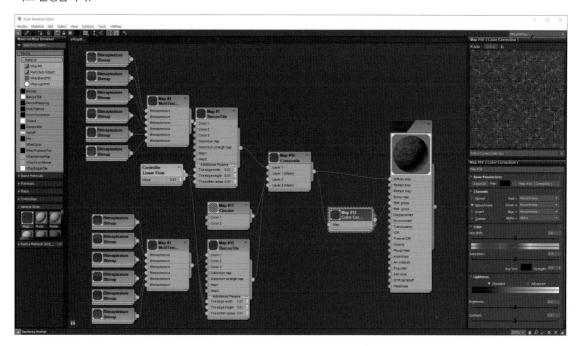

09 Color Correction의 Contrast를 −90으로 입력합니다. 이 상태에서 측정된 글로시니스 값은 약 0.45 즉 45%입니다.

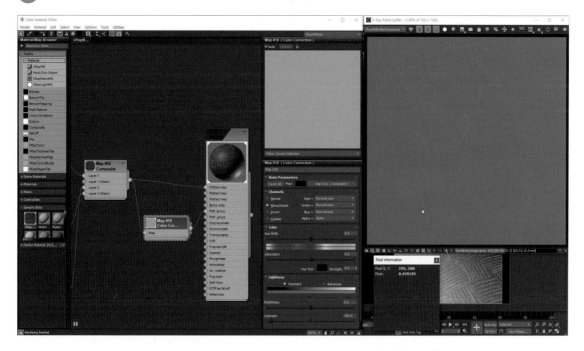

10 기존에 입력한 글로시니스 0.2와 유사하게 조정하기 위해서 Brightness에 –25를 입력합니다. 측정된 글로시니스가 약 0.2로 낮아지게 됩니다.

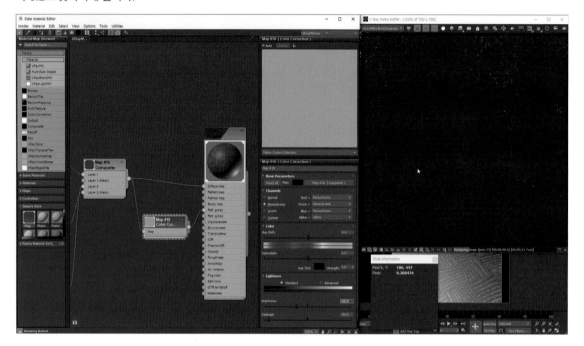

11 Color Correction 노드에 VRayColor2Bump를 추가한 후, Bump Map에 연결합니다. height는 약 3.0mm로 입력합니다.

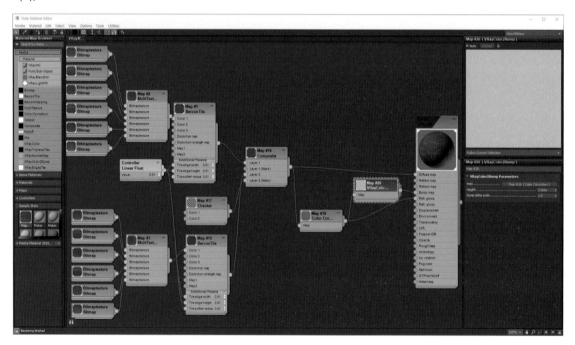

12 Linear Float 컨트롤러에 0.003을 입력하여 타일 사이 간격을 좁게 설정합니다.

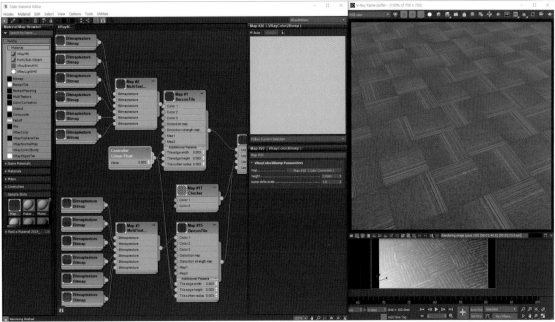

PanDa's **Tip**

카펫의 경우 Glossiness가 매우 낮은 재질입니다. 따라서 반사가 시각적으로 크게 도드라지게 보이지 않는다면, 렌더링 시간 단축을 위해서 Reflect Max depth를 낮게 설정하거나 Trace reflections를 비활성화하는 방법도 있습니다.

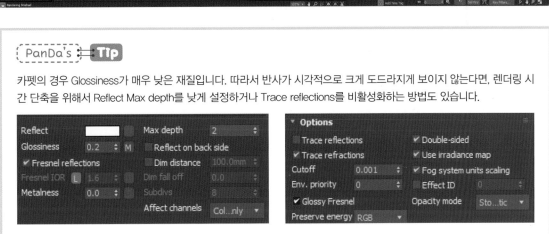

memo

Wood Hexagon

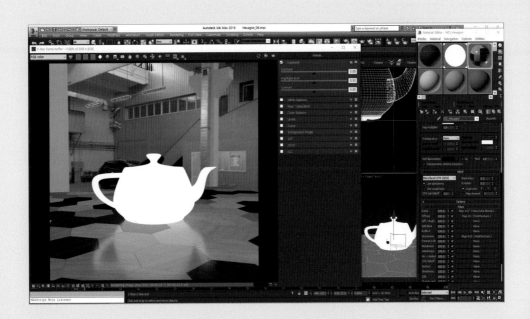

Wood Hexagon

일반적으로 사용한 Diffuse의 Texture의 밝기에 의하여, 기본적인 재질의 미세한 표면의 매끈함Glossiness 또는 거친Roughness 정도가 결정됩니다. 재질들의 미세 표면 거칠기는 서로 상이하나 표면 색상이 다른 경우라 할지라도 공장에서 동일한 공법으로 제조된 타일의 경우 색상이나 문양이 다양한 경우라도, 비슷한 수준의 Glossiness 값을 갖습니다. 그런데 여러 장의 밝기가 상이한 Texture에서 동일한 수준의 Glossiness Map을 작성하는 것은 쉽지가 않습니다. 따라서 'B2M'이라는 소프트웨어를 활용하여 다수의 Texture의 Glossiness Value를 비슷한 수준으로 설정하는 방법에 대해서 공부해 봅시다.

※ 주의 사항

'B2M'의 경우 Seamless Texture 기능이 기본적으로 비활성화되어 있습니다. 활성화한다고 하더라도 기능이 매우 취약 합니다. 게다가 기본적으로 무조건 정사각형 비율로 Texture를 변형시키기 때문에, 'B2M'에 사용하실 Textrue 의 경우 'Photoshop' 등을 활용하여 정사각형 비율의 Seamless Texture로 미리 만들어서 사용하셔야 합니다.

필자의 유료 영상 강좌에서 공개한 Node 구성 방법은 매우 위험하고(특정 버전에서 프로그램상 충돌 가능성이 있습니다.), 수고스러운 방법입니다. 특수한 목적(?) 때문에 고의로 정답과는 조금 거리가 있는 노드 구성 방식을 채택하였습니다. 이번에 공개 하는 방식이 가장 안정적이고 깔끔한 노드 구성 방식입니다.

1. Floor generator를 활용한 Hexagon Tile 만들기

01 Material Test_Final.max 파일을 불러옵니다. 기존의 Plane을 선택 후, Length 와 Width를 5000mm로 입력 합니다.

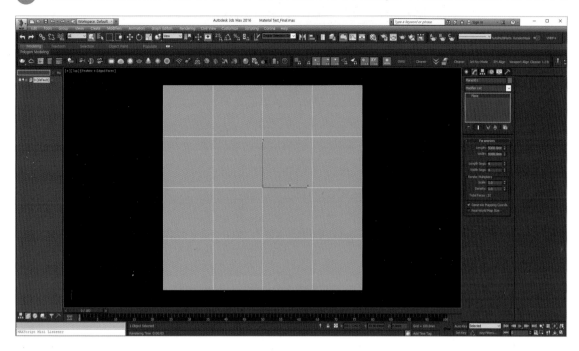

02 Plane을 선택 후 기본 VRayMtl을 적용 후 이름을 REV로 변경합니다. Diffuse는 가장 낮은 Alebdo 4%를 기준으로 255의 4%인 약 (10,10,10)으로 설정합니다. Reflect의 경우 비금속 재질이기 때문에 White로 설정합니다. Glossiness는 0.2로 설정합니다.

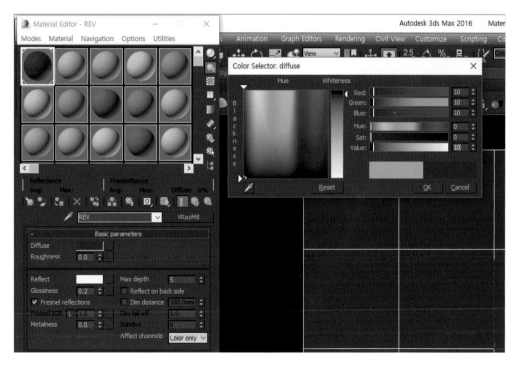

03 Plane과 동일한 크기의 Rectangle을 만듭니다.

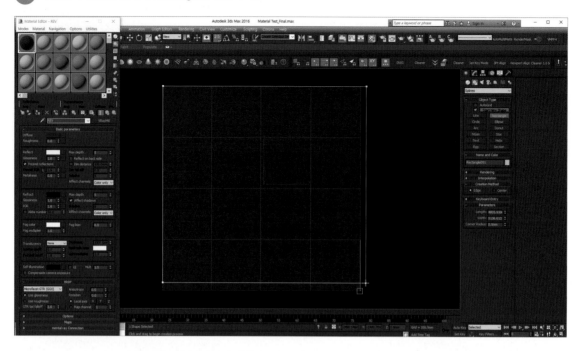

04 방금 만든 Rectangle을 선택 후, FloorGenerator를 적용 합니다.

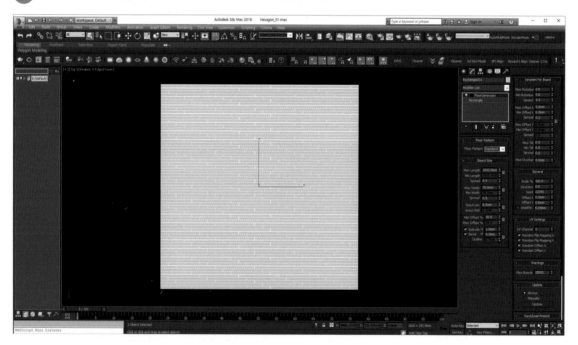

05 FloorGenerator의 Floor Pattern을 Hexagon으로 변경하고 Radius는 300mm로 변경합니다. Grout Size의 경우 1mm로 설정합니다.

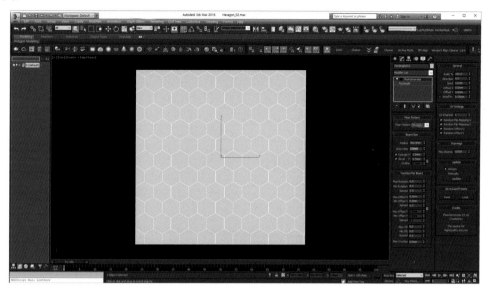

2. DarkNamer를 활용한 여러 장의 Texture 시퀀스화 하기

시퀀스라 함은 파일명을 하나로 통일하고 뒤에 숫자를 일률적으로 붙이는 작업을 말합니다. 시퀀스화를 하는 목적은 크게 2가지입니다. MultiTexture 플러그인에서 Texture를 불러 올 때 특정한 순서로 배열 하는 것과 'B2M'에서 여러 장의 Texture를 한 번에 불러와서 동일한 Glossiness를 일률적으로 적용하기 위함입니다.

그리고 VRayTriplanarTex를 사용하여 Texture를 무작위로 회전시키도록 하겠습니다.
단, 주의하실 점은 'B2M'의 경우 기본적으로 Texture의 비율을 정사각형의 비율로 만들게 되며, 게다가 Seamless Texture 기능이 있기는 하지만 매우 취약하다는 것입니다. 따라서 사용하실 Texture를 정사각형 비율의 Seamless Texture로 미리 만들어 놓으시는 것을 추천 합니다.

01 'DarkNamer'는 공개 소프트웨어입니다. 'DarkNamer'를 실행합니다. 필자가 제공한 무늬목의 Texture 7장을 'DarkNamer'로 드래그 앤 드랍 합니다.

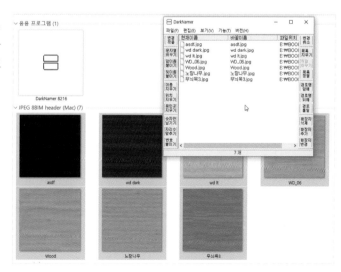

02 'DarkNamer'의 '이름 지우기' 버튼을 클릭하여 불러온 Texture의 이름을 지웁니다.

03 '앞이름 붙이기' 버튼을 클릭합니다. 입력창에 'WD_'를 입력 합니다. 그리고 '확인'을 누릅니다.

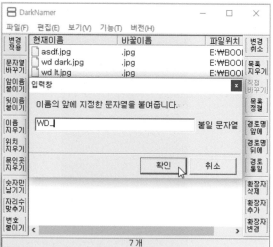

04 '번호 붙이기' 버튼을 클릭합니다. 자리수에 '2'를 입렵 합니다. 그리고 시작값은 '0'을 입력합니다. 추후에 사용할 'B2M'의 경우 프레임 처음 숫자가 0 이라서 그렇습니다.

05 마지막으로 '변경 적용' 버튼을 클릭 하시면 Texture의 이름이 변경되고 뒤에 순차적으로 숫자가 붙게 됩니다.

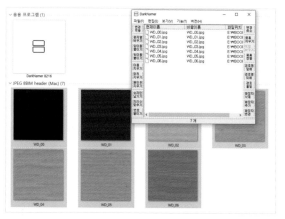

06 FloorGenerator로 생성한 헥사곤을 선택 후, VRayMtl 을 적용합니다. 이름은 'WD_Hexagon'으로 적용합니다. 비금속 재질이기 때문에, Reflect는 white로 설정합니다.

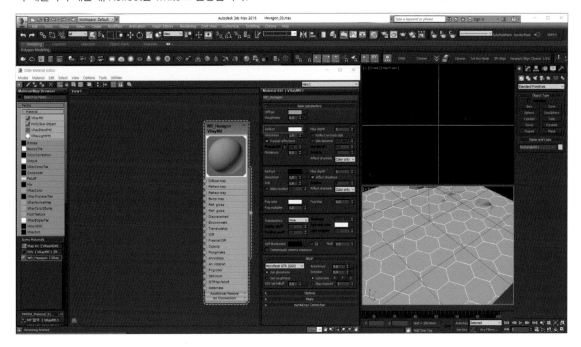

07 Diffuse에 MultiTexture를 적용합니다. Manage Textures 버튼을 클릭해서 'WD_00'부터 'WD_06'까지 7장의 Texture를 불러옵니다.

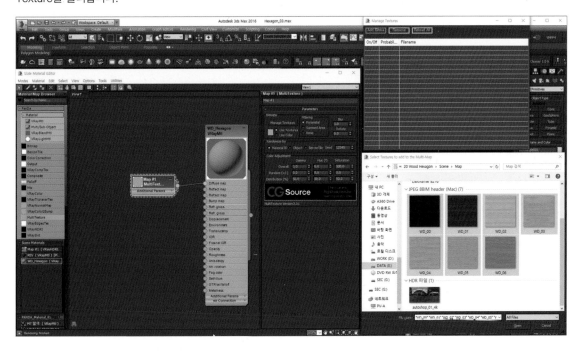

08 MultiTexture의 경우도 씨퀀스 순서에 따라서 위로부터 아래까지 'WD_00'부터 'WD_06'까지 순차적으로 Node가 연결이 됩니다.

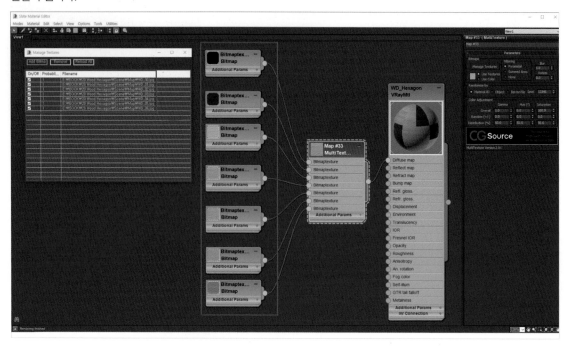

09 MultiTexture와 Diffuse 슬롯 사이에 VRayTriplanarTex를 삽입합니다. Size는 1000mm로 설정합니다. random textrue offset과 random texture rotation을 활성화합니다. random mode는 'By face ID'로 설정합니다.

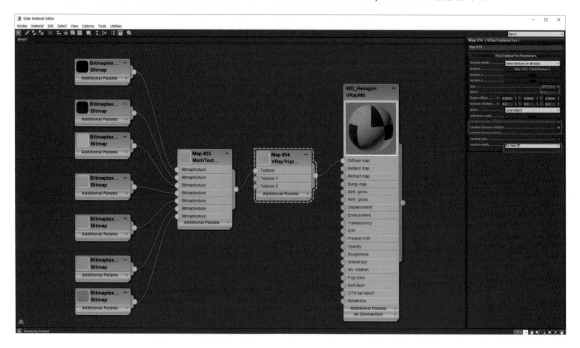

10 IPR을 구동시키면 Texture가 무작위로 배열이 되며, Rotation 된 모습을 보실 수 있습니다. 현재는 Glossiness Map 이 적용되지 않아서 반사가 매우 적나라한 모습으로 렌더링 되었습니다.

11 따라서 동일한 밝기의 글로시니스 Texture를 생성하기 위해서 'B2M'을 실행 합니다. 'WD_00' 텍스처를 2D View로 드래그앤 드랍 합니다. 씨퀀스 파일이기 때문에, 'WD_01'부터 'WD_06'까지 자동으로 입력됩니다.

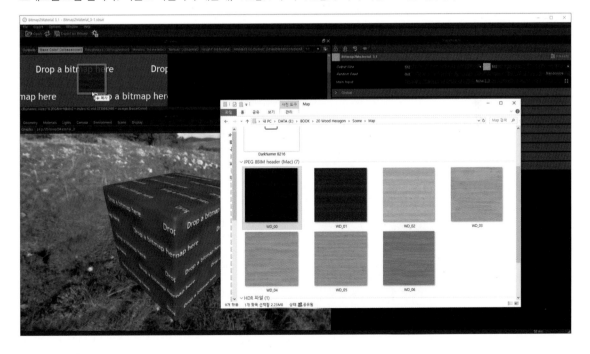

12 드래그 앤 드랍 하시면 나오는 팝업창에서 'Load in 'Main Input tweak''을 선택합니다.

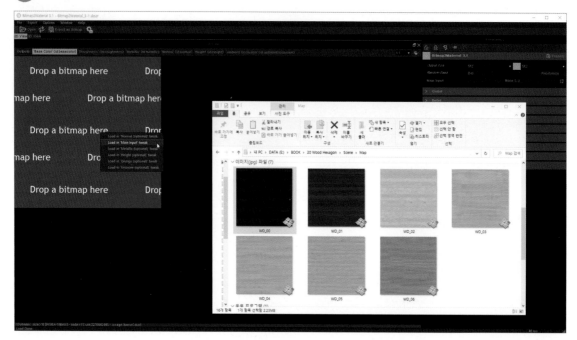

13 자동으로 씨퀀스를 인식 했다는 'Image sequence' 대화창이 나옵니다. 총 7장이 맞는지 확인 후 'OK'를 클릭합니다.

14 'B2M' 하단에 여러 장의 Texture를 로딩했기 때문에, 자동으로 타임라인이 나오게 됩니다.

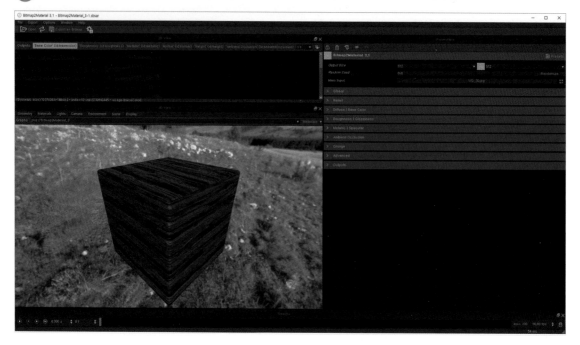

15 타임라인의 슬라이더 바를 우측으로 이동해 3 frame으로 이동시키면, 'WD_03' Texture가 보이게 됩니다. 간혹 특정 프레임에서 Texture가 보이지 않는 경우가 있습니다. 이는 '버그'로 추정되며 최종 이미지 저장 시 문제가 되지 않습니다.

16 Outputs 탭을 열고, Ambient Occlusion, Height, Normal, Metalic을 off 합니다. 그리고 VRay 경우 기본 설정이 Glossiness 개념을 사용하고 있기 때문에, Glossiness를 on 합니다. Roughness Map은 사용하지 않는다고 하더라도 항상 'on' 상태를 유지하셔야 합니다.

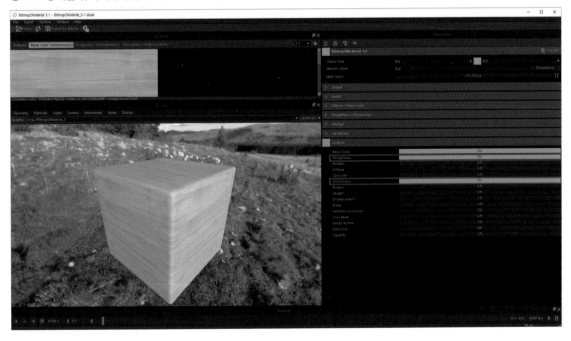

17 'B2M'의 'UI'를 작업하기 편리하도록 변경하도록 하겠습니다. 좌측 하단의 '3D View'를 드래그 해서 우측 상단으로 이동합니다.

18 각각의 윈도우 수직 수평 경계를 조정해서 좌측의 2D View 영역을 넓게 보이도록 조정 합니다.

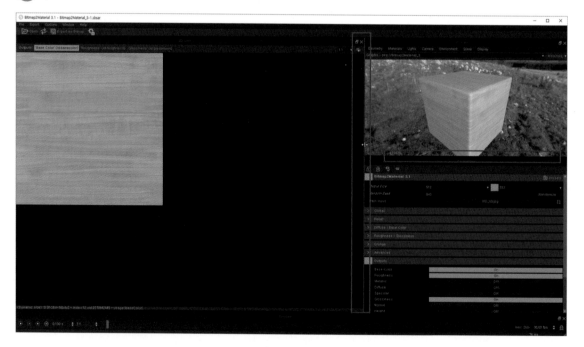

19 View Option Menu를 클릭 후, 'Split horizontally'를 선택하여 '2D View'를 수평으로 2개로 분할합니다.

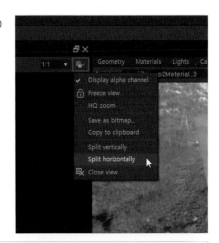

20 우측 '2D View'에서 'Glossiness' 탭을 선택합니다.

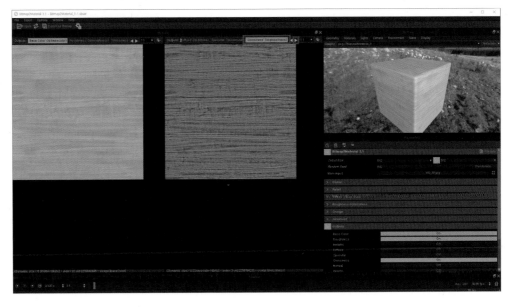

21 Roughness | Glossiness 탭을 클릭하여 엽니다. 기본적으로 'B2M'은 'Roughness Value' 입력이기 때문에 글로시니스 값을 입력하기 위해서는 '1-Roughness'로 계산하셔야 합니다. 글로시니스 0.85를 입력 하려면, 0.15를 입력해야 합니다.

22 Output Size를 1024로 변경 합니다.

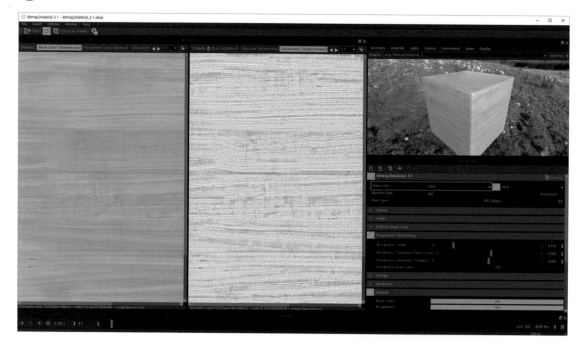

23 공장에서 생산된 '무늬목'이기 때문에 Roughness | Glossiness 탭에서 편차를 줄이기 위해서 Roughness Variations From curves를 0.3 입력합니다. 'B2M'의 경우 생성된 Texture가 거칠게 생성이 되기 때문에 Roughness Variations Softness를 0.7 입력합니다. 과도하게 수치를 올릴 경우 디테일이 뭉개지게 됩니다.

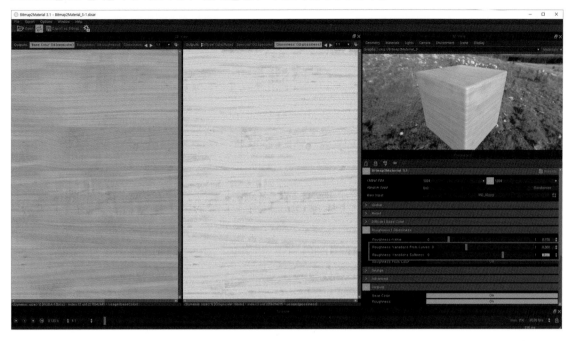

24 타임라인의 Maximum Range가 기본값이 200입니다. B2M은 시작이 0 프레임부터 시작합니다. 따라서 총 7장의 시퀀스라면 6을 입력 하셔야 합니다.

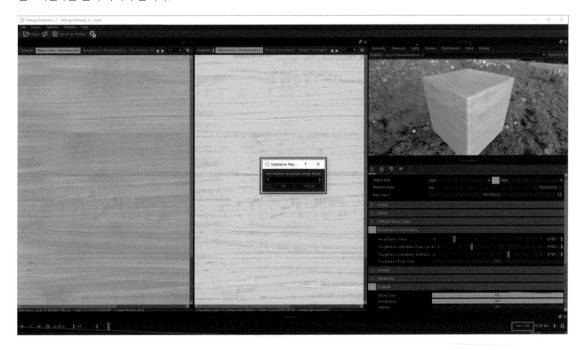

25 하부의 타임 슬라이더 범위가 0 – 6 프레임으로 확대되기 때문에 슬라이더를 좌우로 드래그 하기 편리해 집니다.

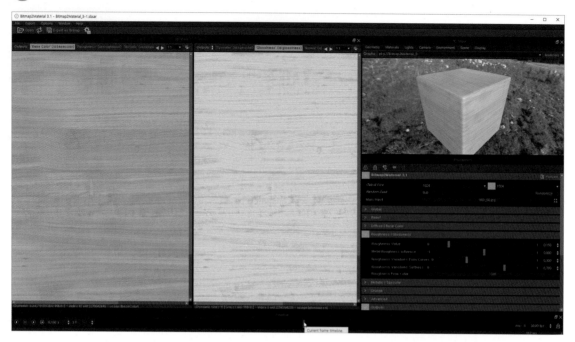

26 슬라이더를 특정 프레임으로 이동해 봅시다. 필자는 1프레임으로 이동 했습니다. 간혹 특정 프레임에서 Texture가 제대로 보이지 않는 경우가 있습니다. 이는 버그로 추정되며 나중에 이미지를 저장할 때는 전부 다 저장되기 때문에 특별히 걱정 하실 필요는 없습니다. Base Color의 밝기가 상이한데도 불구하고 Glossiness Texture는 동일한 밝기로 적용이 된 것을 알 수 있습니다.

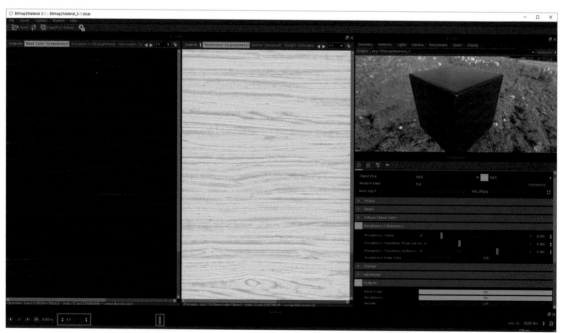

27 Export as Bitmap 버튼을 클릭합니다. 24번 과정에서 Max Frame을 6으로 설정했기 때문에, End Frame이 자동으로 6으로 변경이 되어있습니다. 24번 과정을 하지 않으신 분들은 기본 200 Frame으로 되어 있어서, 이 과정에서 필히 6 Frame 으로 변경 하셔야 합니다. 'Browse' 버튼을 클릭하셔서 저장될 위치를 설정 합니다. Format은 'png'로 설정 합니다. Base name pattern 은 WD_%O_##로 입렵 합니다. Select Output(s) to export에서 'Glossiness'를 제외한 모든 옵션은 비활성 화합니다. Export 버튼을 클릭 합니다.

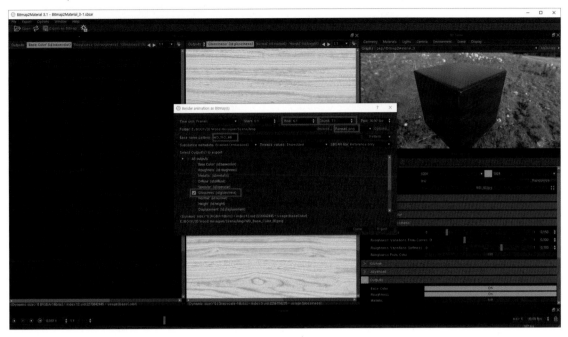

28 Export 버튼을 클릭 하시면, 7장의 Texture가 지정된 경로에 지정한 형식으로 저장이 되었다고 표시가 됩니다. 'Close' 버튼을 클릭하여 종료 합니다.

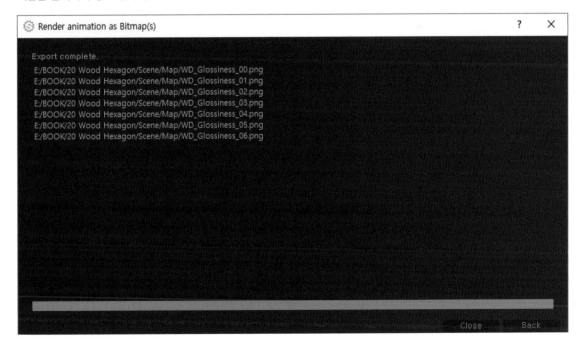

29 기존 작업하던 3ds Max에서 MultiTexture와 VRayTriplanarTex를 선택 후 'Shift' 드래그 하여 복사합니다.

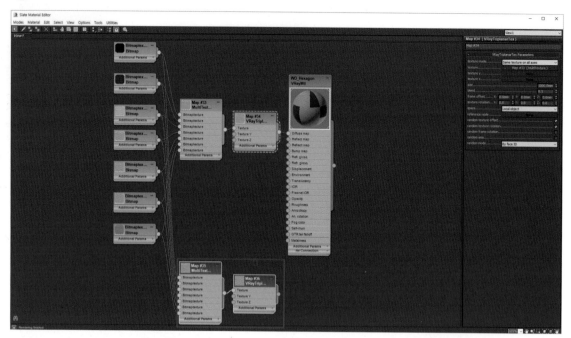

30 새로 복사한 MultiTexture에서 기존에 있던 Diffuse Texture를 선택하고 'Remove' 버튼을 클릭하여 제거합니다.

31 'Add Bitmap' 버튼을 눌러서 새로 작성한 Glossiness Texture를 로딩 합니다.

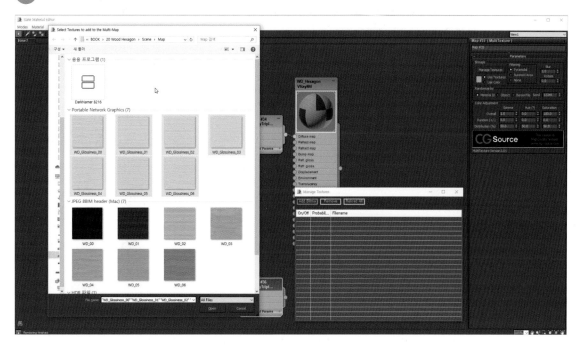

32 Glossiness Texture는 Degamma를 해서 불러와야 합니다. 하지만, MultiTexture는 Texture를 로딩할 때 감마 설정 시스템이 없습니다. 따라서 감마 2.2의 역수인 0.4545를 입력해서 모든 Texture를 한번에 Degamma 합니다.

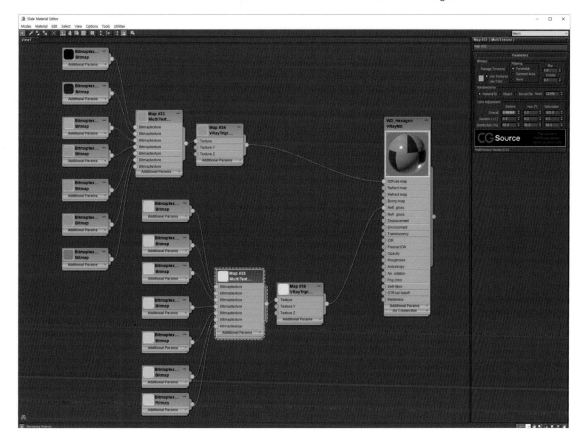

33 Glossiness Texture 에 연결된 VRayTriplanarTex를 'WD_Hexagon VRayMtl'의 Refl. gloss 에 연결합니다.

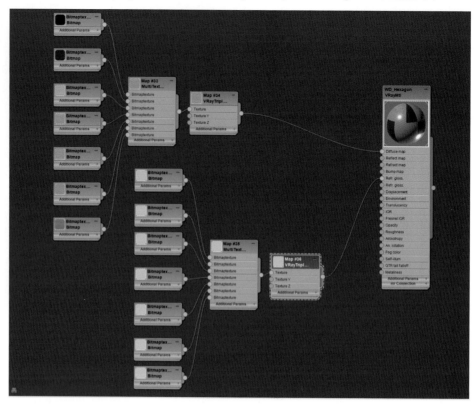

34 IPR을 구동하여 렌더링 해봅시다. 사용한 HDRI의 형광등의 휘도가 매우 높기 때문에 렌더링 이미지가 오버브라이트 되었습니다.

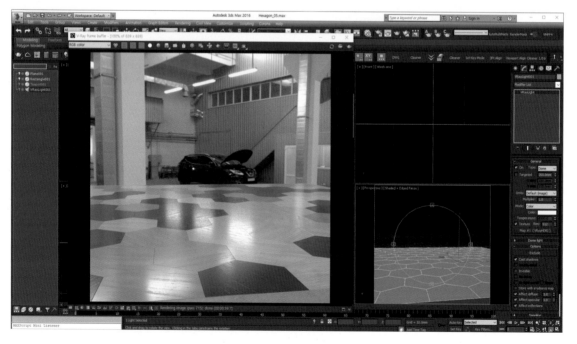

35 Force Color Clamping 을 비활성화 한 후, correction control 패널을 엽니다. 오버브라이트된 영역이 보입니다.

36 Exposure를 활성화 한 후, Highlight Burn 슬라이더를 좌측으로 이동시켜서 오버브라이트 영역 표시가 없어질 때까지 이동합니다.

37 RGB Pass에서 HDRI를 사용하여 시각적으로 동일한 글로시니스가 적용되었는지 판단하기 어려운 경우, 대안으로 주전자를 활용하는 방법이 있습니다. VRayDome 라이트를 선택 후, Affect specular와 Affect reflections를 비활성화합니다.

38 주전자를 생성 후 VRaylightMtl을 적용합니다. Compensate camera exposure를 활성화합니다. VRaylightMtl의 적정 세기는 화이트로 렌더링 되도록 설정해야 합니다. 현재 VFB의 Force color clamping이 해제된 상태이기 때문에, VRaylightMtl의 세기를 점차적으로 증가시키다가 경고 컬러가 나오기 바로 직전의 세기로 설정하시면 됩니다. 필자는 2가 적정 값입니다. Diffuse의 밝기가 각각 상이한 헥사곤 타일의 주전자 반사가 거의 유사한 상태로 렌더링 되는 것을 시각적으로 확인하실 수 있습니다.

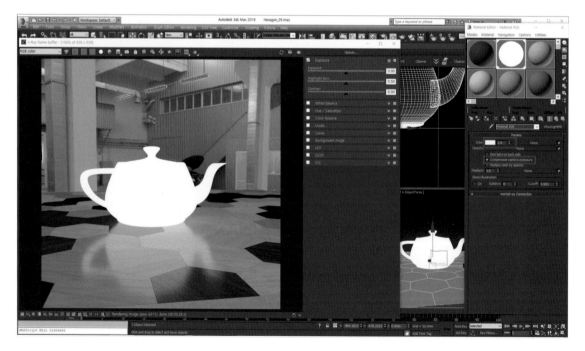

39 글로시니스의 정도를 렌더링된 이미지에서 확인하는 것보다 가장 정확한 방법은 VRayMtlReflectGlossiness 엘레먼트를 통한 '정량적' 분석입니다. 'Pixel Information' 창을 연 후 Hexagon 타일 부위에 마우스 포인터를 위치합니다. 마우스 부근의 Glossiness 값이 표기됩니다. 'B2M'에서 입력한 (1-0.15) 즉 약 0.85가 표기되는 것을 보실 수 있습니다.

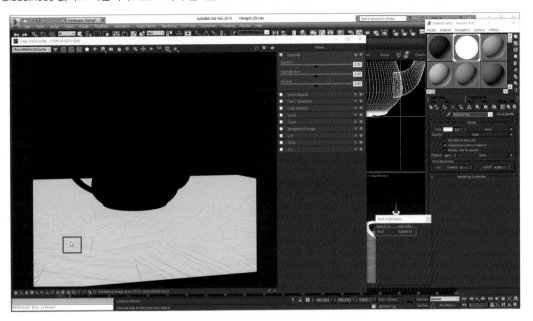

40 Bump Map을 적용하도록 하겠습니다. Glossiness에 사용한 MultiTexture에 VRayColor2Bump를 연결 후 WD_Hexagon VRayMtl의 Bump Map에 연결합니다. 재질을 구성하는 다양한 Texture가 사용된 경우 특정 요소만 별도로 보는 것이 어려울 수 있습니다. 따라서 Bump Map을 제외한 나머지 Texture를 비활성화합니다. Bump의 세기는 100으로 설정 합니다.

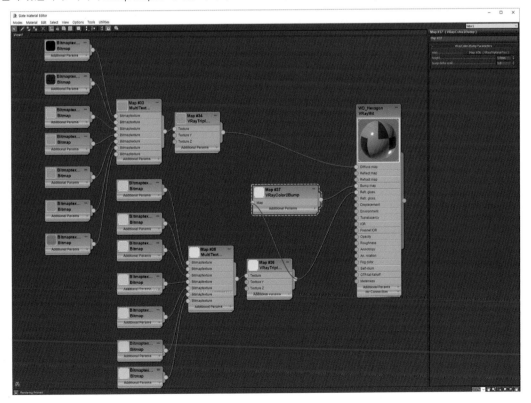

41 VFB에서 RGB color 엘레먼트로 변경합니다. 다른 Texture가 비활성화 되어 Bump의 정도를 시각적으로 구분하기 편리 합니다. Bump의 세기는 height 값을 조정하시면 됩니다. 필자는 기본값 1로 적용 하겠습니다.

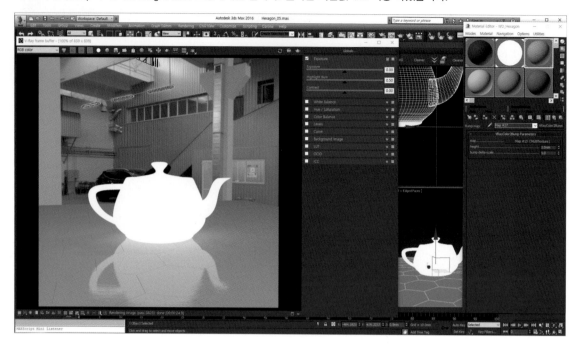

42 Bump의 정도를 결정 하셨다면, 나머지 모든 Texture를 활성화 하시면 재질 작업은 완료됩니다.

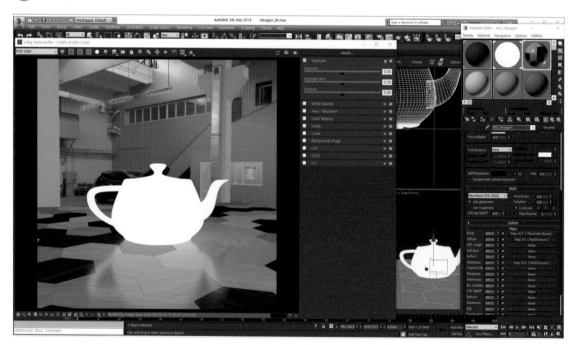

Metal

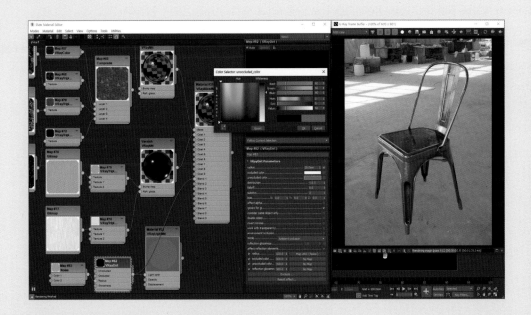

VRay NEXT 이전 버전까지는 물리적으로 정확한 금속 표현이 어려웠습니다. 따라서 파장별로 Falloff 커브를 이용하여 금속 반사를 표현하거나 플러그인 등을 사용해서 물리적으로 올바른 금속 재질을 표현해 왔습니다. 그러나 VRay NEXT에서는 Metalness Workflow를 지원하게 되면서 매우 쉽고 직관적인 금속 표현이 가능합니다.

1. 잘못된 금속 재질 작성법

Reflect Fresnel IOR 값을 매우 높게 설정하여 반사를 강하게 하는 방법이 물리적으로 오류인 이유에 대해서 공부해 봅시다.

01 Metal_01.max 실행하고, IPR을 구동합니다. 금속의 경우 대부분의 빛 에너지를 표면에서 반사시키고 나머지는 흡수합니다. 따라서 매질을 구성하는 미립자 성분과 충돌하고 표면 밖으로 튕겨 나온 빛 성분이 존재하지 않습니다. 즉 Diffuse 성분이 존재하지 않습니다. 따라서 Diffuse 색상은 R,G,B(0,0,0)로 설정합니다.

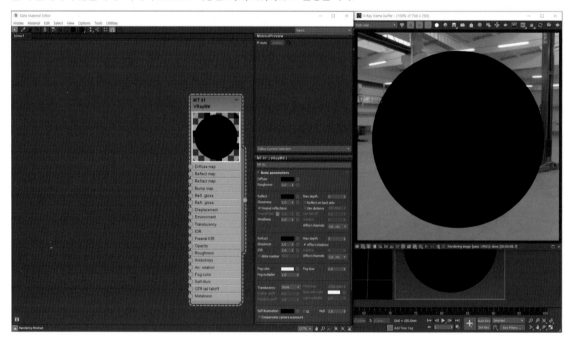

02 금속의 경우 표면에서 특정 파장의 빛을 반사합니다. 반사된 특정 파장에 의해서 금속 고유의 색상이 결정됩니다. 따라서 금속의 색상은 Reflect 색상에 의해서 결정이 됩니다. 이번 예제는 Copper 재질을 만들어 보도록 하겠습니다. Reflect에 VRayColor map을 적용하고 R,G,B를 각각 0.95,0.64,0.54로 입력 합니다.

Material	$F(0°)$ (Linear)	$F(0°)$ (sRGB)	Color
Water	0.02,0.02,0.02	0.15,0.15,0.15	
Plastic / Glass (Low)	0.03,0.03,0.03	0.21,0.21,0.21	
Plastic High	0.05,0.05,0.05	0.24,0.24,0.24	
Glass (High) / Ruby	0.08,0.08,0.08	0.31,0.31,0.31	
Diamond	0.17,0.17,0.17	0.45,0.45,0.45	
Iron	0.56,0.57,0.58	0.77,0.78,0.78	
Copper	0.95,0.64,0.54	0.98,0.82,0.76	
Gold	1.00,0.71,0.29	1.00,0.86,0.57	
Aluminum	0.91,0.92,0.92	0.96,0.96,0.97	
Silver	0.95,0.93,0.88	0.98,0.97,0.95	

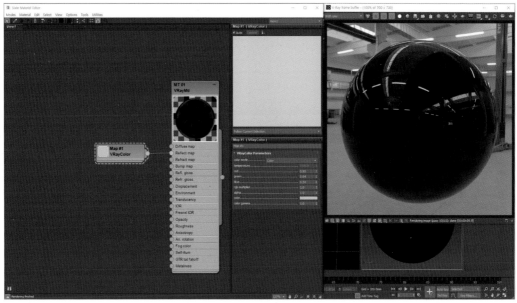

03 반사도가 매우 낮게 렌더링이 되었습니다. VRay는 복합 Fresnel을 계산할 수가 없어서 금속이 제대로 표현이 안 되는 문제점을 갖고 있습니다. 따라서 일반적인 사용자들의 경우 IOR 값을 매우 높게 설정해서 반사도를 올리는 방법을 사용해 왔습니다. Fresnel IOR 에 최대치 100을 입력 합니다.

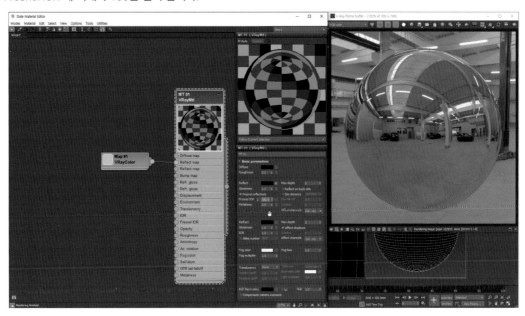

04 반사의 정도를 정확하게 파악하기 위해서 VFB에서 VRayreflectionFilter 모드로 변경합니다. Pixel information 창을 열고 렌더링 된 구의 가운데 지점과 측면 지점의 R,G,B 값을 측정합니다. 반사도가 정면에서 R,G,B(0.913,0615,0512) 측면R,G,B(0.832,0561,0473)으로 갈수록 감소합니다.

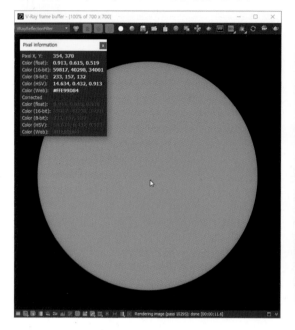
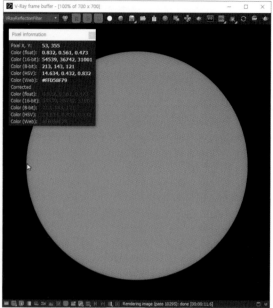

05 다음 그림에서 보시면 실제 금속의 물리적인 반사도는 정면에서 측면으로 갈수록 반사도가 100%에 수렴하게 됩니다. 따라서 Fresnel IOR 값을 높게 설정하는 방식은 시각적으로는 그럴듯해 보여도, 실제 물리적인 반사율과 반대로 측면으로 갈수록 반사도가 감소하기 때문에 명백하게 잘못된 방식입니다.

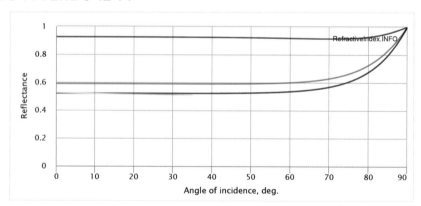

2. ComplexFresnel 플러그인을 사용한 금속 재질 작성법

VRay의 Fresnel은 단순한 함수를 사용하기 때문에, 비금속 재질에서만 유효합니다. 따라서 무료 ComplexFresnel 플러그인을 사용하여 간단하게 금속 재질을 작성하는 방법을 주제로 공부해 봅시다. VRay NEXT 이전 버전을 사용하고 계신 분들은 이후 강좌는 VRay Next의 Metalness 워크플로우로만 진행을 합니다. 따라서 대안으로 ComplexFresnel을 사용하셔도 됩니다.

01 https://www.sigerstudio.eu/sigertexmaps-complexfresnel/에서 자신이 사용하는 3ds Max 버전에 맞는 ComplexFresnel 플러그인을 내려받습니다. 설치는 C:\Program Files\Autodesk\3ds Max 2019\Plugins 경로에 플러그인을 복사합니다.

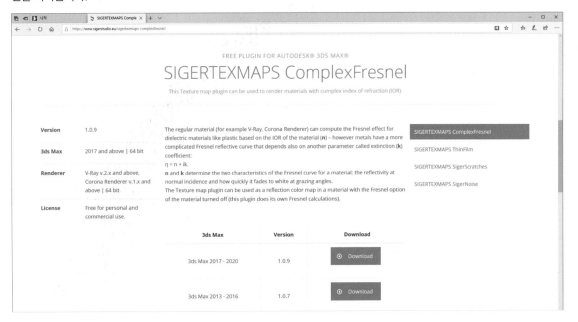

02 사용법은 매우 간단합니다. Diffuse 색상은 Black, 그리고 Fresnelreflectoins 설정을 해제합니다. Reflect map에 ComplexFresnel을 적용합니다.

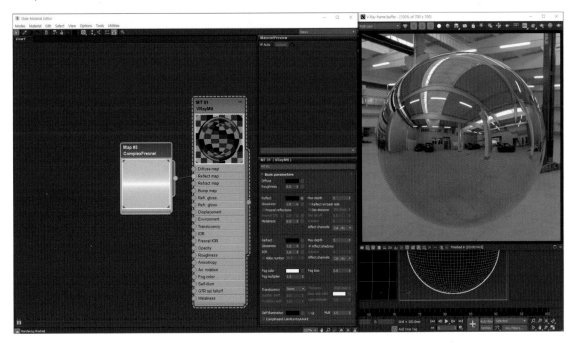

03 ComplexFresnel은 미리 정의된 Presets가 있습니다. 원하는 금속을 선택하시면 됩니다. 색상을 수정하기 위해서는 Color Adjustment의 명령어를 사용하시면 됩니다. 기본 설정은 Copper입니다.

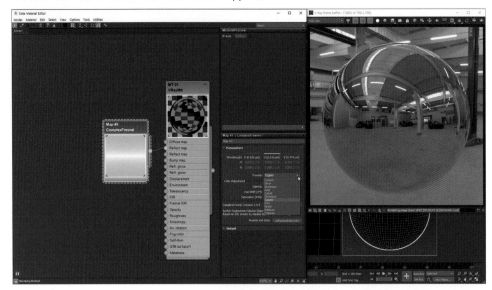

04 VFB 좌측은 IOR 100을 사용하여 렌더링한 이미지이며, 우측은 ComplexFresnel을 사용한 렌더링 결과물입니다. 반사의 정도를 보시면 ComplexFresnel을 사용하여 렌더링한 결과물이 측면으로 갈수록 반사도가 100%에 수렴하는 1-05의 표와 일치하고 있습니다.

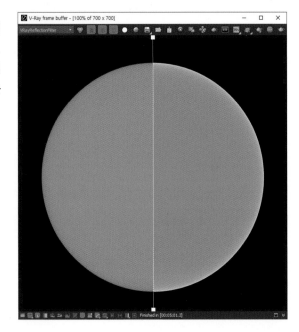

3. VRay NEXT의 Metalness를 사용한 금속 재질 작성

VRay NEXT 이전 버전에서는 금속과 비금속을 구분해서 Diffuse와 Reflection 색상을 적용했습니다. 비금속의 경우 Diffuse에 재질의 고유색을 입력하고 Reflection에 흰색을 입력했습니다. 그리고 금속의 경우 Diffuse에 검은색 그리고 Reflection에 금속 고유의 색을 입력하는 번거로운 방법을 사용했습니다. 그러나 VRay NEXT에서는 Metalness를 사용할 경우 작업 방법이 매우 간소해집니다.

01 Metal_01.max파일을 실행합니다.

https://www.chaosgroup.com/blog/understanding-metalness 에 가시면 금속 관련 표가 있습니다. VRay NEXT 이전 버전에서는 Reflection color에 원하는 금속 색상을 입력했지만, VRay NEXT에서는 금속이든 비금속이든 무조건 흰색으로 입력하시면 됩니다.

이번 예제는 Gold 재질을 작성하겠습니다. NEXT 이전 버전에서는 Diffuse를 금속의 경우 검정색으로 입력했지만 NEXT에서는 원하는 금속 색상을 Diffuse에 입력하시면 됩니다. R,G,B(243, 201,104)로 입력합니다. 그리고 IOR은 1.35002을 입력합니다. 3ds Max 기본 설정이 소수점 2자리 아래는 생략되기 때문에 1.35가 입력됩니다. 이 정도 오차는 크게 문제가 되지 않습니다. 마지막으로 Metalness를 1로 설정합니다. IPR을 구동합니다.

Name	Base (diffuse) color			Reflection color			IOR	Metalness	Base color (web)	Base color (sRGB)
	Red	Green	Blue	Red	Green	Blue				
Silver	252	250	249	255	255	255	1.082	1	fefefd	
Gold	243	201	104	255	255	255	1.35002	1	fbe6ab	
Copper	238	158	137	255	255	255	1.21901	1	f8cfc2	
Aluminium	230	233	235	255	255	255	1.002	1	f5f6f6	
Chromium	141	141	141	255	255	255	1.03	1	c5c5c5	
Lead	167	168	176	255	255	255	1.016	1	d4d5d9	
Platinum	243	238	216	255	255	255	1.024	1	faf8ee	
Titanium	246	239	208	255	255	255	1.086	1	fcf9ea	
Tungsten	236	213	193	255	255	255	1.007	1	f7ece2	
Iron	226	223	210	255	255	255	1.006	1	f3f1eb	
Vanadium	241	228	199	255	255	255	1.034	1	faf3e5	
Zinc	223	221	218	255	255	255	1.011	1	f1f0ef	
Nickel	226	219	192	255	255	255	1.016	1	f3efe2	
Mercury	199	198	198	255	255	255	1.013	1	e5e5e5	
Cobalt	174	167	157	255	255	255	1.031	1	d8d4cf	

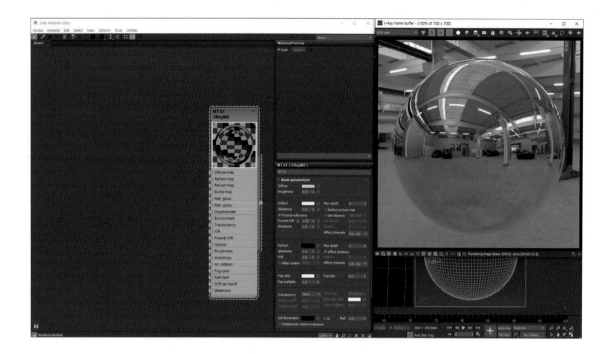

02 VRayDiffuseFilter 엘레먼트를 보시면 사용자가 노란색 계열로 설정하더라도, 순수한 검은색으로 렌더링 됩니다. 즉 VRay NEXT 이전 버전에서 금속 재질 표현을 위해서 Diffuse를 검은색으로 사용자가 설정했던 작업을 단지 Metalness를 1로 설정 하면 VRay가 내부적으로 알아서 처리합니다.

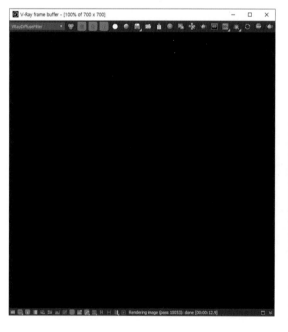

03 VRayReflectionFilter를 보시면, 사용자가 Reflection 색상을 흰색으로 설정하더라도 Metalness를 1로 설정하면 Diffuse에 사용한 R,G,B(243, 201,104)을 Reflection 색상으로 변경해서 렌더링합니다. 따라서 과거 VRay에서는 금속과 비금속을 구분하여 Diffuse와 Reflection 색상을 적용하였지만, NEXT에서는 일반적인 비금속 재질 작성법과 동일하게 금속 재질을 설정하고 단지 Metalness만 1로 설정 하시면 됩니다. 그리고 반사도가 측면으로 갈수록 100%에 수렴하고 있습니다.

4. 실무 금속 재질 작성법

이전 단락에서 카오스 그룹에서 공개한 금속표를 통하여 물리적으로 정확한 금속 재질 작성법에 관해서 공부했습니다. 그러나 이 방법은 실무에 적용하기에는 명백한 어려움이 있습니다. 첫 번째, 현실에서 사용하는 금속 대부분은 합금입니다. 즉 표에서 보는 것처럼 순금 재질보다는 18K, 14K처럼 금 이외의 다양한 금속 혼합물로 구성된 합금이 대부분입니다. 두 번째, 내가 만들고자 하는 참고 이미지의 금속이 정확하게 어떠한 금속 성분인지 알 수가 없습니다. 따라서 이번 단락에서는 실무적인 방법을 주제로 공부해 봅시다.

01 이전 단락에서 Gold 재질 만들기에서 계속해서 이어서 진행합니다. 참고 이미지는 크리스마스 장식 공입니다. 금속 재질이지만 정확하게 어떠한 금속 성분인지 이미지만으로는 알 수 없습니다. 따라서 Diffuse 색상에서 스포이드를 선택하고 원하는 이미지를 클릭하기만 하면 됩니다.

02 Glossiness를 약 0.7로 설정합니다.

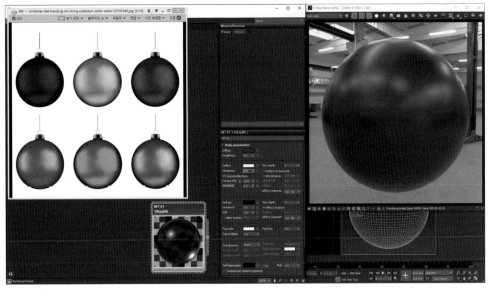

03 참고 사진의 금속 성분을 정확하게 알 수가 없으므로, IOR을 정확하게 찾아서 입력하기가 불가능합니다. 따라서 임의적인 수치를 입력해야 합니다. 카오스 그룹에서 제안하는 표를 보시면 Gold, Coper를 제외하면 대략 평균 IOR 1.01의 수치를 가지고 있습니다. 좌측은 IOR 1.01, 우측은 IOR 1.6입니다. IOR 수치가 증가할수록 채도가 감소합니다. 참고 이미지와 유사한 채도는 IOR 1.01입니다.

PanDa's : Tip

금속 재질 표현에 있어서 경험적으로 IOR 수치는 1.01 정도면 큰 무리가 없습니다. 다만 IOR 수치를 1.0으로 설정할 경우 과도한 채도 증가와 반사도가 측면으로 갈수록 감소하여 명백하게 물리적으로 잘못된 결과물이 렌더링 됩니다.

좌측 IOR 1.01 우측 IOR 1.0

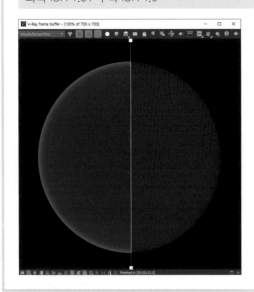

5. SUS Hairline

현업에서 써스라고 불리는 SUS는 'JIS(일본공업규격)'에서 'Steel Use Stainless'의 약어를 규정한 것입니다. 'KS(한국공업규격)'에서는 'STS(Stainless Steel)'로 규정하고 있습니다. 스텐인레스강은 Fe에 Cr, Ni 등을 첨가한 합금입니다. 그리고 헤어라인은 금속의 표면 처리를 머리카락처럼 줄무늬 처리를 하는 것을 의미합니다. 헤어라인의 방향에 따라서 스페큘러가 방향성을 가지게 됩니다. 이러한 점에 주의해서 재질을 작성해 봅시다.

01 MT SUS HAIR 01.max 파일을 실행합니다. VRayMtl의 Reflect color는 무조건 흰색으로 설정합니다. 써스의 경우 합금입니다. 그러나 주성분이 철을 기본으로 하므로, 카오스 그룹의 표에서 가장 유사한 Iron을 참고합니다. Diffuse 색상은 RGB(226,223,210)로 입력합니다. Fresnel IOR은 1.006으로 입력합니다. IPR을 구동합니다. Highlight Burn을 0.25를 입력하여 노출 오버가 된 영역을 조정합니다.

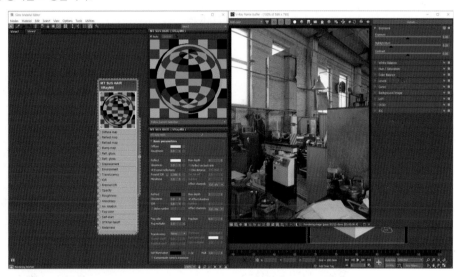

02 VRayMtl의 Bump Map에 Noise Map을 적용합니다. Noise Type은 Fractal로 변경합니다. Color #1은 RGB(128,128,128) 그리고 Color #2는 RGB(132,132,132)로 설정합니다.

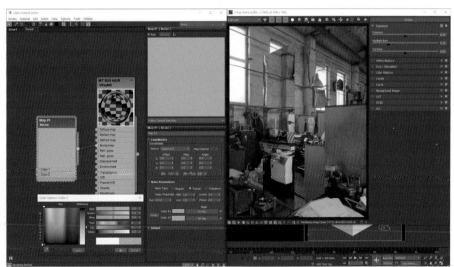

03 Glossiness Map을 만들기 위해서 포토샵에서 신규 도큐멘트를 생성합니다. Color Mode는 Grayscale로 설정합니다. 보다 정확한 정보를 담기 위해서 채널당 16bit를 사용합니다.

04 새로 생성된 도큐먼트에 포토샵에서 Noise를 적용합니다.

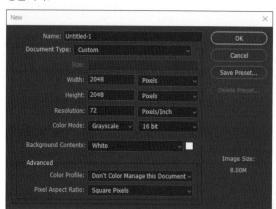

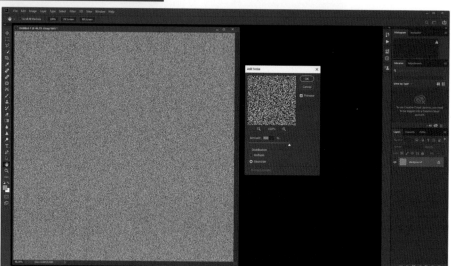

05 Filter〉Blur〉Motion Blur를 적용합니다.

06 기본 과정에서 다루었던 Seamless Texture를 제작합니다. 레이어를 복사 후, Offset 필터를 적용합니다. 그리고 이음매가 보이는 부분을 지우개 도구로 부드럽게 지워줍니다. 포토샵을 활용한 Seamless Texture 제작 방법은 기초 편에서 자세한 설명을 참고하세요

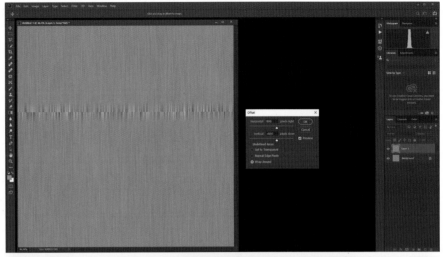

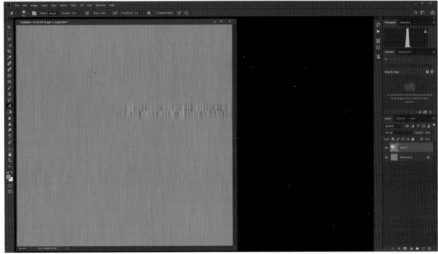

07 저장하실 때 포맷은 PNG를 사용합니다. 채널당 16 bit의 많은 정보량을 저장하실 수 있습니다. 따라서 3ds Max에서 Texture의 밝기를 조정할 때 이미지 손실이 덜 합니다.

08 물체를 선택하고 UVW Map 모디 파이어를 적용합니다. Mapping 타입은 Box로 설정합니다. 가로 세로 높이에 각각 1000mm를 입력합니다.

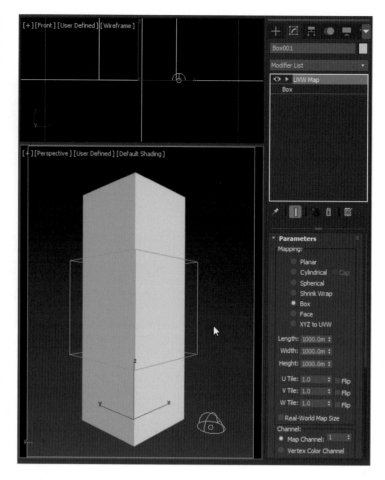

09 포토샵에서 제작한 Glossiness Texture를 감마 1.0으로 불러옵니다. Color Correction 노드를 추가한 후 Brightness 를 30 입력합니다.

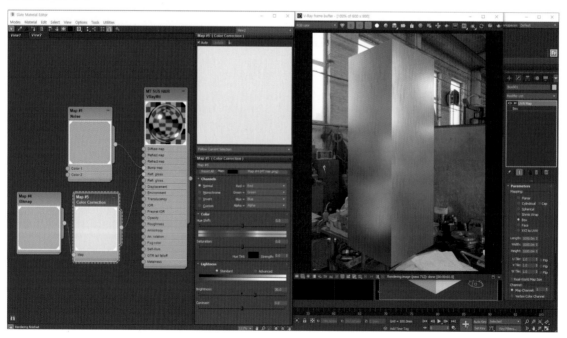

10 헤어라인 크기가 크기 때문에, UVW Map의 Tile 값을 각각 2로 입력합니다.

11 헤어라인 가공을 하게 되면, 스페큘러와 반사가 헤어라인의 방향과 직각으로 늘어지게 됩니다. Anisotropy를 0.7로 입력합니다.

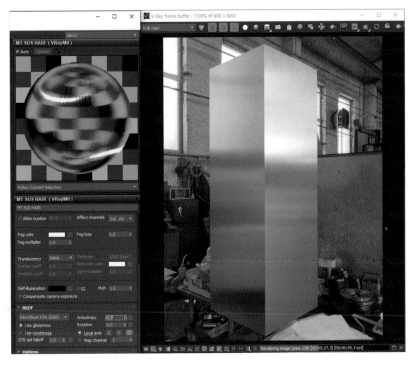

12 VRayEdgesTex Map의 World width를 1.0 mm로 설정합니다. Noise Map과 VRayEdgesTex Map을 Mix Map의 Color 1과 Color 2에 연결합니다. Mix Amount를 50으로 설정합니다.

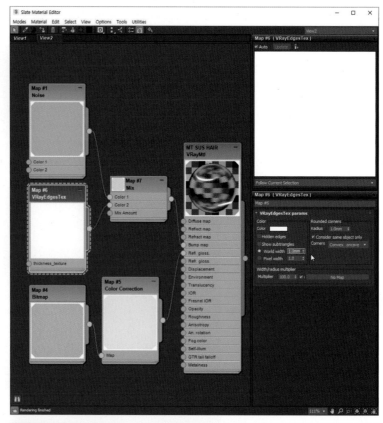

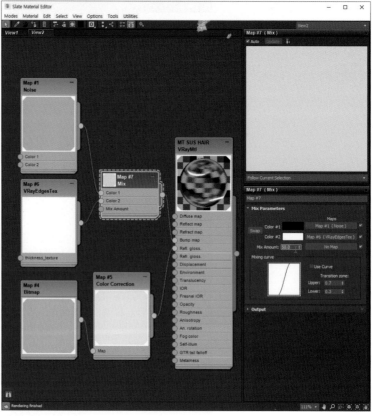

6. A chair Part 01

Tolix 사에서 판매하는 A 의자는 상당히 다양한 종류의 색상과 마감으로 판매되고 있습니다. 그리고 수많은 카피 제품까지 생산되면서 더욱 더 많은 종류의 마감과 색상이 존재합니다. 그리고 이 의자는 Out Door 용으로도 사용하기 때문에 다양한 오염이 발생합니다. Part 01에서는 다양한 오염에 의한 금속의 사실적인 표현에 대해서 다루겠습니다. 따라서 여러 장의 Roughness Map을 혼합하는 방법에관하여 집중적으로 공부해 봅시다.

01 A chair_01.max를 실행합니다. Metalness 워크플로우를 사용하여 진행합니다. 카오스 그룹에서 공개한 표를 참고합니다. Reflect Color는 흰색으로 설정합니다. Diffuse는 226,223,210 그리고 Fresnel IOR은 1.006 Metalness는 1로 설정합니다.

Iron	226	223	210	255	255	255	1.006	1	f3f1eb	

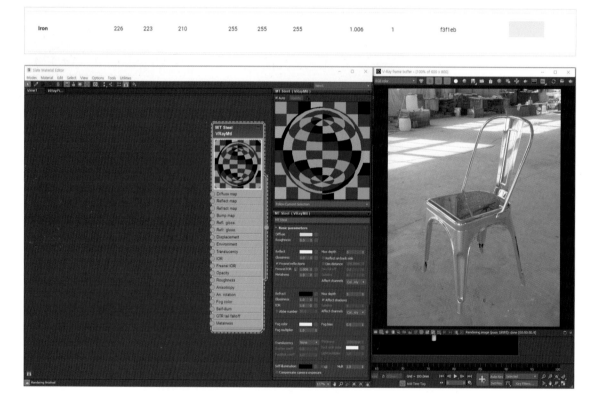

02 Bump Map에 Noise Map을 적용합니다. 반사가 미세하게 일그러지게 됩니다.

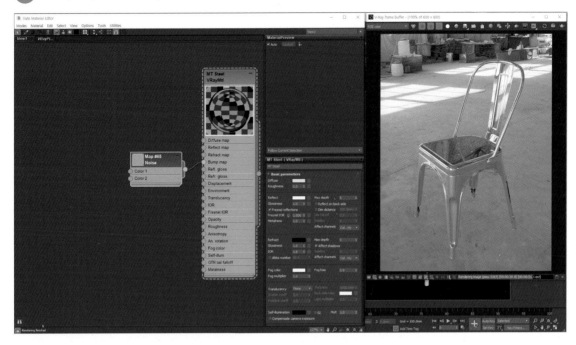

03 cgbookcase.com에서는 무료의 다양한 고해상도 Texture를 제공합니다. 필자는 2K로 진행하겠습니다. https://cgbookcase.com/textures/smudges-01에서 오염 표현에 사용할 Texture를 내려받습니다. A 의자는 Out door용으로도 사용하기 때문에 비에 의한 물자국이 생기기 쉽습니다. https://cgbookcase.com/textures/liquid-stains-01에서 물자국에 사용할 Texture도 내려받습니다. 그리고 고광택 금속의 경우 지문이 묻는 경우가 많습니다. https://cgbookcase.com/textures/fingerprints-06에서 지문 Texture를 내려받습니다.

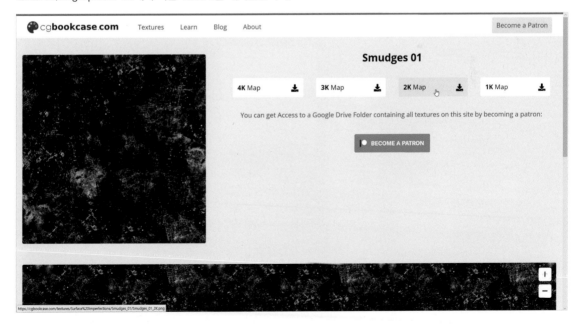

04 방금 내려받은 Texture는 Roughness Texture입니다. 따라서 VRayMtl에서 Use roughness를 선택합니다. Glossiness가 Roughness로 이름이 변경됩니다. Roughness 0.96은 Glossiness 0.04와 동일한 현상에 대한 반대 개념이기 때문에 샘플 슬롯과 렌더링 결과물이 달라지는 것에 주의하세요. 노드에는 Roughness라고 변경이 되어야 하지만, Refl. gloss라고 되어있습니다. 버그입니다.

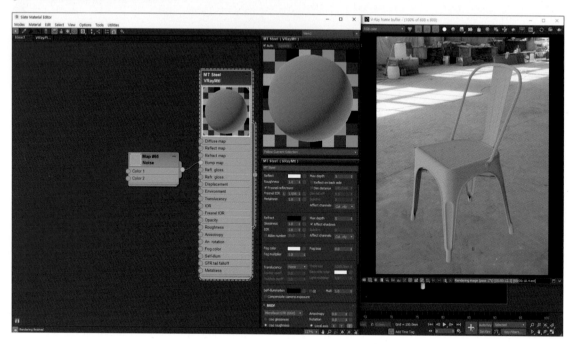

05 VRayMtl의 Roughness에 Composite Map을 적용합니다. 레이어를 추가하여 총 4개의 레이어를 생성합니다. Layer 1에 VRayColor Map을 적용합니다.

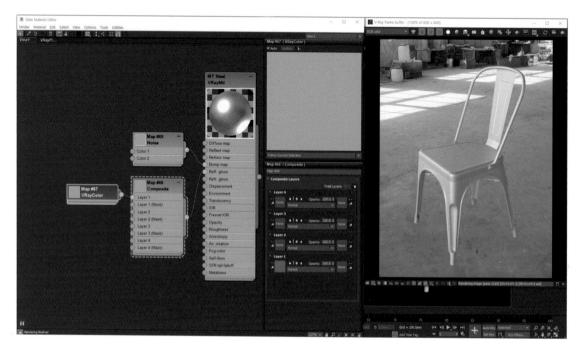

06 VRayColor Map의 색상을 흰색으로 설정합니다. Glossiness 0.96과 동일한 렌더 결과를 얻기 위해서 현재는 Roughness 모드이기 때문에 rgb multiplier에 0.04를 입력합니다.

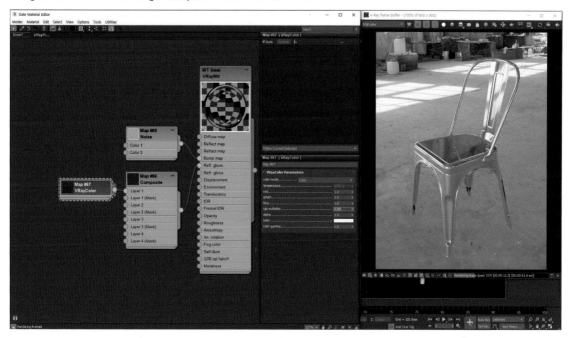

07 Composite Map의 Layer 2에 VRayTriplanarTex를 적용한 후, Smudges_01_2k.png Texture를 불러옵니다.

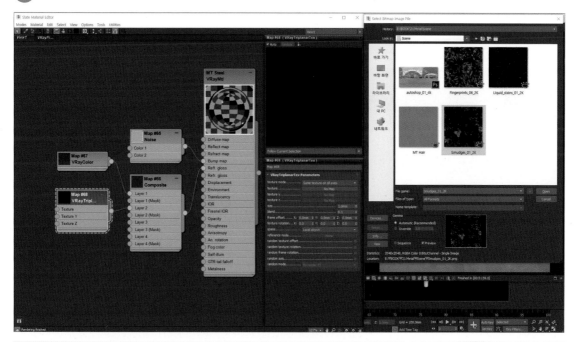

PanDa's **Tip**

일반적으로 PBR 저작툴(B2M, SD)에 의해서 미리 원하는 수치로 정확하게 작성된 Glossiness 또는 Roughness Map은 Gamma 1.0 으로 불러와야 수치가 변경되지 않습니다. 그러나 이번 강좌에서는 다양한 오염 Texture를 3ds Max에서 사용자가 밝기를 조정하여 수치를 변경할 것이기 때문에, Automatic Gamma 기본값을 사용하여 Texture를 로딩합니다.

08 VRayTriplanarTex의 size를 1000mm로 설정합니다. random texture offset과 random texture rotation을 활성화합니다.

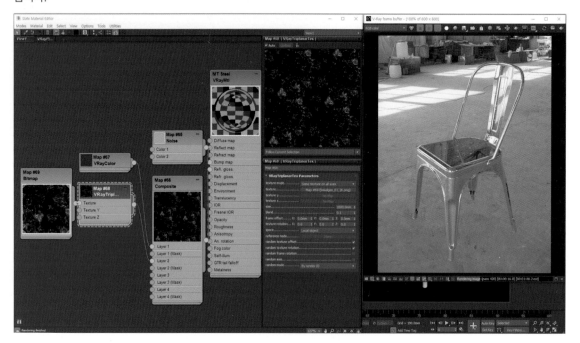

09 Composite Map의 Layer 2 모드를 screen으로 변경합니다. 따라서 Layer 2에 사용된 Texture의 검정색 영역이 아래에 있는 Layer 1 색상으로 대치됩니다. 따라서 기본 의자의 Roughness를 VRayColor Map을 통하여 별도로 조정이 가능합니다.

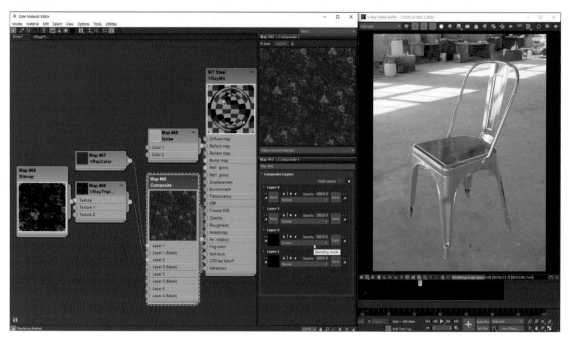

10 VRayColor Map의 rgb multiplier를 0.2로 변경해 봅시다. Roughness가 0.2, 즉 Glossiness가 0.8이라는 이야기입니다. 렌더링된 이미지의 반사가 조금 더 뭉개지게 됩니다. 다시 원래의 설정값 0.04로 수정합니다.

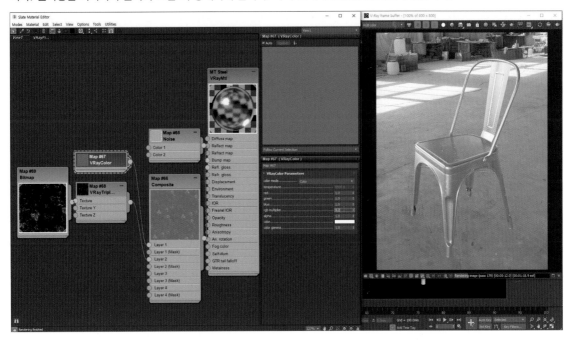

11 Smudges Texture 노드의 Output 탭에서 Enable Color Map을 활성화합니다. 커브를 조정하여 Smudge의 정도를 조정하실 수 있습니다.

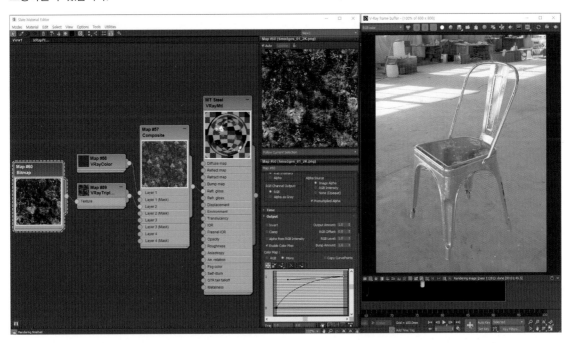

12 Composite Map에서 Layer 2의 Opacity의 농도를 50으로 낮추어 봅시다.

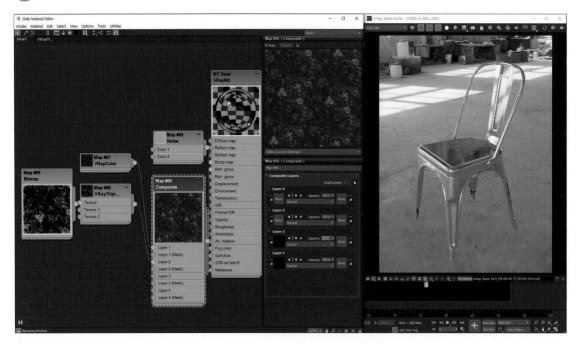

13 Composite Map의 Layer 3에 VRayTriplanarTex를 적용하고 Fingerprint Texture를 적용합니다. VFB에서 VRayMtlReflectGlossiness 모드로 변경하시면 Roughness Map이 보다 잘 보입니다. 지문의 경우 휴먼 스케일에 맞게 크기를 조정하셔야 합니다. VRayTriplanarTex의 size를 300mm로 입력합니다. random texture offset과 random texture rotation을 활성화합니다.

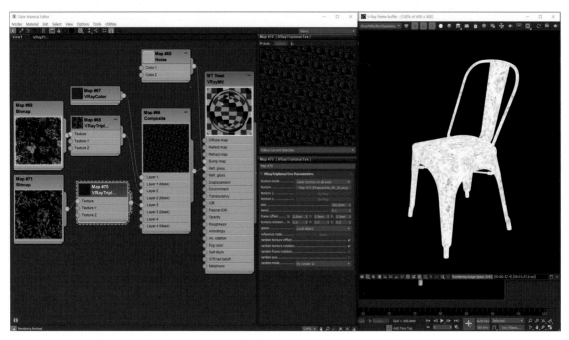

14 Fingerprint Texture도 Smudge Texture와 같은 방법으로 Output 탭에서 커브를 사용하여 원하는 밝기로 조정합니다. 그리고 Composite Map의 Layer 3 역시 screen 모드로 변경합니다. 적정한 농도로 조정하기 위해서 Composite Map의 Layer의 Opacity를 조정합니다.

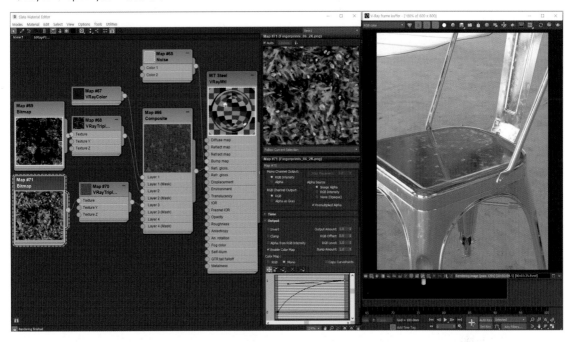

15 마지막으로 Liquid_stains Texture도 지금까지와 동일한 방법으로 적용하시면 됩니다. 오염의 정도라는 것은 딱히 물리적으로 정확하게 정해진 설정값이란 것이 존재하지 않습니다. 따라서 실제 제품 등을 관찰하시면서 원하는 느낌이 나올 때까지 커브와 레이어 농도를 조정하셔야 합니다. 주의하실 점은 물방울이나 지문 같은 경우 휴먼 스캐일에서 벗어나지 않도록 size를 입력하셔야 한다는 것입니다

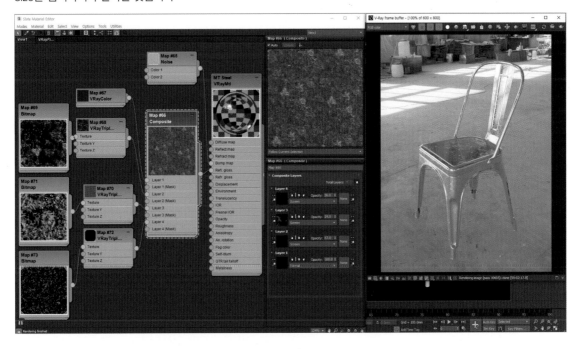

7. A chair Part 02

이번에 작업할 예제는 기본적인 Copper 재질의 의자에 바니쉬를 붓으로 칠한 A 의자입니다. 참고 사진을 보시면 바니쉬를 칠한 붓자국과 오목한 부위에 바니쉬가 몰리면서 두텁게 칠해져서 기본 금속 재질이 잘 보이지 않고 더욱 어둡 표현된 점에 주의해서 작업을 진행해 봅시다.

01 A chair Part 01 과정에서 이어서 계속 작업을 진행합니다. 또는 Tolix A_05.max 파일을 실행하여 작업을 진행합니다. VRayMtl의 이름을 MT Copper로 변경합니다. 구리 재질의 Diffuse 색상을 클릭한 후, 스포이드 도구로 참고 이미지에서 색상을 추출합니다. 참고 사진과 유사하게 추가 조정이 필요한 경우도 있습니다.

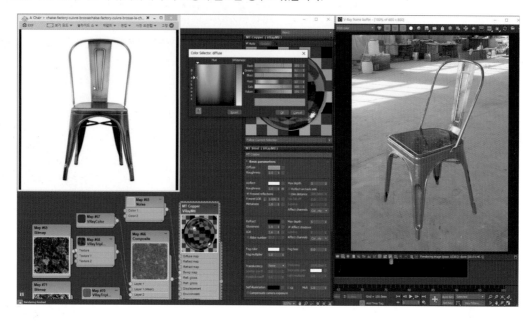

02 다음에 만들 재질은 바니쉬 재질입니다. 새로운 VRayMtl을 생성하고 이름을 Varnish라고 입력합니다. Diffuse는 검은색으로 설정합니다. Reflect 색상은 흰색으로 설정합니다. A Chair에 적용합니다.

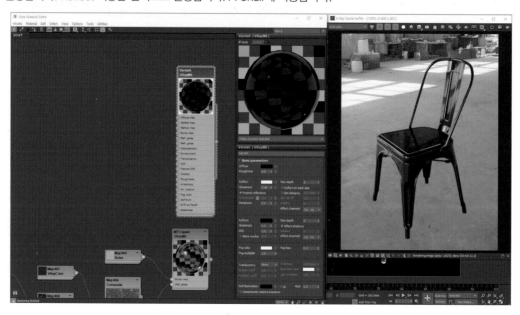

03 브러쉬 자국에 쓸 Texture를 https://cc0textures.com/view?tex=Smear07에서 내려받습니다.

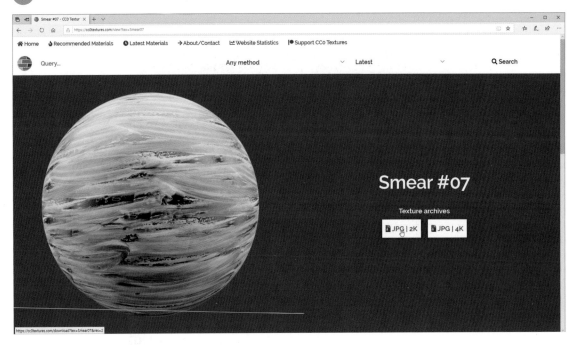

04 내려받은 Smear07_var1.jpg를 슬레이트 재질 편집기로 드래그 앤 드랍 합니다. 그리고 VRayTriplanarTex 노드의 Texture에 연결합니다. VRayTriplanarTex 노드는 VRayMtl의 Glossiness에 연결합니다. IPR을 구동하면서 VRayTriplanarTex의 size를 적정한 크기로 조정합니다. 필자는 200mm를 입력했습니다. random texture offset을 활성화합니다.

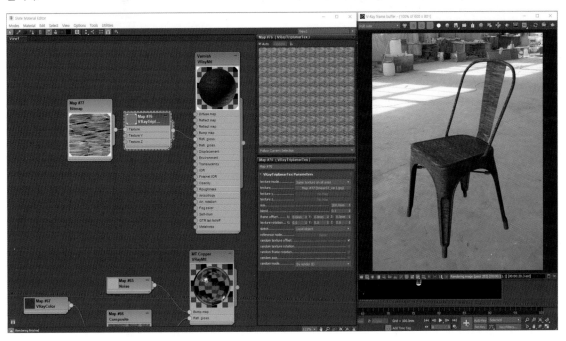

05 참고 사진의 붓자국이 세로 방향입니다. Smear07_var1 Texture를 90도 회전 합니다.

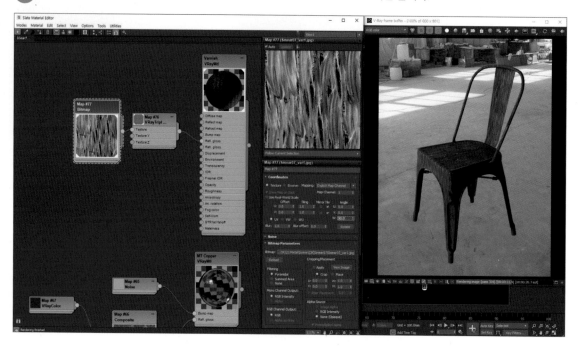

06 Smear07_var1 Texture의 Output 탭에서 Enable Color Map을 활성화합니다. Texture의 검은색 부위를 0.8로 조정합니다.

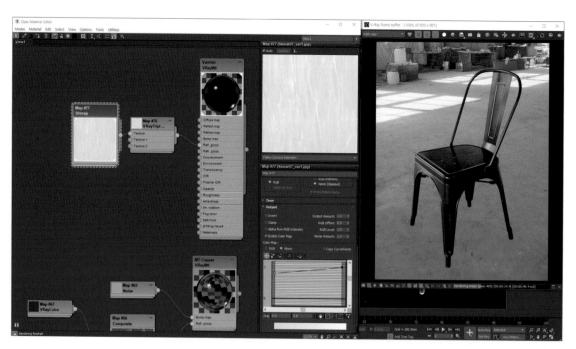

07 Smear07_nrm Map을 Gamma Override 1.0으로 불러옵니다. Texture를 90도 회전 합니다. VRayTriplanarTex에 연결 후 Varnish 재질의 Bump Map에 적용합니다.

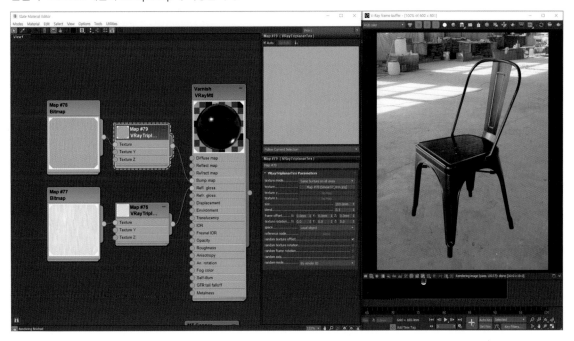

08 새로운 VRayBlendMtl을 생성하고 A chair에 적용합니다. 기존의 MT Copper 재질은 Base에 연결합니다. 그리고 Varnish 재질은 Coat 1에 연결합니다.

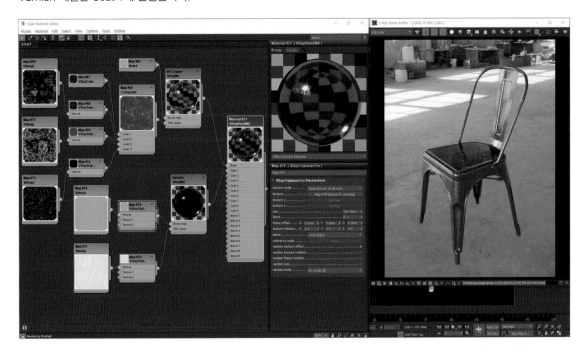

09 VRayBlendMtl의 Blend amount에 적용할 Map을 작성하겠습니다. VRayLightMtl을 생성 후 A chair에 적용합니다. 그리고 Light color에 VRayDirt Map을 적용합니다.

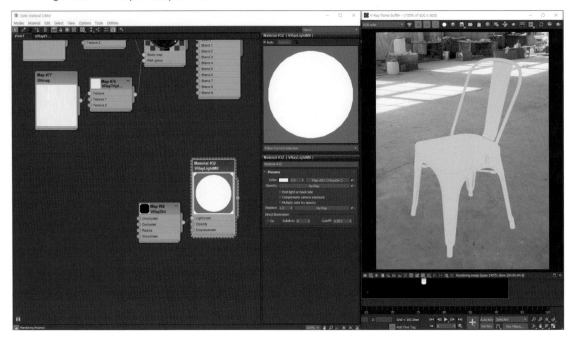

10 VRayDirt Map의 radius를 30mm로 설정합니다. Blend amount Map에서 흰색 영역은 Coat 재질이 표현되며, 검은색 영역은 Base 재질이 표현되게 됩니다. 따라서 occluded color와 unoccluded color를 swap합니다. distribution을 −5.0으로 입력합니다.

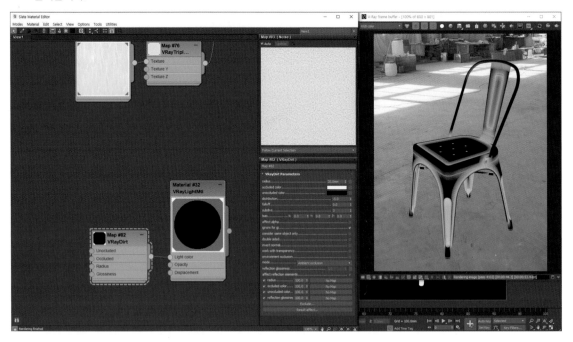

11 VRayDirt Map의 Radius에 Noise Map을 적용합니다. Noise Type은 Fractal을 선택합니다. Size는 20을 입력합니다.

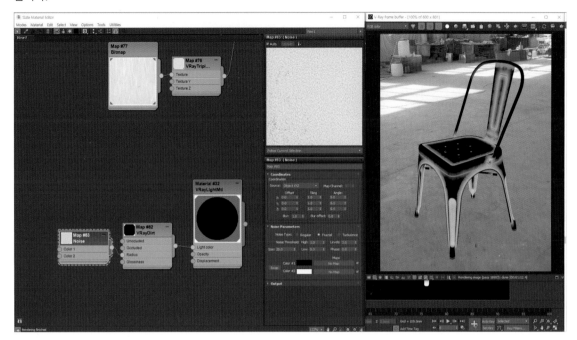

12 기존에 작성했던 VRayBlendMtl을 A Chair에 다시 적용합니다. 그리고 VRayDirt Map을 VRayBlendMtl의 Blend 1에 적용합니다.

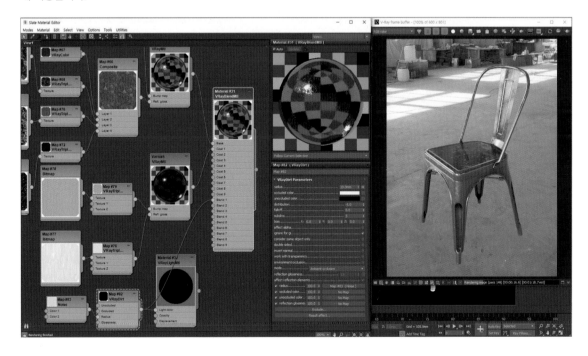

13 모서리 진 영역에 Varnish를 강조하기 위해서 distribution을 −15로 변경합니다.

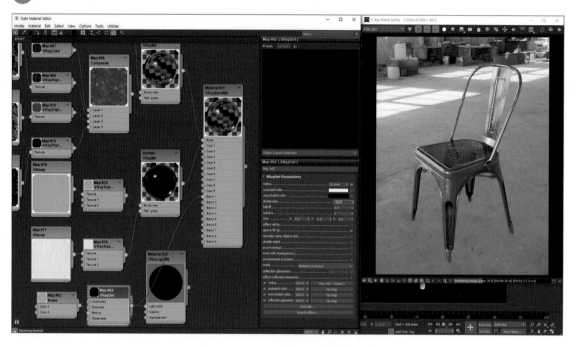

03 unoccluded color를 검은색에서 진한 회색으로 변경하여, 모서리 진 부분 이외의 평면적인 영역도 Varnish가 얇게 칠해진 표현을 해줍니다.

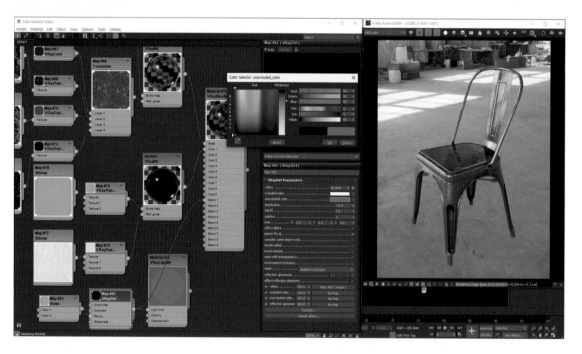

CHAPTER
21

복합 알루미늄 패널

V-Ray frame buffer - [100% of 800 x 700]

RGB color

Rendering image (pass 1083): done [00:01:33.8]

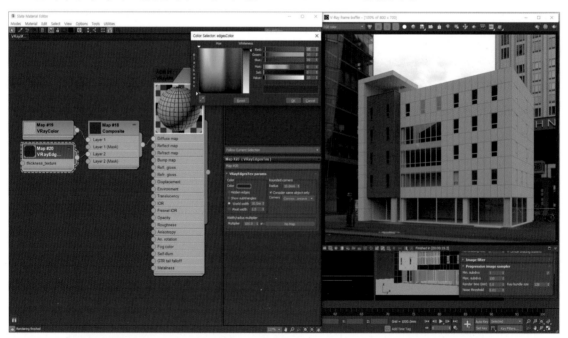

CHAPTER 21 복합 알루미늄 패널

외부 건축 마감재로 자주 사용되는 ACM 복합 알루미늄 패널 표현 방법에 대해서 알아봅시다. 기존의 많은 작업자가 스플라인에 렌더러블을 사용하여 실제와는 반대로 볼록하게 줄눈을 표현했습니다. 이러한 방법들은 실제 오목한 줄눈과는 정반대입니다. 알루미늄 패널의 경우 일정 부분 같은 간격이 아닌 경우가 많습니다. 사실성도 높이면서 수정 작업에 대해서도 쉽게 대응할 수 있는 작업 방법을 공부해 봅시다.

1. 최소의 모델링을 활용한 ACM 재질 표현

재질 하나에 금속(알루미늄 패널)과 비금속(줄눈)이 동시에 존재하는 경우입니다. 따라서 VRay NEXT를 활용하여 Metalness Map과 IOR Map을 사용하는 방법을 중점적으로 공부해 봅시다.

01 ACM_01.max 파일을 실행합니다. ACM 01 VRayMtl의 Diffuse에 Composite Map을 적용합니다. Layer를 한 개 더 추가합니다. Layer 1에는 VRayColor를 적용합니다. 그리고 Layer 2에는 VRayEdgesTex를 적용합니다. VRayEdgesTex의 Color는 R,G,B(10,10,10)로 설정합니다. 그리고 두께는 Word width 10mm로 설정합니다.

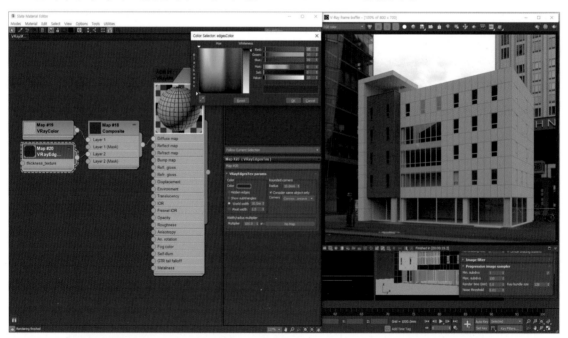

02 VRayEdgesTex는 보이는 모든 Object의 Edges에 Stroke를 적용해서 렌더링합니다. 따라서 건물 하단의 원기둥에 원치 않는 줄눈이 생깁니다.

03 기둥 Object에 Edit Mesh 모디파이어를 적용합니다. 원하지 않는 에지를 선택합니다. 그리고 Invisible 버튼을 클릭합니다.

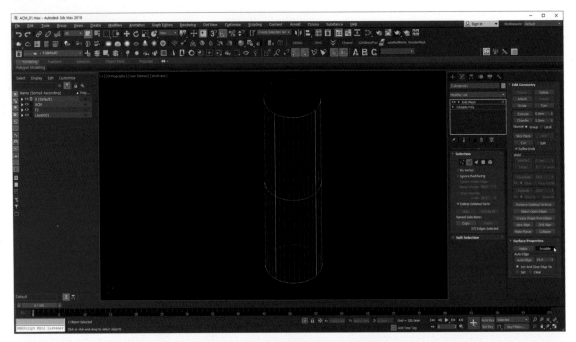

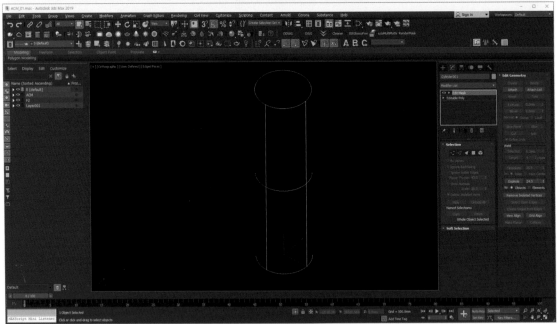

04 VFB에서 Real Zoom으로 확대한 부분 렌더링에서 보이는 Edge만 줄눈이 적용되어 렌더링이 됩니다.

05 Reflect 색상은 흰색으로 설정합니다. VRay NEXT에서는 금속이든 비금속이든 Reflect 색상은 동일하게 흰색입니다.

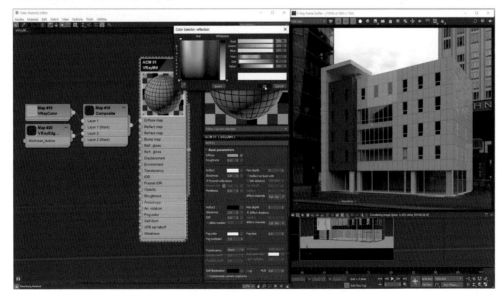

06 Composite Map의 모든 하위 노드를 포함하여 Shift 드래그하여 복사합니다. 복사한 VRayColor는 순수한 흰색으로
설정하고 복사한 VRayEdgesTex는 순수 검정으로 설정합니다. 그리고 VRayMtl의 Metalness에 연결합니다.

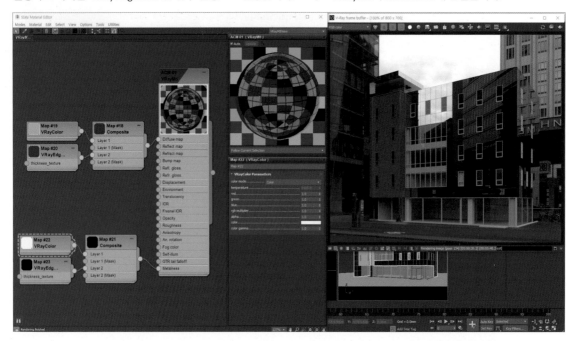

07 VFB에서 VRayDiffuseFilter를 보시면 금속 부위의 Diffuse 색상이 자동으로 검은색으로 변경된 것을 볼 수 있습니다.

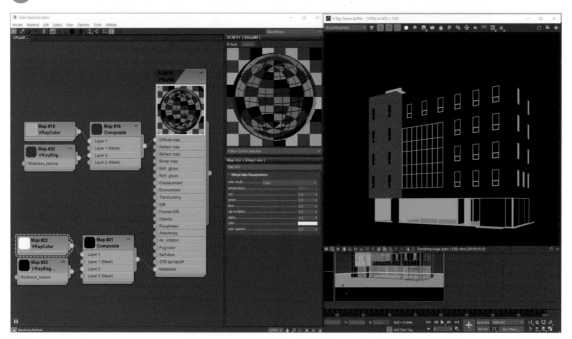

08 슬레이트 재질 편집기의 빈 여백에서 우클릭하여 Linear Float 컨트롤러를 생성합니다. 컨트롤러에서 와이어를 뽑은 후 드래그하여 각각의 VRayEdgesTex의 초록색 부위에서 마우스를 떼면 세부 항목이 나옵니다. thickness에 연결합니다. 2개의 VRayEdgesTex의 수치를 동시에 설정할 수 있습니다.

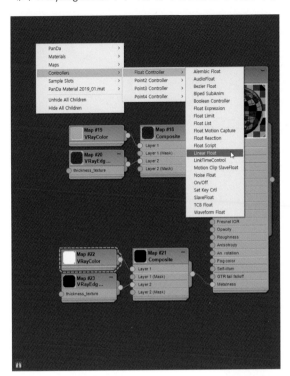
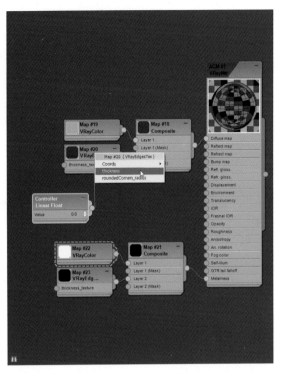

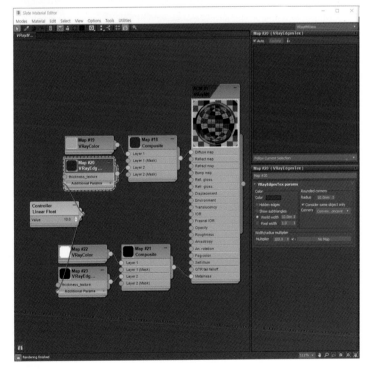

09 Map #21 Composite Map에서 와이어를 뽑은 후 Output Map에 연결합니다. 그리고 VRayMtl의 Refl. gloss에 연결합니다.

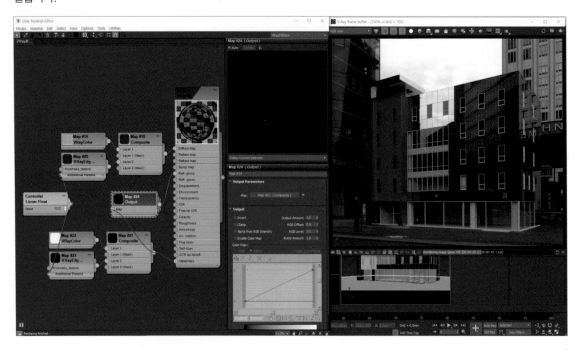

10 Output Map의 Enable Color Map을 활성화합니다. 그래프의 오른쪽 위의 점을 선택하고 0.6을 입력합니다. VFB의 VRayMtlReflectGlossiness에서 알루미늄 패널의 Glossiness를 측정해보면 정확하게 0.6이 출력되는 것을 알 수 있습니다.

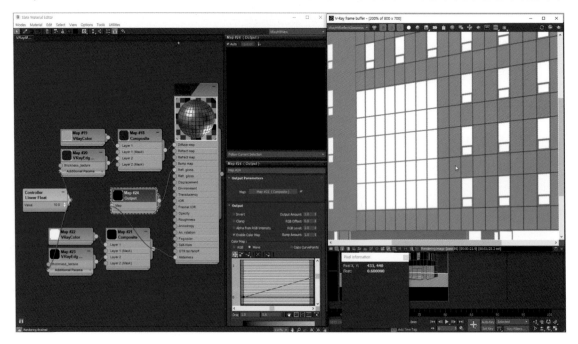

11 Output Map의 그래프 왼쪽 아래 끝의 점을 선택하고 0.5를 입력합니다. VFB의 VRayMtlReflectGlossiness에서 줄 눈의 Glossiness를 측정해보면, 정확하게 0.5가 출력되는 것을 알 수 있습니다.

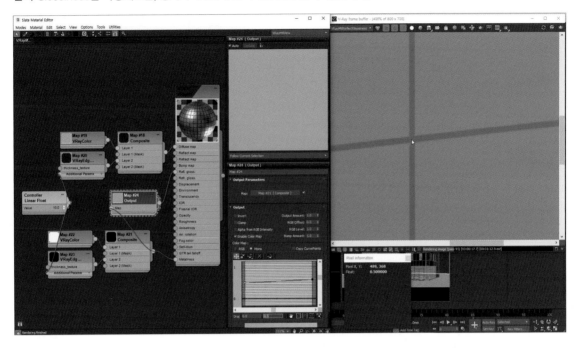

12 Map #21 Composite Map에서 와이어를 뽑은 후, VRayColor2Bump에 연결합니다. 그리고 VRayMtl의 Bump Map 에 연결합니다. height는 5.0mm로 입력합니다.

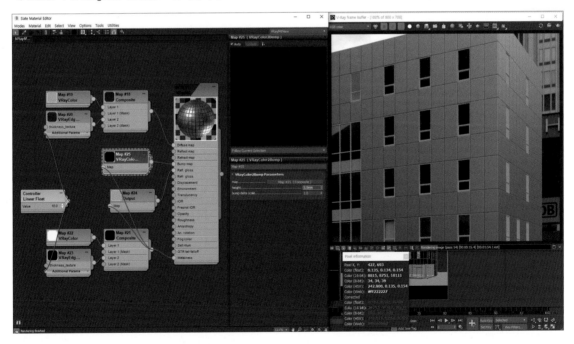

13 알루미늄 색상은 https://www.chaosgroup.com/blog/understanding-metalness의 표를 참고합니다. VRayColor를 R,G,B(230,233,255)로 입력합니다.

14 Map #21 Composite Map에서 와이어를 뽑은 후, Output Map에 연결합니다. 그리고 VRayMtl의 IOR에 연결합니다. 줄눈의 IOR은 1.6입니다. Output의 Enable Color Map을 활성화합니다. 왼쪽 아래의 점을 선택합니다. 0.625(1/1.6)를 입력합니다. VFB의 VRayMtlReflectIOR에서 측정된 IOR 값이 정확하게 0.625와 일치합니다.

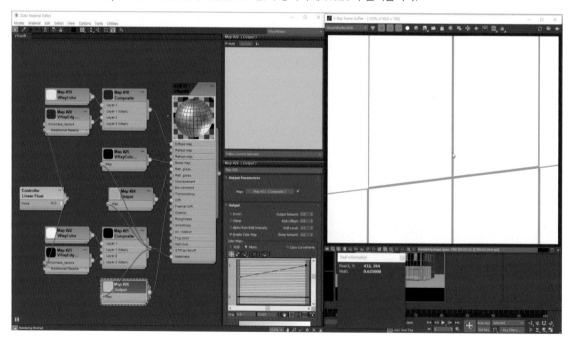

15 알루미늄의 IOR은 1.002입니다. 그래프의 오른쪽 위의 점을 선택합니다. 0.998(1/1.002)을 입력합니다. VFB의 VRayMtlReflectIOR에서 측정된 IOR 값이 정확하게 0.998과 일치합니다.

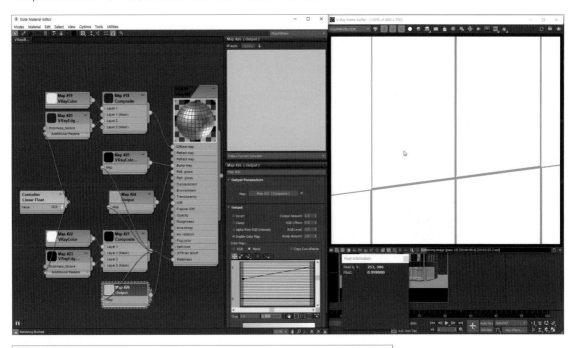

PanDa's Tip

대부분의 IOR 값은 1.0 이상입니다. 따라서 Map으로 표현하기 위해서는 1.0 이상의 값이 필요합니다. 1.0 이상의 수치를 갖는 Map은 HDRI의 포맷이 필요합니다. 그러나 단순히 특정 수치를 입력하기 위해서 HDRI 포맷을 사용한다는 것은 상당히 비효율적입니다. 따라서 IOR에서 Map을 사용하여 IOR 수치를 표현할 때는 1/IOR을 Map의 Value로 사용하여 LDRI 포맷에서 용량을 줄이면서 표현할 수 있습니다.

16 알루미늄 패널 물체를 선택하고 Edit poly 모디파이어를 적용합니다. Edge를 선택 후 Shift 드래그하여 면을 생성합니다.

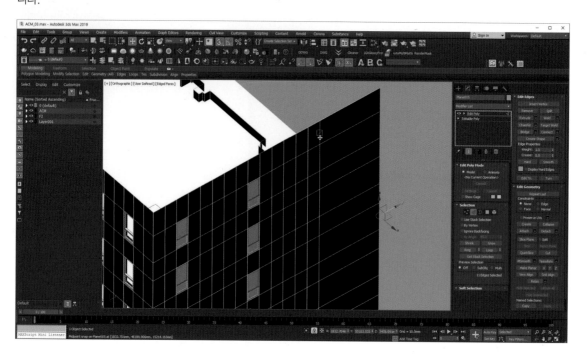

17 그림처럼 Edge를 선택하고, Connect Edges를 실행합니다.

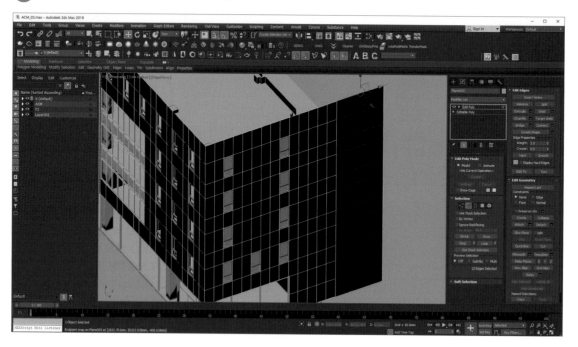

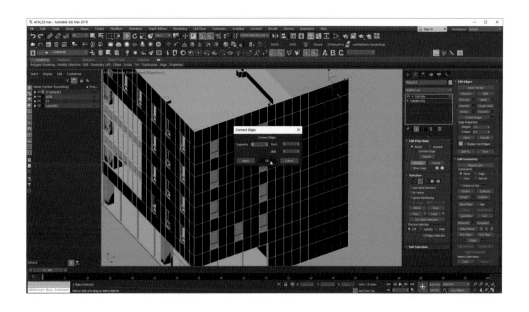

18 렌더링하면, 자동으로 줄눈과 알루미늄 패널 재질이 표현됩니다. 작업 중 Edge를 추가하거나 삭제할 수 있어서 수정 작업에 용이합니다.

2. 알루미늄 패널 간의 이색진 표현을 위한 Glossiness 무작위화

조금 더 자연스러운 느낌을 위해서 패널 간의 글로시니스를 무작위하게 변경하여 이색진 효과를 추가해봅시다.

01 이전 과정에서 이어서 작업을 진행합니다. VRayMtl의 Refl. gloss에 연결된 Map #24 Output을 지웁니다.

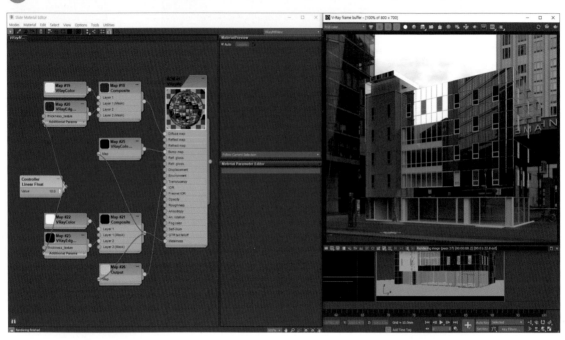

02 Map #21 Composite 노드를 Shift 드래그하여 복사합니다. Layer 1에 기존에 적용된 VRayColor 노드의 와이어를 끊고, MultiTexture를 적용합니다. Use Color 모드를 활성화합니다. 색상은 60% 회색으로 설정해야 합니다. Value 128을 더블 클릭하여 선택합니다. 그리고 단축키 Ctrl + N을 입력하시면 계산기가 활성화됩니다. 255*0.6을 입력한 후, Paste 버튼을 클릭합니다. 기존 128이 153으로 변경이 됩니다. OK를 클릭합니다.

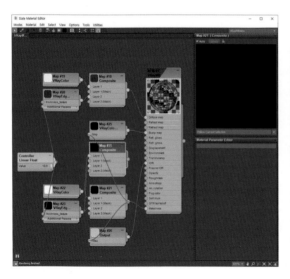
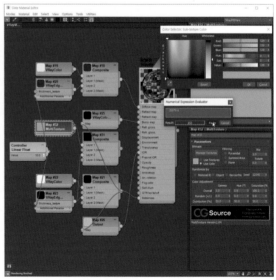

03 Map #31 Composite 노드를 VRayMtl의 Refl.gloss에 연결합니다. 그리고 VFB의 VRayMtlReflectGlossiness 모드에서 패널의 글로시니스 값을 측정합니다. 정확하게 기존의 0.6이 측정됩니다.

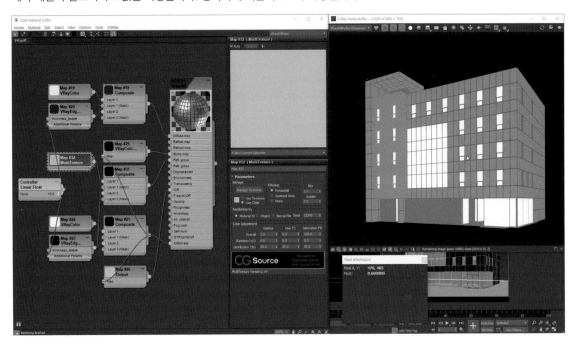

04 http://www.scriptspot.com/3ds-max/scripts/randommatids에서 RandomMatIDs 스크립트를 내려받습니다. 내려받은 스크립트를 3ds Max 20XX〉scripts폴더로 복사합니다.

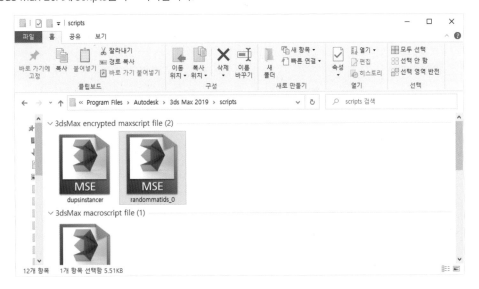

05 복합 알루미늄이 적용된 Object를 선택합니다. 기존에 추가된 모디파이어는 Collapse to 명령어로 하위 스택과 합칩니다.

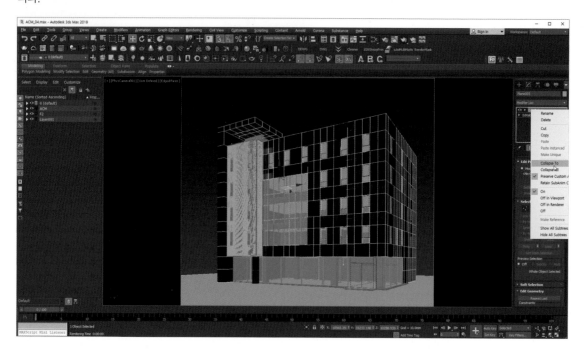

06 randommatids_0 스크립트를 실행합니다. 그리고 생성하려는 ID 개수만큼 to: 입력합니다. 필자는 200을 입력했습니다. Go Random 버튼을 클릭할 때마다 200개의 랜덤한 색상이 배열됩니다.

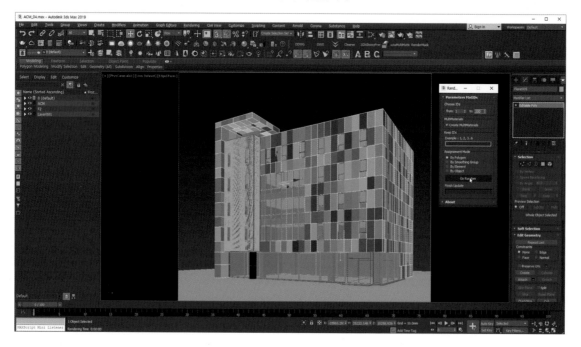

07 randommatids_0 스크립트는 새로운 멀티서브 재질을 생성하기 때문에, 기존에 작업하던 재질을 다시 적용해야 합니다. MultiTexture의 Gamma Random 수치를 0.1로 입력합니다. 이색진 위치를 변경시키기 위해서 Seed 값을 변경합니다.

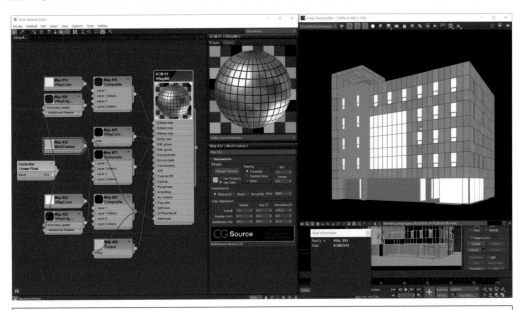

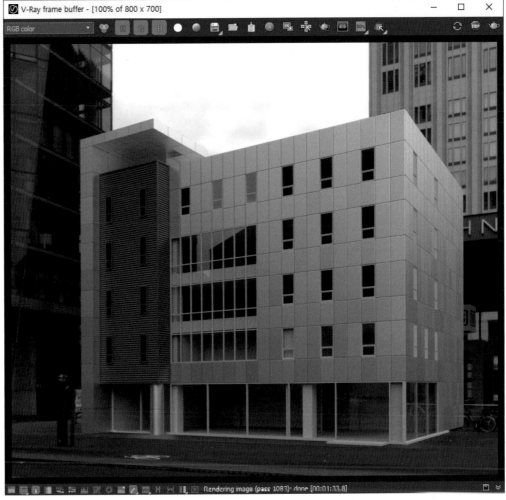

meMo

CHAPTER

22

Fabric

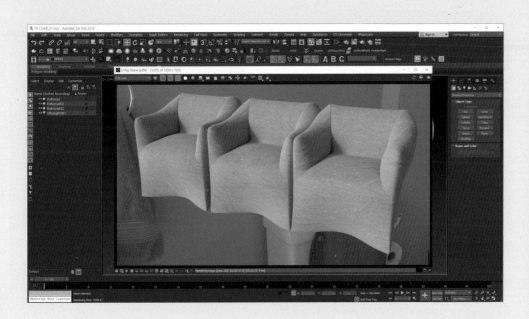

천 재질을 만드는 다양한 방법을 공부해 보도록 하겠습니다.

1. 기본 Bitmap Texture를 활용한 기본 천 재질

비트맵을 활용한 가장 기본적인 천 재질 만드는 방법을 공부해 봅시다. 이 방법은 원하는 재질의 Bitmap이 있는 경우 활용할 수 있는 방법입니다. 단점은 원하는 재질의 Bitmap을 구하지 못하면 적용이 어렵다는 것입니다.

01 FabricPlain0154_1_M 이미지를 PixPlant의 Texture Synth 창으로 드래그 앤 드랍 합니다.

02 Generate 버튼을 클릭하여, Seamless Texture를 생성합니다.

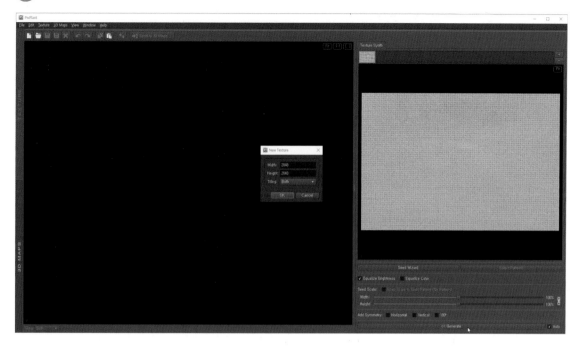

03 만약 어색한 패턴이 생성될 경우, Generate 버튼을 계속해서 클릭합니다. 클릭할 때마다 새롭게 Texture가 생성됩니다.

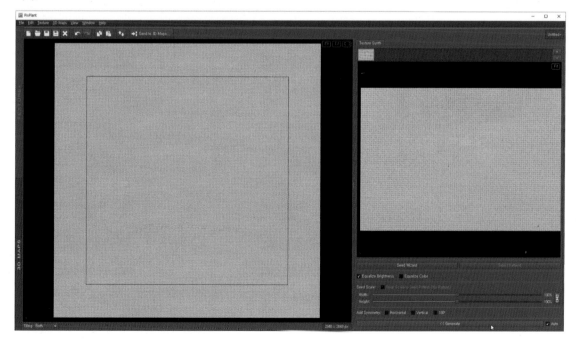

04 어색한 영역을 선택 후, 다시 Generate 버튼을 클릭합니다.

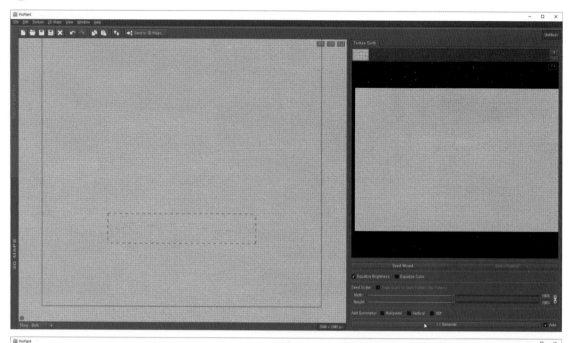

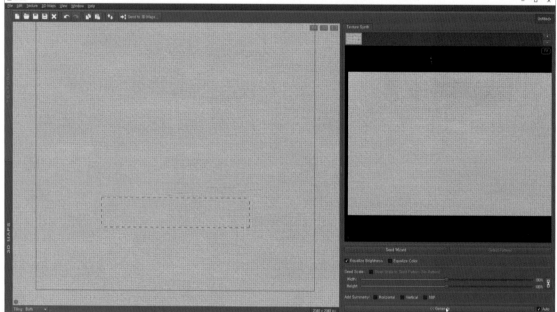

05 어색한 부분이 없다면, Send to 3D Maps 버튼을 클릭하여 하부 메뉴를 엽니다. Send 버튼을 클릭합니다.

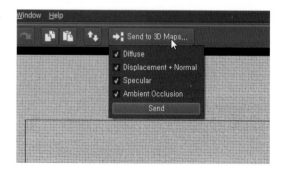

06 Displacement Texture를 생성하기 위해서, Surface Scale의 슬라이더와 Fine Detail의 슬라이더를 조정합니다. 만족스러운 표면이 생성되었다면, Done-Use This Displacement 버튼을 클릭합니다.

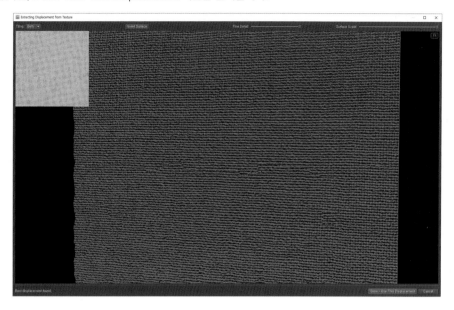

07 Specular Texture를 생성하기 위해서, Shininess는 Medium 그리고 Metallic ness는 Unsaturated로 설정합니다. Source Mapping은 Brighter Areas in Source Are More Reflective로 설정합니다.

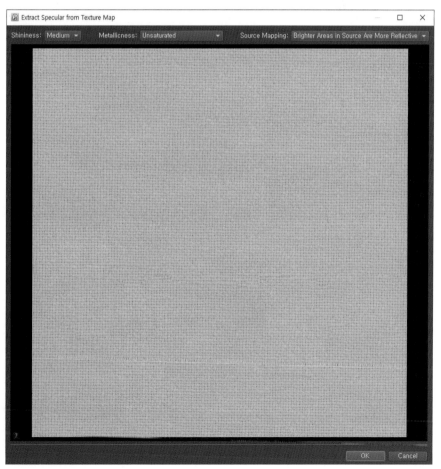

08 Ambient Occlusion Texture는 Quality는 Fine(256 Rays) 그리고 Planar Bias와 Ray Distance는 다음 그림처럼 설정합니다. 만족스러운 결과물이 나왔다면, OK 버튼을 클릭합니다.

09 Save all with Automatic Name 명령어를 사용하여 이미지를 저장하면, 한번에 모든 Texture를 저장할 수 있습니다.

10 FB BALL_01 파일을 3ds Max에서 불러옵니다. VRayMtl을 적용합니다. 그리고 Diffuse Map에 Falloff Map을 적용합니다. IPR을 구동합니다.

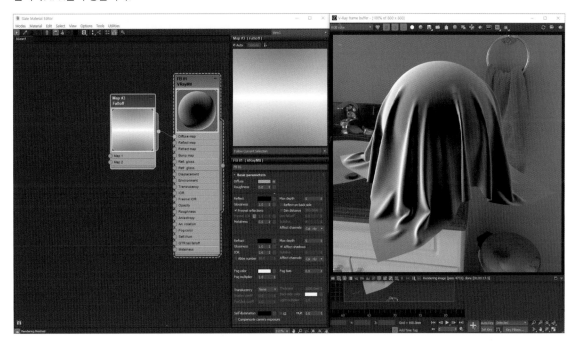

11 Falloff Map을 선택합니다. Mix Cur eve를 Bezier-Corner로 변경하여 커브 모양을 다음 그림처럼 조정합니다. 커브를 조정하시면 재질 전면부에서 측면부로 검정에서 흰색으로 전이되는 정도가 변경됩니다. 전면에서 측면으로 밝게 전이되는 정도는 천 재질, 두께 등에 따라서 각기 상이해서 자신이 표현하고자 하는 천 재질을 잘 관찰하신 후 조정하셔야 합니다.

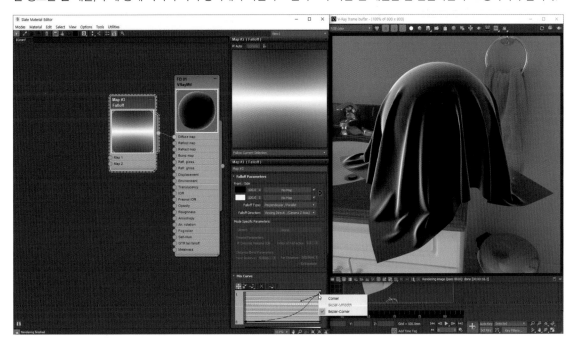

12 Falloff 노드의 Map 1과 Map 2에 PixPlant에서 작성한 FB-diffuse Texture를 적용합니다. Map 2의 농도를 50으로 설정합니다.

13 Falloff의 커브 조정과 Map 2의 농도를 정확하게 보기 위해서 VrayDiffuseFilter 엘레먼트를 활용하여 미세 조정을 합니다.

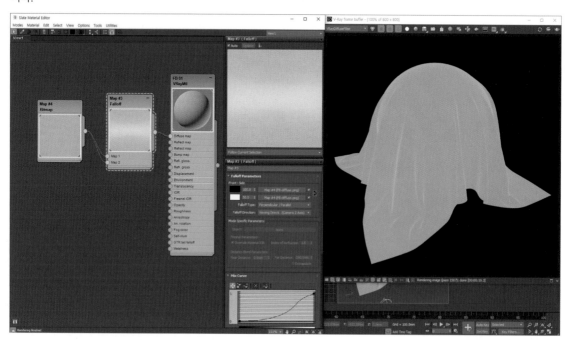

14 Reflect 색상을 흰색으로 설정합니다. FB-specular Texture를 불러와서 Color Correction 노드를 연결한 후, Refl. gloss에 연결합니다.

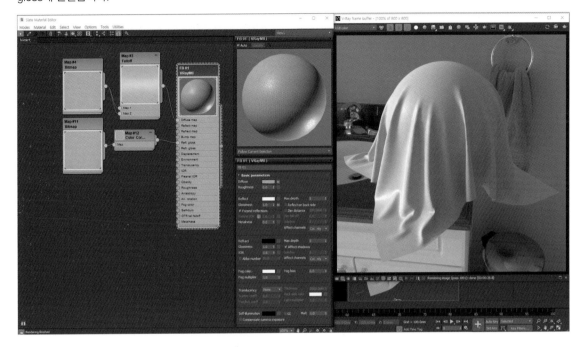

15 VRayMtlReflectGlossiness에서 Pixel information으로 측정한 결과 Glossiness가 약 0.5 전후입니다. Color Correction 노드를 선택합니다. Channels를 Monochrome을 선택해서 이미지를 흑백으로 변경합니다.

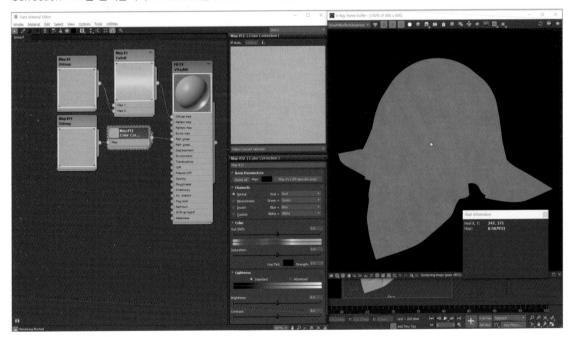

16 Color Correction의 Brightness에 −30을 입력 합니다. Pixel information에서 보시면 Reflect Glossiness가 약 0.2 로 낮아지게 됩니다.

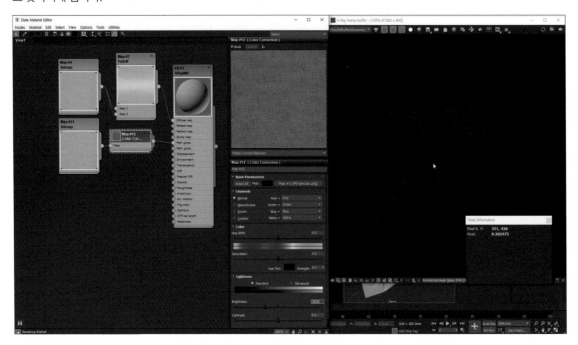

17 FB-normal Texture를 Gamma Override 1.0으로 불러옵니다. 그리고 VRayColor2Bump에 연결 후, Bump map에 연결합니다.

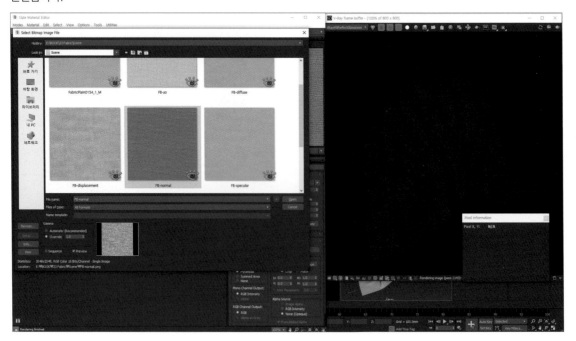

18 바로 이전 단계까지만 하셔도 기본 천 재질은 완성입니다. 그러나 색상을 쉽게 변경하기 위한 노드를 구성해 봅시다. FB-ao Texture를 Gamma Override 1.0으로 불러옵니다.

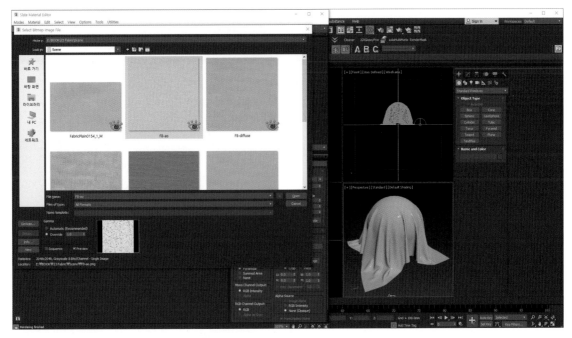

19 불러온 FB-ao Texture와 VRayColor Map을 Composite Map에 연결합니다. FB-ao Texture의 레이어 모드를 Multiply 모드로 변경합니다.

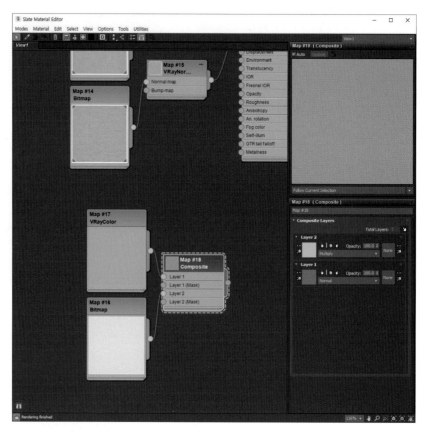

20 기존의 Diffuse Texture를 삭제하고 방금 작성한 Composite Map으로 교체합니다.

21 VRayColor 노드를 선택합니다. 원하는 색상으로 변경하시면, IPR이 구동된 상태에서 실시간으로 천 재질의 색상이 변경되는 것을 보실 수 있습니다.

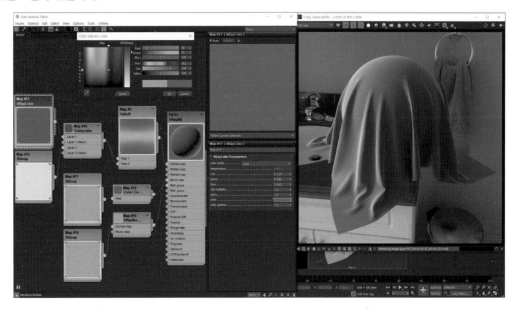

2. Substance Plugin을 활용한 천 재질

Bitmap Texture를 활용하여 재질을 작성할 때 가장 큰 문제점은 수정이 발생하면 대응하기 쉽지 않다는 점입니다. 따라서 3ds Max용 Substance 플러그인을 사용하여 인터렉티브한 작업 방법에 대해서 알아보겠습니다. Substance 플러그인은 매우 강력하지만, 시스템에 상당히 많은 부하를 발생시킵니다. 그리고 가장 큰 단점으로는 플러그인 자체의 안정성이 떨어집니다. 그러나 계속해서 업데이트가 이뤄지고 있으므로 주목해야 할 플러그인입니다.

01 https://cc0textures.com/view?tex=Fabric11에서 SBSAR | Fabric16-21을 내려받기 합니다.

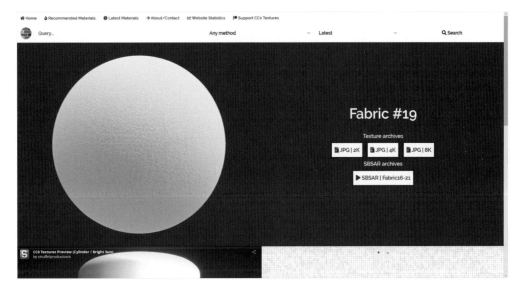

02 https://www.substance3d.com/substance-in-3ds-max/에서 자신의 3ds Max 버전과 호환 가능한 플러그인을 내려받은 후 설치합니다.

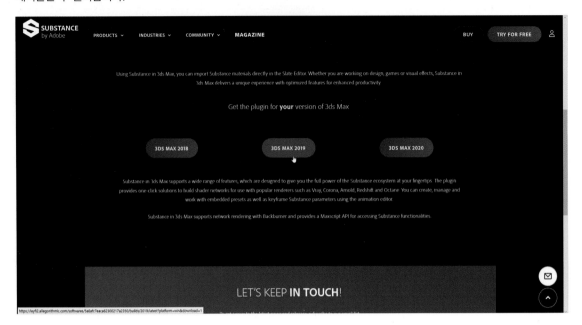

03 FB BALL_Substance_01.max 파일을 실행하고 재질 편집기를 엽니다. Falloff 노드만 남기고 다른 노드들은 제거합니다.

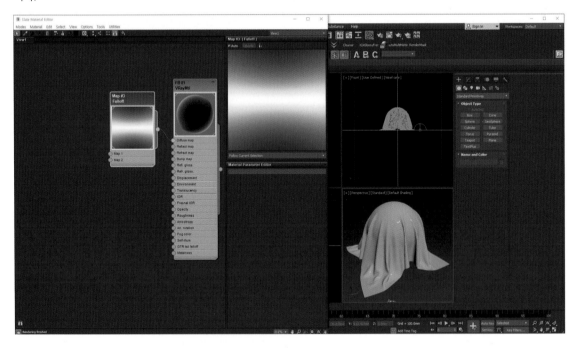

04 재질 편집기에서 우클릭〉Maps〉General〉Substance2를 선택하여 Substance2 노드를 생성합니다.

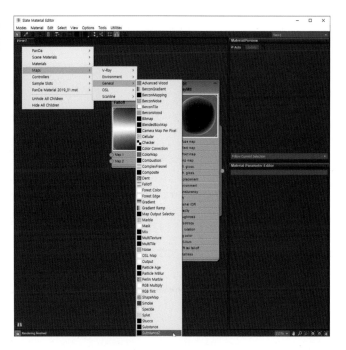

05 Substance2 노드에서 Load Substance… 버튼을 클릭 후, 내려받은 Fabric16-21 파일을 불러옵니다.

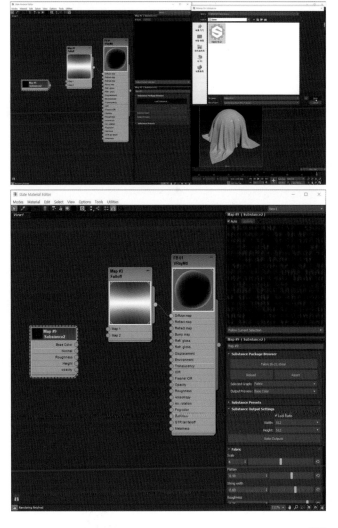

06 Substance2 노드의 Base Color에서 Falloff 노드의 Map 1과 Map 2로 연결합니다. 그리고 IPR을 구동합니다.

07 Substance2 노드의 Normal에서 VRayNormalMap에 연결 후 FB 01 재질의 Bump map에 연결합니다.

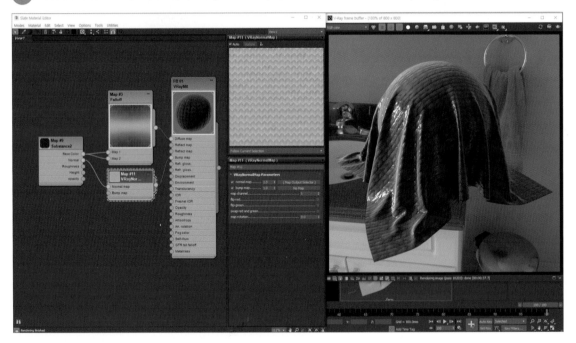

08 Substance2 노드의 Roughness에서 FB 01 재질의 Refl. gloss에 연결합니다.

09 VRay Material은 기본적으로 Glossiness Texture를 사용하기 때문에, Use roughness로 옵션을 변경합니다.

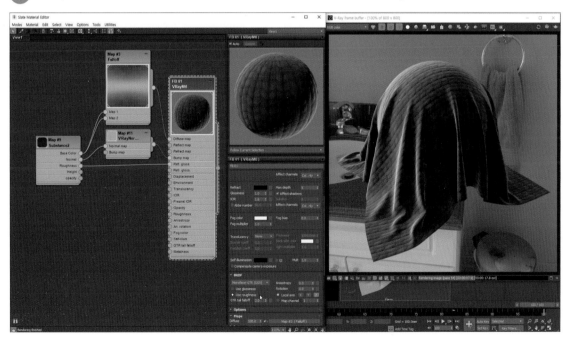

10 Substance2 노드의 Opacity를 FB 01 재질의 Opacity에 연결합니다

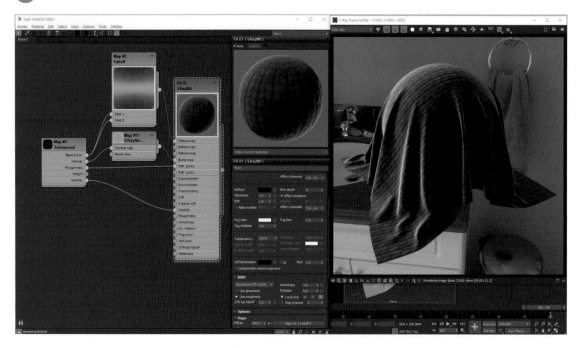

11 Substance2 노드의 Scale을 7로 설정합니다.

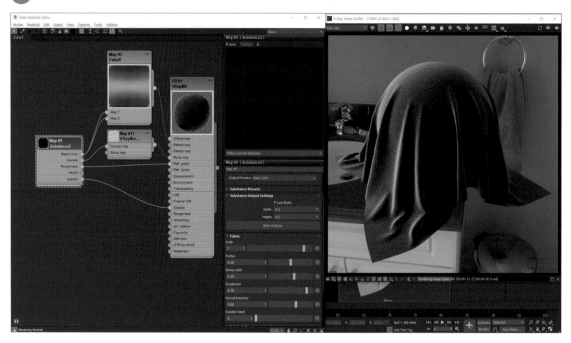

12 Substance2 노드의 Fabric Color 탭에서 Color_Hue, Color_Saturation, Color_Lightness를 통하여 다양한 색상과 밝기를 조정하실 수 있습니다.

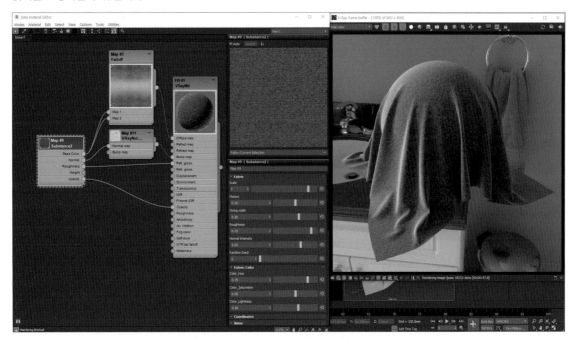

PanDa's **Tip**

일반적으로 Substance2 노드를 선택하고 3ds Max의 Substance 메뉴에서 사용하고 있는 렌더러를 선택하시면 자동으로 노드가 구성됩니다. 그러나 불필요한 노드가 생성되거나 제대로 노드 연결이 되지 않는 경우가 많습니다. 따라서 기본적인 원리를 이해하시고 스스로 노드를 연결해 보는 공부가 필요합니다.

3. Substance Player를 활용한 천 재질

3ds Max용 Substance 플러그인은 매우 강력하기는 하지만, 시스템 자원을 많이 차지하고 안정성이 높다고 말하긴 힘든 측면이 있습니다. 따라서 대안으로 Substance Player를 활용하여 Bitmap Texture를 생성하여 작업하는 방법을 주제로 공부해 보도록 하겠습니다

1. 기본 활용법

01 https://source.substance3d.com/allassets/c1908d2db8fbcefe97089e081512d2db1a527842?free=true
SBSAR 파일을 내려받습니다.

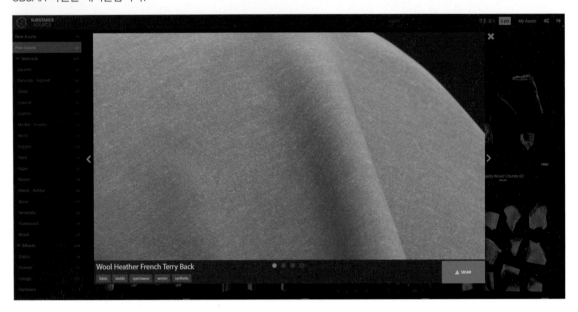

02 sbsar 파일을 사용하기 위해서는 Substance Player가 필요합니다.
https://www.substance3d.com/substance-player/에서 사용자 환경에 맞는 파일을 내려받은 후 설치합니다.

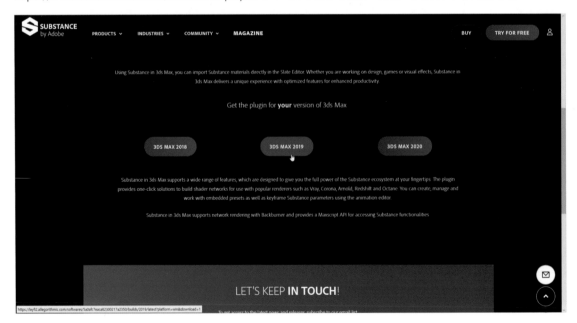

03 내려받은 wool_heather_french_terry_back를 더블 클릭하여 Substance Player에서 실행합니다.

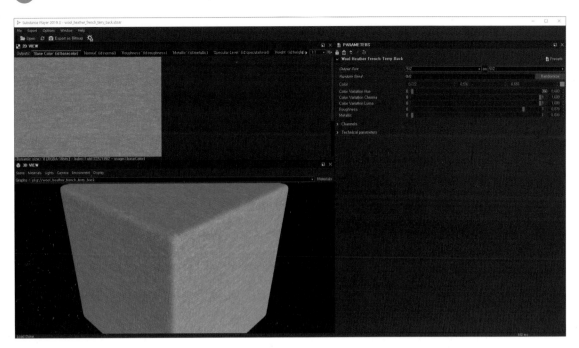

04 Output Size를 2048로 변경합니다. Channels 탭을 열고 불필요한 Metallic과 Specular Level을 off로 설정합니다. 2D VIEW의 세부 메뉴에서 표시가 되지 않습니다.

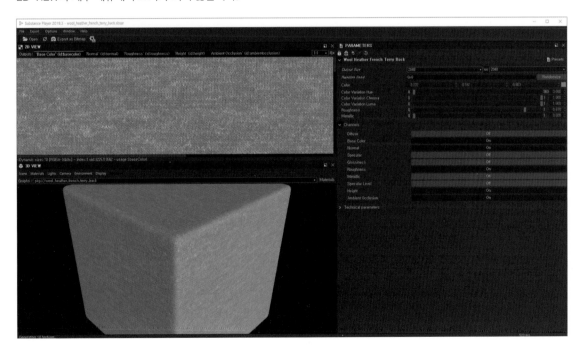

05 Color에서 원하는 색상으로 설정합니다. Color Variation Luma 슬라이더를 0.4로 변경합니다.

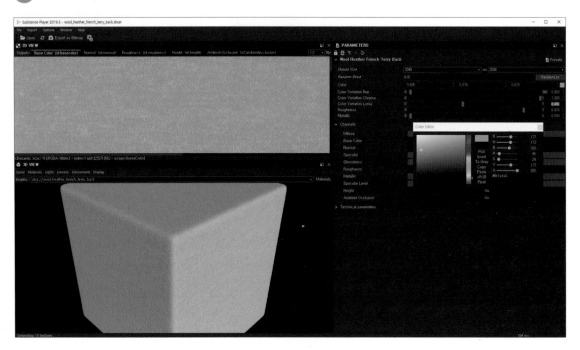

06 2D VIEW의 Roughness를 선택합니다. Roughness를 0.7로 입력합니다. VRay의 Glossiness 0.3과 동일한 수치 입니다.

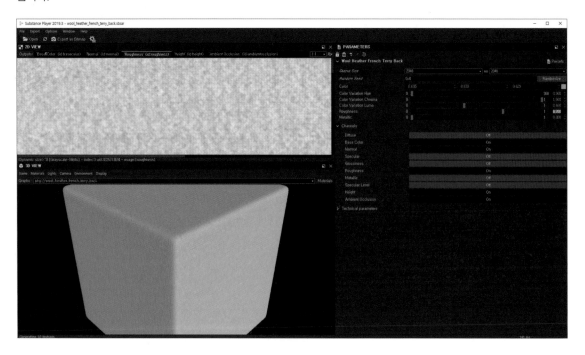

07 Export as Bitmap 버튼을 클릭합니다. 파일명과 경로를 선택합니다. Format은 png로 설정했습니다. 필요한 output 만 선택하고 Export 버튼을 클릭합니다.

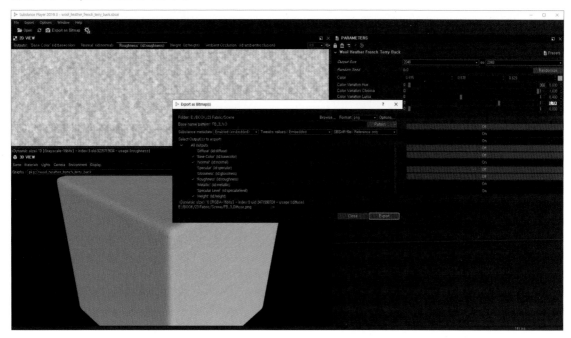

08 FB CHAIR_01.max를 실행합니다. 미리 Unwrap이 적용된 모델입니다. VRayMtl의 Diffuse에 VRayCompTex를 적용합니다. Operator는 Multiply(A*B)로 변경합니다. SourceA는 방금 저장한 FB_3_Base_Color를 적용합니다. 그리고 SourceB는 FB_3_Ambient_Occlusion을 적용합니다.

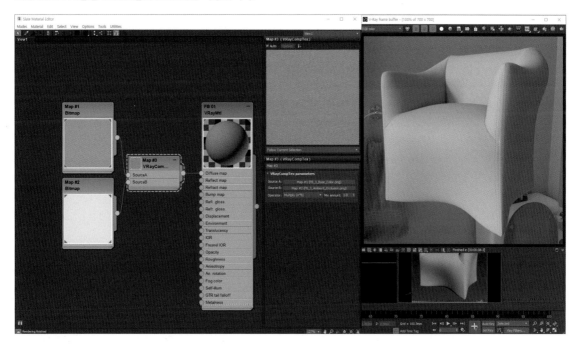

09 소파를 선택하고 UVW xform 모디파이어를 적용합니다. U Tile, V Tile, W Tile에 각각 0.1을 입력합니다.

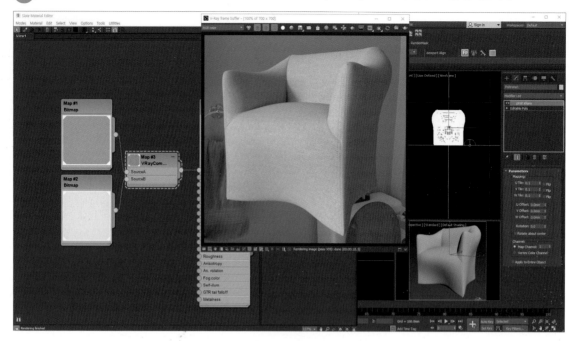

이 소파는 미리 Unwrap이 적용되어 있습니다. 따라서 물체에 적용된 Texture의 Size를 조정하기 위해서 각각의 Texture의 U V Tiling 값을 조정하셔도 동일한 결과를 얻을 수 있습니다. 그러나 여러 장의 Texture를 사용할 경우 UVW xform 모디파이어를 사용하면, 한 번의 조정으로 재질에 적용된 모든 Texture의 Tiling을 조정하실 수 있습니다.

10 VRayMtl의 Reflect 색상을 흰색으로 설정합니다. 그리고 Use roughness를 선택합니다. FB_3_Roughness.png를 Gamma Override 1.0으로 불러와서 Refl. gloss에 적용합니다.

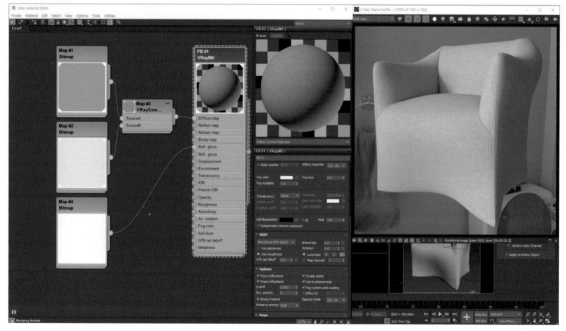

11 VRayMtl의 Bump map에 VRayNormalMap을 적용합니다. 그리고 FB_3_Normal.png를 Gamma 1.0으로 불러옵니다.

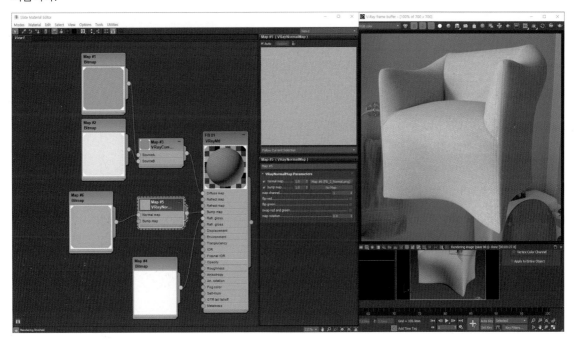

2. 수정이 쉬운 응용법

01 Substance Player에서 Base Color를 검정색으로 변경합니다. Color Variation Luma는 기본값 1.0으로 변경합니다. Base Color 창에서 우클릭하여 이미지를 저장합니다.

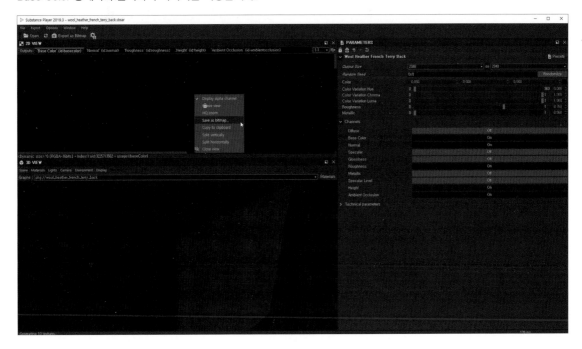

02 Base_Color Texture를 VRayColor로 교체합니다. color는 사용자가 원하는 색상으로 인터렉티브하게 변경이 가능합니다.

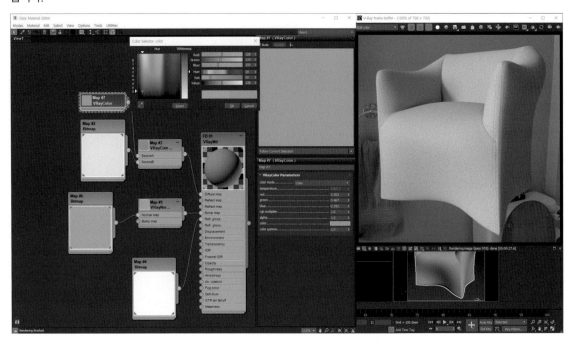

03 VRayComp 노드에 새로운 VRayComp 노드를 추가합니다. SourceB에는 방금 저장한 FB_3_Variation.png를 Gamma 1.0으로 불러옵니다.

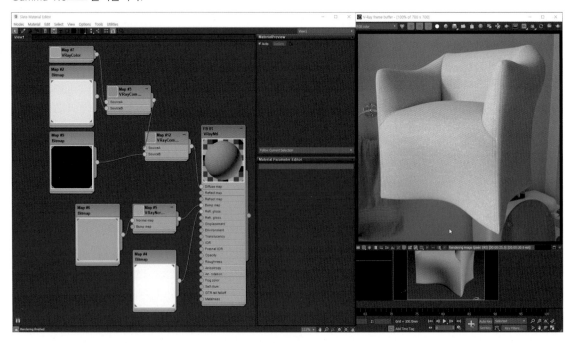

04 Falloff 노드를 추가합니다. Side에 적용된 Map은 70 정도로 설정합니다. Mix Curve를 그림처럼 편집합니다.

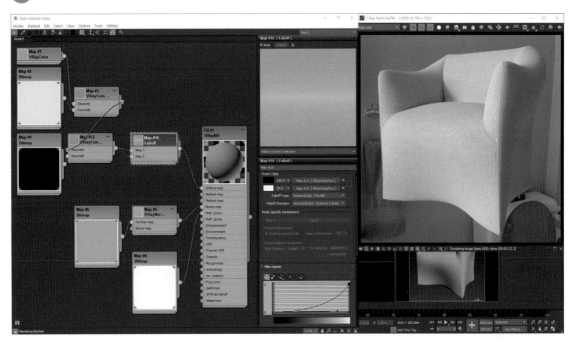

05 VRayTriplanarTex 노드를 추가합니다. Size는 1,000mm로 설정합니다.

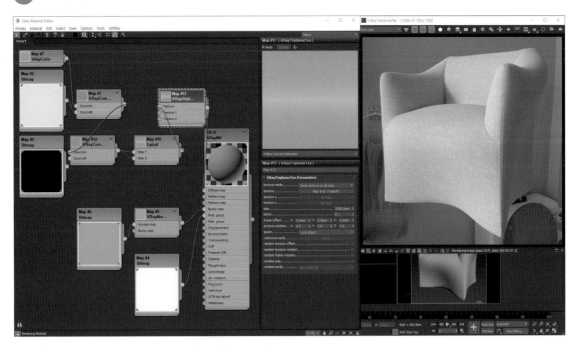

06 VRayTriplanarTex 노드의 Size에 Linear Float 컨트롤러를 연결합니다. 그리고 2개를 더 복사하여 VRayNormalMap 과 Roughness Map에 각각 연결합니다.

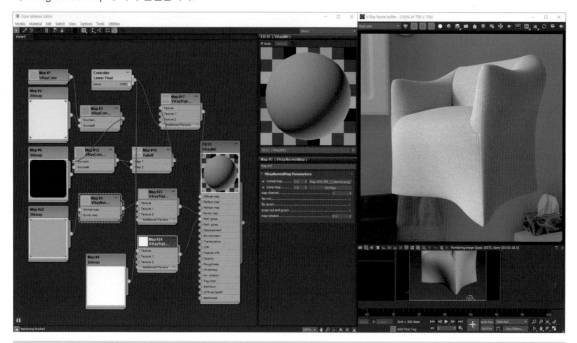

07 VRayBumpMtl을 생성하고 기존 FB 01 VRayMtl을 Base mtl에 연결합니다. 그리고 VRayBumpMtl을 소파 물체에 적용합니다.

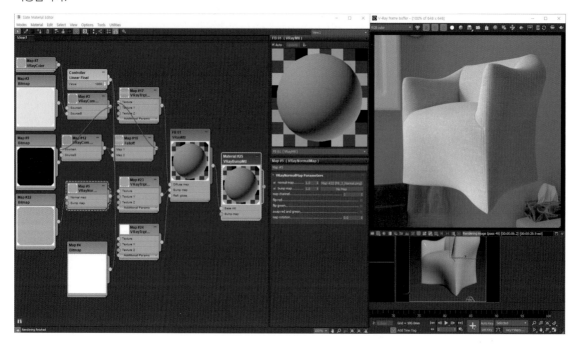

08 VRayBumpMtl의 Bump map에 VRayTriplanarTex를 적용합니다. size는 1,000mm를 입력합니다. 그리고 random texture offset과 random texture rotation을 활성화합니다.

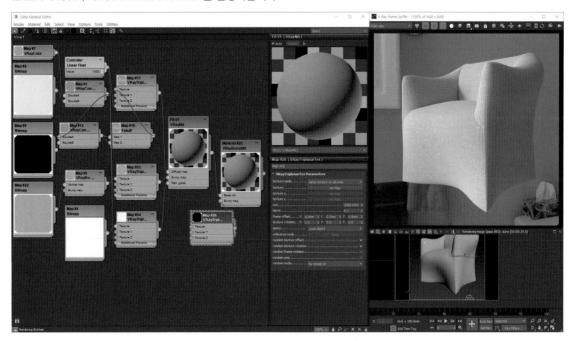

09 VRayTriplanarTex에 VRayNormalMap을 적용합니다. 그리고 FabricCreasesWrinkles001_NRM_VAR2_4K.jpg를 Gamma 1.0으로 불러옵니다. IPR을 활용하여 실시간 렌더링을 하면서 VRayNormalMap의 세기를 1.5로 증가시킵니다.

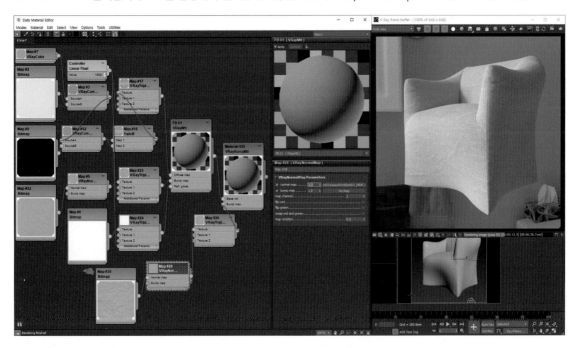

필지가 사용한 주름 Texture는 상용입니다. https://www.poliigon.com/texture/fabric-creases-wrinkles-001에서 Fabric Creases Wrinkles 001을 구매한 후 내려받습니다. 구매한 Texture에는 2가지 종류의 Normal Map이 포함되어 있습니다. 재질 자체의 Bump는 이미 구현했기 때문에 주름살만 표현된 FabricCreasesWrinkles001_NRM_VAR2_4K를 사용했습니다.

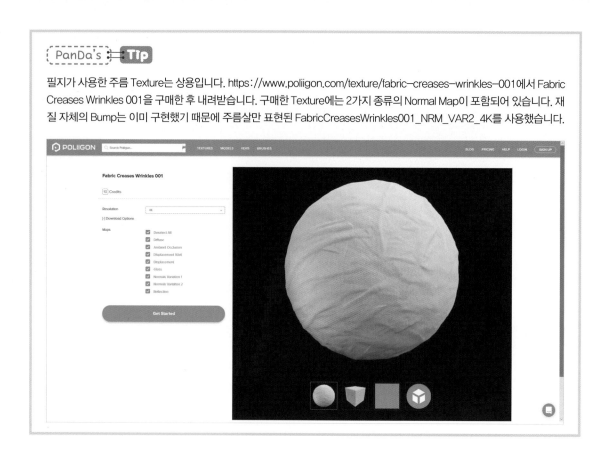

10 의자를 Instance Copy 합니다. VRayTriplanarTex를 사용했기 때문에, 주름살이 랜덤하게 적용된 모습을 볼 수 있습니다. 수정이 쉬운 구조의 노드기 때문에 색상 등 기타 다양한 요소를 변경하실 수 있습니다.

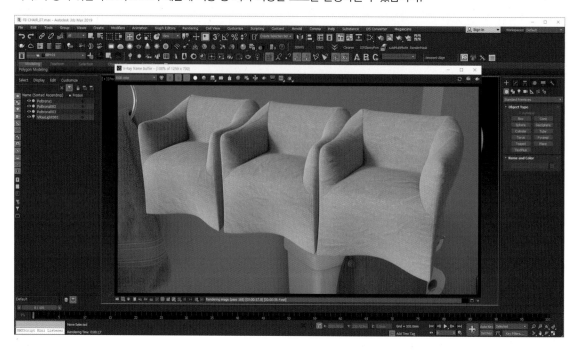

CHAPTER

23

가죽 재질

가죽 재질

가죽 재질을 만드는 다양한 방법을 공부해 보도록 하겠습니다.

1. 기본 Seamless Texture 제작

비트맵을 활용한 가장 기본적인 가죽 재질 만드는 방법을 공부해 봅시다. 이 방법은 원하는 재질의 Bitmap
이 있는 경우 활용할 수 있는 방법입니다. 단점은 원하는 재질의 Bitmap을 구하지 못하면 적용이 어려운 단
점이 있습니다.

01 1304.jpg 이미지를 PixPlant의 Texture Synth 창으로 드래그 앤드 드랍 합니다.

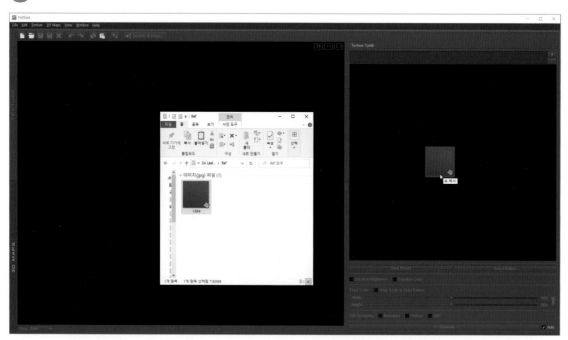

02 Generate 버튼을 클릭합니다. 가로 세로 2048 Pixel로 설정합니다.

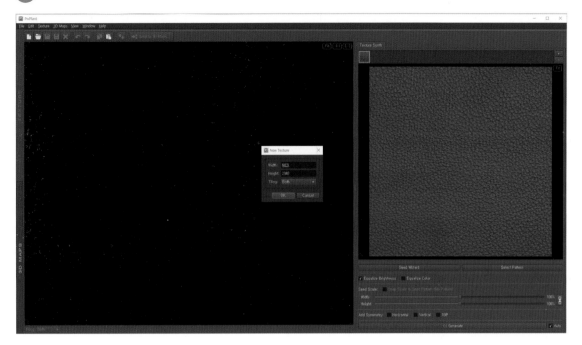

03 Seed Scale을 84%로 적정하게 조정합니다. 만족스럽지 않은 부위를 선택하고 Generate 버튼을 클릭하여 수정합니다.

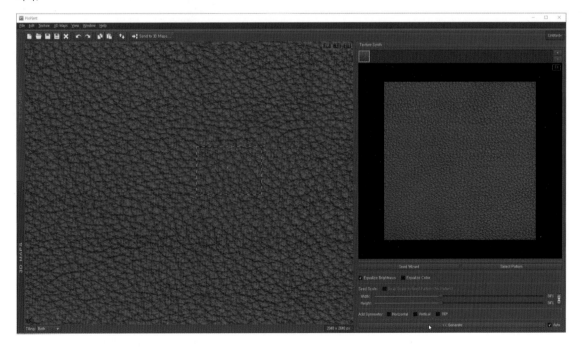

04 Send to 3D Maps 버튼을 클릭합니다. 그리고 Send 버튼을 클릭합니다.

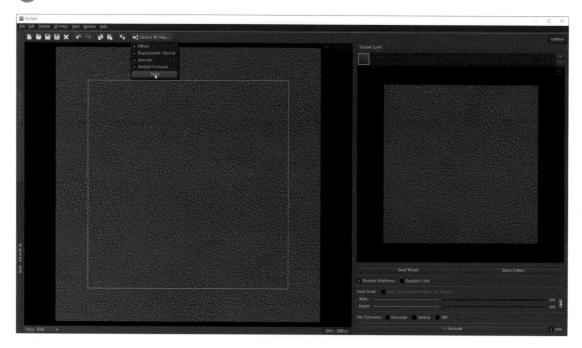

05 Surface Scale과 Fine Detail을 적정하게 조정하여 Displacement Texture를 생성합니다. 가운데 마우스를 클릭하면 광원이 임시로 생성이 됩니다. 튀어나오고 들어간 부분이 거꾸로 된 경우는 Invert Surface로 반전이 가능합니다.

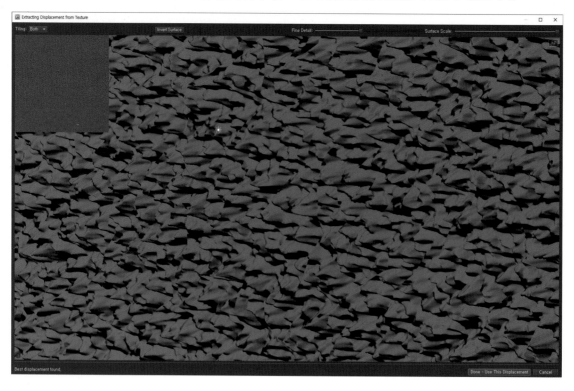

06 Specular Map은 다음 그림과 같이 설정하시고 OK 합니다.

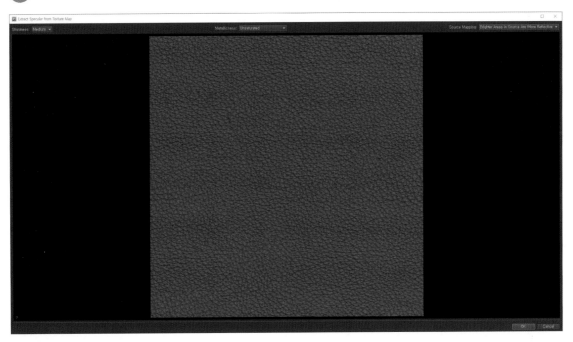

07 Ambient Occlusion Texture는 매우 중요합니다. Ray Distance를 먼저 사용하여 적정한 음영을 찾으시고, Planar Bias를 조정하여 전체적인 밝기를 조정합니다.

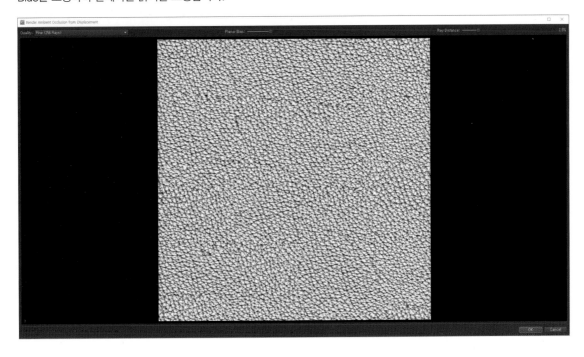

08 Normal Texture가 강하기 때문에, 슬라이더를 Smooth 쪽으로 이동합니다. Scale도 1%로 약하게 조정합니다. Normal Texture는 Displacement Texture와 연동이 됩니다.

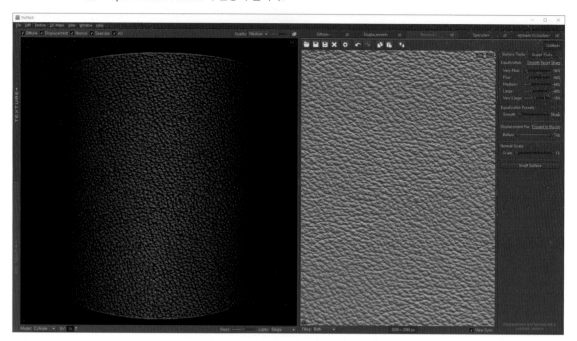

09 Save All with Automatic Names 를 사용하여 생성된 Texture를 저장합니다.

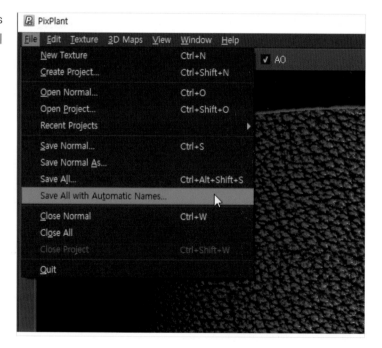

2. PixPlant에서 작업한 Texture를 활용한 가죽 재질

01 Leather Box Sofa_01.max를 실행합니다. LE 01 VRayMtl의 Reflect 색상을 흰색으로 설정합니다. IPR을 구동시키면서 적정한 Glossiness 값을 입력합니다. 필자는 0.6으로 입력했습니다.

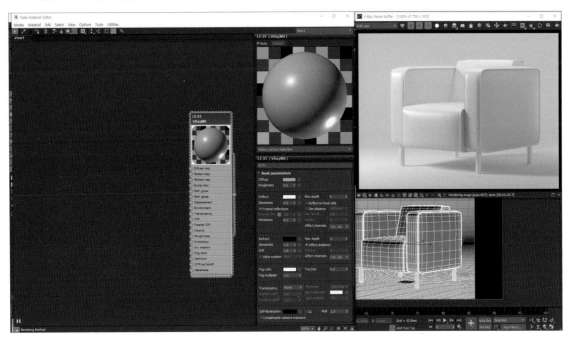

02 Diffuse에 VRayTriplanarTex Map을 적용합니다. 그리고 Texture에 Le-diffuse를 적용합니다. size는 400mm로 입력합니다. 정확한 size를 위해서 VFB에서 우클릭 Real zoom을 활용하세요. 현재 모델링은 필자가 언랩을 미리 적용했기 때문에 굳이 VRayTriplanarTex 노드가 필요는 없지만, 보편적인 상황에서 사용 가능한 재질을 만드는 것이 목적이기 때문에 사용합니다.

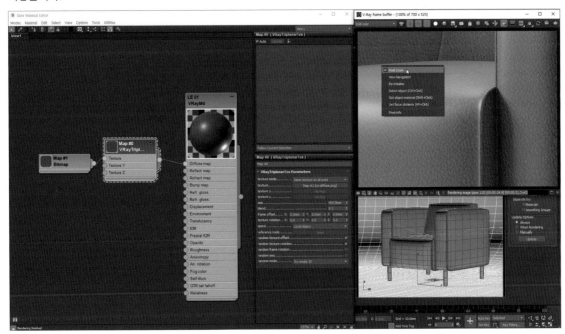

03 Map #1 Bitmap과 VRayTriplanarTex를 동시에 선택 후, [Shift] 드래그 하여 복사합니다. 그리고 복사한 Map #25 Bitmap을 Le-specular로 대치합니다. Gamma 1.0으로 불러 옵니다.

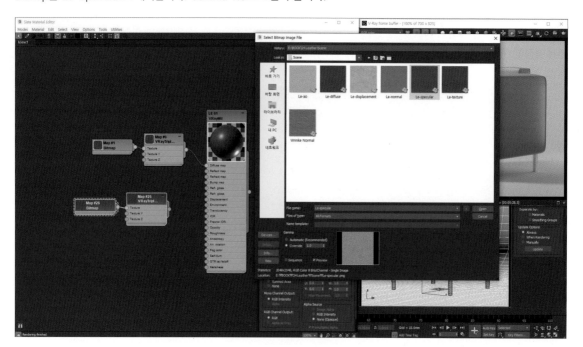

04 VRayTriplanar 노드에 Color Correction 노드를 연결 후, Refl Gloss에 연결합니다. Color Correction 노드에서 Monochrome을 선택합니다. VFB에서 VRayMtlReflectGlossiness 모드로 변경합니다. Pixel information 창에서 측정한 Glossiness가 약 0.35, 즉 35%입니다. 따라서 우리가 원하는 0.6, 즉 60%로 만들기 위해서 Color Correction의 Brightness 를 25로 설정합니다.

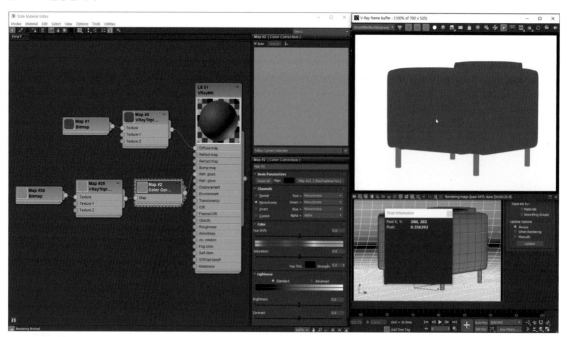

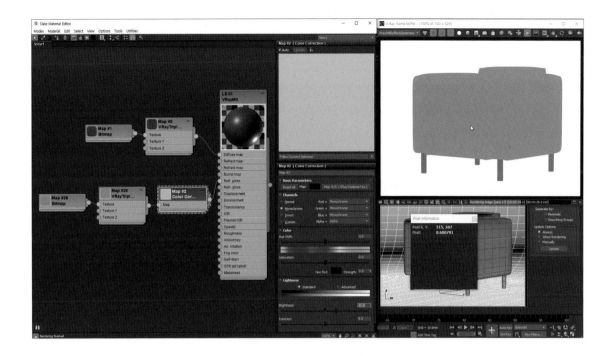

05 Map #0 VRayTriplanar 노드를 선택 후, [Shift] 드래그 하여 복사합니다. 복사한 노드를 VRayMtl의 Bump map에 연결합니다.

06 Map #27 VRayTriplanarTex에 VRayNormal Map을 적용합니다. 그리고 Bump map에 Le-displacement.png를 Gamma 1.0으로 불러옵니다.

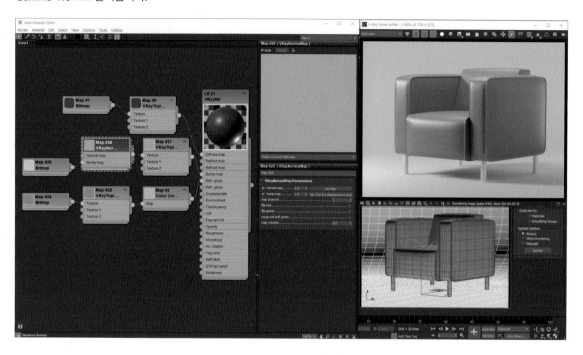

07 VRayNormalMap에 Wrinkle Normal Map을 Gamma Override 1.0으로 불러와서 적용합니다. U V Tiling에 각각 0.6 을 입력하여 주름의 크기를 조정합니다.

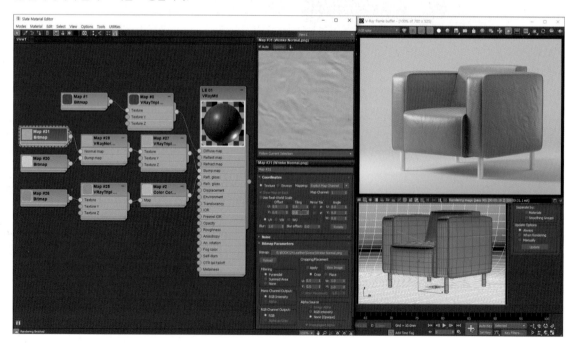

08 주름의 세기와 범프의 세기는 VRayNormal 노드에서 별도로 조정이 가능합니다. 강좌에서는 각각 1.0으로 진행합니다.

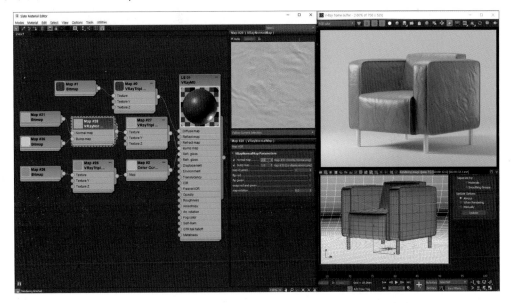

09 새로운 Composite Map을 생성합니다. Layer를 한 개 추가합니다. Layer 2를 Multiply 모드로 변경합니다. Layer 1에는 VRayColor Map을 연결합니다. Layer 2에는 Le-ao Map을 Gamma Override 1.0으로 불러와서 연결합니다. Composite Map을 기존 Map #1 Bitmap과 교체합니다.

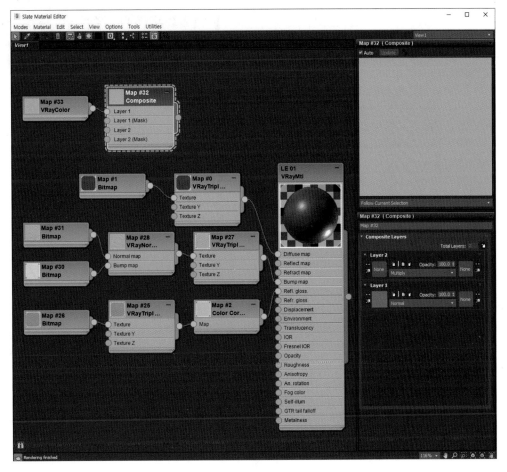

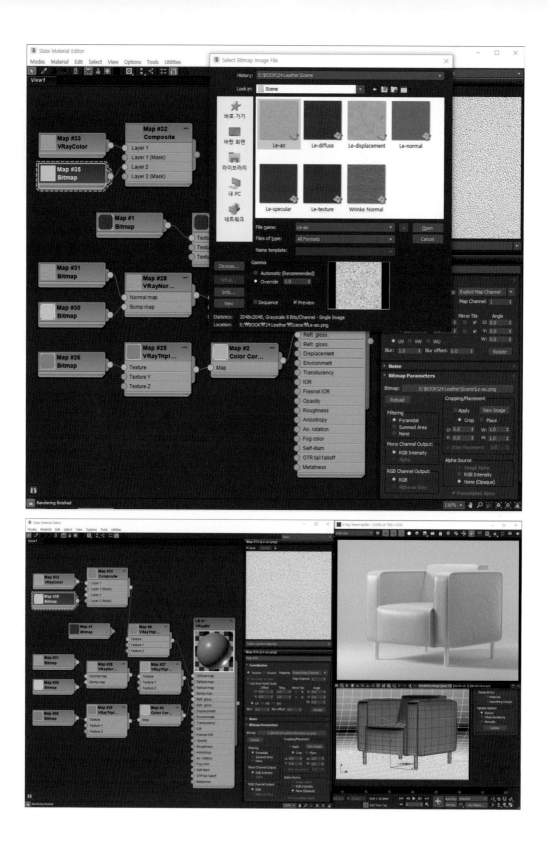

10 VRayColor에서 자신이 원하는 색상으로 쉽게 변경이 가능합니다.

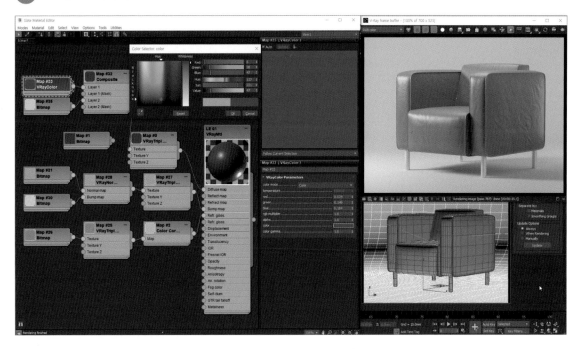

11 Instance Copy를 사용하여 Box Sofa를 복사하여도, 주름과 질감의 위치가 무작위로 변경되어 매우 자연스러운 렌더링이 가능합니다.

저자협의
인지생략

PBR을 활용한 인테리어
V-Ray 실무 재질

1판 1쇄 인쇄 2020년 4월 15일
1판 1쇄 발행 2020년 4월 20일
—

지 은 이 송영훈
발 행 인 이미옥
발 행 처 디지털북스
정　　가 35,000원
등 록 일 1999년 9월 3일
등록번호 220-90-18139
주　　소 (03979) 서울 마포구 성미산로 23길 72 (연남동)
전화번호 (02)447-3157~8
팩스번호 (02)447-3159
—
ISBN 978-89-6088-325-3 (93560)
D-20-09

DIGITAL BOOKS
디지털북스